云南哲学社会科学"能源安全研究"创新团队出版资助

能源安全研究系列丛书

中国进口油气运输安全研究

CHINA'S SECURITY IN TRANSPORT OF
ITS OIL AND GAS IMPORTS

舒 源 著

社会科学文献出版社
SOCIAL SCIENCES ACADEMIC PRESS (CHINA)

本书为国家社科基金项目"中国进口油气运输安全研究"最终成果，批准号为10XGJ009，结项等级为良好，证书号为20131106

课题组成员：杨丽萍、刘学军、刘军、王涛、祁苑玲、杨勇、艾林峰

内容提要

本书探讨了中国进口油气运输安全的基本态势、2020 年的发展前景和解决存在问题的基本思路。本书着重对中国进口油气运输安全经历的变迁与发展、21 世纪全球地缘政治斗争对跨境油气运输的影响、油气运输安全的特殊性与可人为控制性、进口油气运输对中国维护石油安全的特殊重要性、中国进口油气运输全局及各条线路的基本状况和面临问题、中国维护和加强进口油气运输安全的策略选择等问题，进行了较为深入的探析。

本书从国际地缘政治斗争的视角，即先天的地理因素与后天的人为安排对国家利益及国家互动的影响这一角度，展开分析、研究和评判。本书注重问题导向，在理论分析和对策设定的结合上着力，并使用中层理论研究法，力图避免大而空的结论或只具有学术意义的学院派研究弊端。本书利用文献研究与案例分析，建构了分析视角和基础理论，为评判基本形势与选择可行策略提供了理性依据；综合应用能源经济学、能源安全理论、战略与政策分析、调查研究与专家咨询等理论和研究方法，借鉴线性规划和换位分析法，研究了可能出现的形势及中国的应对策略。

进口油气运输安全，指一国需要进口的石油和天然气，在可承受代价下，及时足额运输回国内不受威胁的状态。进口油气运输安全，是中国石油供应链的一个重要环节，是保障中国能源安全不可或缺的部分。随着中国油气对外依存度的快速增长，进口油气的数量和占总消费量的比例不断上升，保障进口油气的运输安全，日益成为保障中国能源安全的关键问题。

中国的进口油气运输安全，面临着不利的形势和不小的挑战。海运是中国进口油气运输最重要的部分，却要在手无海权的情况下，维护通行安全，情同巧妇须成无米之炊。陆路运输是重要的组成部分和运输多元化的基础，但东北线路要在俄罗斯手握石油武器、一石三鸟的布局中，谋求以更低的代价取得更多的份额；西北线路要在为中亚国家破解地处内陆、群强环视困境提供有利选择的同时，确保中亚格局的平衡，势同走钢丝；西南线路，要在美国"重返亚太"、缅甸国内局势余震未息的流沙之上，开拓和建构新的油气通道；热议多年的中国—巴基斯坦能源走廊，必须深入美国觊觎多年的中亚，直面美国经营多年的亚欧"大棋局"；多年来议而不决的中俄天然气管道，在乌克兰危机的推动下，最终得以敲定，但俄能源销售市场的多元化导向、管道气源尚无坚实保障的尴尬局面，仍是管道顺利运营必须应对的重要挑战。

保障中国进口油气运输安全的关键，在于消除各具体运输线路面临的负面影响。加强中国进口油气运输安全的关键，在于多元化，即运输线路的多元化、利益相关方的多元化和承运份额的均衡化。研究中国进口油气运输安全的基本问题，在于评估代价与收益之间的相互关系。

本书的绪论部分，介绍了选题的背景。中国油气对外依存度大幅上升、中国进口油气运输线路多元化局面初步显现、国际形势变动，这三个因素，为中国进口油气的运输注入了新的变量，需要对这一问题进行系统而深入的探讨。

第一章，简要介绍了油气运输安全研究的基本现状和基础知识，归纳了油气运输安全的特殊性质，总结了国际关系影响国际油气运输的历史经验，奠定了研究的理论和认识基础。

第二章，设定了研究的基本框架和基本问题。对中国进口油气运输面临的基本问题，进行了概述和归纳。

第三章和第四章，对中国各条进口油气运输线路面临的形势、问题及其发展进行了具体分析，并对如何维护具体线路的安全，提出了解决问题的思路或具体的看法。

结论部分指出，中国已经初步实现了进口油气运输线路的多元化，但这种多元化的基础和具体线路的安全保障还不够坚实，运输安全问题并没有得到很好的解决。在诸如地理环境、地缘环境和国际环境的限制下，维护中国进口油气运输安全的主要策略，应该是确保各条线路的安全，而非继续推进前景不明的多元化。确保线路安全，从海运来说，应建构依陆制海态势、引入多个利益相关方；陆上运输方面，应与相关国家建立密切的经济社会联系，形成相互依赖关系。同时，中国也应该着手建构油气运输安全的监测和预警机制，以及与之相对应的能源安全应急机制。

目　录

绪　论

凡事豫则立，不豫则废。

——《礼记·中庸》

进口油气运输安全，指一国需要进口的石油和天然气，在可承受代价下，及时足额地运输回国内，不受负面影响或威胁的状态。进口油气运输，是中国石油供应链的一个重要环节，是保障中国能源安全不可或缺的部分。近年来，随着中国油气对外依存度的快速上升，进口油气的数量和占总消费量的比例不断提高，保障进口油气供给安全，日渐成为保障中国能源安全的关键。在这一过程中，运输安全问题的重要性和特殊性尤其突出，面临的困难和挑战尤为艰巨。2012年10月25日，国务院新闻办公室发布的《中国的能源政策（2012）》白皮书中，也明确提出："石油海上运输安全风险加大，跨境油气管道安全运行问题不容忽视。"

第一节　选题背景

近年来，中国能源领域的两个重大变化，将对中国能源供需形势产生重大影响。第一，油气对外依存度逐渐超过50%，与此对应的运输问题相应凸显；第二，数条陆地油气运输管道陆续投入运营，运输多元化局面逐步形成，一些新问题也将出现。

从国际形势看，三个重大变化将对中国进口油气运输产生巨大影响。第一，中国成为事实上的主要霸权地位挑战国之后，将面临霸权国更大更积极的制约；第二，国际油气消费格局逆转，发展中国家成为油气消费的主体，维护中国油气安全的外部环境出现了新的变化；第三，数年内，一些新兴区域将大量输出油气，中国的进口油气运输格局将因此进行必要的调整。

中国需要对这些变化的由来、现状和发展趋势，进行科学的认识和应对，才能维护好中国的进口油气运输安全，为国家的和谐发展奠定更加坚实的基础。

一 中国油气对外依存度的大幅上升

随着中国国民经济的高速发展、国民生活水平的提升，石油消费相应出现了大幅度的增加。但中国的油气储量和产能有限，限制了中国油气产量的增长，油气对外依存度因此出现了持续的大幅度上升。2009 年，中国的石油对外依存度首次超过了 50%，成为一个主要消费进口石油的国家。

海关统计数据显示，2013 年中国石油进口量达到了 28214 万吨。中国石油集团经济技术研究院数据显示，2013 年中国石油对外依存度已达58.1%。2014 年，中国进口石油 30883 万吨，对外依存度达 59.36%，继续保持了增长的势头。据国际能源机构（IEA）预测，到 2020 年，中国的石油进口量将增加到 4 亿吨，对外依存度上升到 66%；2035 年将达到 6.3 亿吨和 85%。[①] 从中国石油集团经济技术研究院的研究结果来看，到 2020 年，全国石油需求在 5.77 亿~6.08 亿吨，2030 年在 6.31 亿~7.55 亿吨；中国的石油消费峰值在 8 亿~9 亿吨，出现的时间在 2040 年左右，之后需求才会逐渐下降。[②] 这一研究与 IEA 的结论基本一致。这说明中外的权威能源研究机构，都预测中国石油消费持续增长的态势将持续至 2035 年之后。

天然气方面。近年来，中国的天然气消费、生产和进口量都处于高速增长之中，相关的分析预测和实际情形，都处于快速的发展和变化之中。2003年以来，十年间的消费平均增长率为 15.61%，同期产量的平均增长率仅为

---

① IEA, *Word Energy Outlook 2011*, pp. 107, 126.
② 中国石油集团经济技术研究院：《2012 年国内外油气行业发展报告》，2013 年 1 月，第406、412 页。

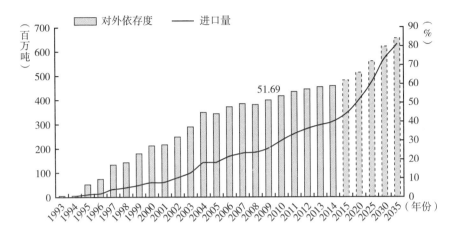

图 0 - 1　中国石油进口量及对外依存度历史及预测

数据来源：2014 年以前为英国石油公司（BP），2015 年以后为国际能源机构（IEA）预测。

11. 71% ，而 2010 ~ 2015 年的平均进口增长率达到 43. 51% 。[①]

　　海关数据显示，2012 年，中国的天然气进口量为 398. 9 亿立方米。到了 2013 年，进口量达到了 530 亿立方米，对外依存度上升至 31. 6% 。[②] 国家发改委公布的资料显示，"根据已签署的合同，到 2015 年，我国年进口天然气量约 935 亿立方米。"[③] 对外依存度"预计 2015 年超过 35% "[④]。从 BP 发布的数据来看，2015 年的进口量为 593. 6 亿立方米，对外依存度为 30. 1% 。[⑤]

　　从预测角度看，近年来国内和国际相关情况的迅速发展变化，给预测带来了困难和不确定性。2011 年，IEA 预测：到 2015 年，中国的天然气进口量可能将增加到 620 亿立方米，对外依存度上升到 31. 5% ；2020 年将增加

[①]　据 BP *Statistical Review of World Energy*，2016 年 6 月数据推算。

[②]　《2013 年我国石油消费慢下脚步，页岩气开发取得重大突破》，新华网，2014 年 1 月 17 日，http：//news. xinhuanet. com/fortune/2014 - 01/17/c_ 119006617. htm。BP 公布数据、中国石油经济研究院研究结果和海关统计数据之间，存在一定细微的差别。

[③]　国家发展改革委员会：《天然气发展"十二五"规划》，2012 年 10 月 22 日，第 10 页。

[④]　国家发展改革委员会：《天然气发展"十二五"规划》，2012 年 10 月 22 日，第 7 页。

[⑤]　BP，*Statistical Review of World Energy*，2016 年 6 月。

到 1250 亿立方米和 41.5%；2035 年将达到 2120 亿立方米和 42.2%。[①] 如
采信这一预测，则未来 10 年内，中国进口天然气的供给及运输问题，相对
于石油而言，可以较为乐观。

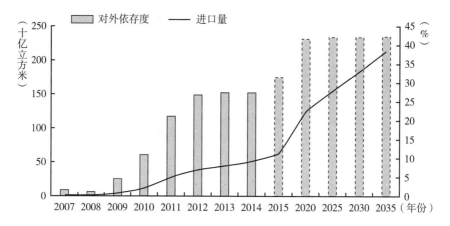

图 0 - 2　中国天然气进口量及对外依存度历史及预测

数据来源：2015 年以前为英国石油公司（BP），2015 年以后为国际能源机构（IEA）[②]。

但 IEA 在 2012 年底发布的研究报告中，对中国在 2020 年和 2035 年的
天然气进口情况，又进行了两种预测。在非常规天然气开发得到预期进展的
情况下，中国在 2020 年和 2035 年将分别需要进口 770 亿立方米和 1190 亿
立方米天然气；在非常规天然气开发受挫的情况下，将分别需要进口 1430
亿立方米和 2620 亿立方米天然气。[③] 而从近年来国际能源形势的发展势头
和中国非常规天然气的开发进度来看，很有可能出现后一种情形。

2014 年 1 月，BP 发布了《BP 2035 年世界能源展望》，预计 2025 年，
中国将进口液化气 700 亿立方米，管道气 1100 亿立方米；2035 年，将进口

---

① IEA 对 2015 年情况的预测，与《天然气发展"十二五"规划》存在一定的差距。但"规
　　划"未涉及 2015 年以后的情况，在此继续借鉴 IEA 的研究结果。

② IEA, *Word Energy Outlook 2011*, p. 159, p. 165.

③ IEA, *World Energy Outlook Special Report on Unconventional Gas：Golden Rules for a Golden Age of
　　Gas*, 12 November 2012, p. 119.

液化气 950 亿立方米,管道气 1300 亿立方米。① 就笔者观察,BP 的这一估计,一方面参考了 IEA 的既有研究结论,另一方面参考了中国现已签订的进口天然气合约。但这一估计可能存在一定的问题。前者,因为近年国内政策和形势的变化,估计的依据已经发生了重大变化;后者是以供给确定进口,但随着中俄天然气管道的确定,之前的估计已被现实甩到了身后。2014 年 11 月,国家发展和改革委员会发布了《国家应对气候变化规划(2014 ~ 2020 年)》,提出:"2020 年天然气消费量在一次能源消费中的比重达到 10% 以上,利用量达到 3600 亿立方米。"② 这一数据,又超越了之前的很多预测。当然,这也是能源研究中难以克服的问题,即反映基本面的形势变化非常迅速,既有研究成果一般在两年之后,就必须进行部分甚至全面的修订。因此,在国内权威部门发布中国未来天然气需求、生产和进口的定量估计之前,为慎重起见,笔者采信 2020 年和 2035 年分别需要进口天然气 1430 亿立方米和 2620 亿立方米的估计。尽管如此,但在笔者看来,这一数字仍然可能会落后于实际的发展。具体原因包括:净化环境的推动、俄罗斯天然气流向的变化和寻求经济新增长点。

只有这些需要进口的油气,在可以承受的政治、经济条件下,及时、足额地运回国内,中国的能源安全才能得到有效保障,经济、社会才能平稳发展,才能捍卫"经济社会可持续发展的基本保障"③ 这一核心利益,才能更好地应对中国面临的挑战。

二 中国进口油气运输线路多元化局面初步显现

2003 年,中俄石油贸易量超过 500 万吨,陆地运输的重要性得以凸显出来。中国进口石油的运输线路,也因此实质性地迈出了多元化的第一步。2006 年,中国—哈萨克斯坦输油管道开通运营,中国拥有了第一条专门的

① 参见 BP:《BP 2035 年世界能源展望》,2014 年 1 月,第 58 页。该报告可在 BP 官网下载。
② 国家发改委:《国家应对气候变化规划(2014 ~ 2020 年)》,2014 年 11 月,http://www.sdpc. gov.cn/zcfb/zcfbtz/201411/W020141104584717807138.pdf。
③ 国务院新闻办公室:《中国的和平发展》白皮书,2011 年 9 月 6 日。

进口石油运输通道；2009 年，中国—中亚天然气管道和中国—俄罗斯海运线路开始运营；2011 年，中国—俄罗斯输油管道投入运营；2013 年，中缅天然气管道投入运营；2014 年 5 月，历经 10 年谈判的中俄天然气管道东线得以最终敲定，计划于 2018 年开始输气；中俄天然气管道西线也进入了谈判阶段①；到 2017 年左右，中缅输油管道将投入运营；随着加拿大和哥伦比亚建成太平洋石油出口终端，巴拿马运河改造工程完毕，由东向西跨越太平洋进入中国的海运线路将占据中国更多的石油运输份额；随着气候变化和各国对北冰洋航线的关注，以及北冰洋大陆架油气资源的开发，经北冰洋—太平洋航线，自北向南进入中国的海运路线，也有望得到开拓；在建设"一带一路"倡议和中巴经济走廊建设的推动下，中巴能源走廊也得到了更多的关注。这些已经或即将投入运营的运输线路，使中国初步实现了运输线路多元化。

同时，目前处于弃用状态的中俄铁路运输、承担少量成品油运输的中哈铁路运输、承运少量石油的中国—蒙古国铁路、规划中的泛亚铁路、存在特殊战略价值的西南内陆水运，也都具备相当的运力，可以分担部分的进口油气运输问题，是具有重大战略价值的可开发对象。这些运输线路，将极大地分散过度依赖单一途径所带来的运输安全风险，有助于加强中国的能源安全。中国具备了建构"海运为主、陆路为辅、东西并重、多路共进"进口油气运输格局的基础。

尽管线路多元化表明运输安全得到了改善，但也意味着所面临的形势、问题和挑战的多元化。运输通道的建设和打通，只是维护中国进口油气运输安全的关键一步。其后，如何维护各条线路的畅通和安全，也是需要认真应对的艰巨挑战。

同时，各线路承运份额的均衡化，却仍然不容乐观。从表 0 - 1 可以看出，2010~2014 年，北向海运始终占据中国进口石油运输的绝对主导地位。

---

① 驻土库曼斯坦经商参处：《俄媒称近日将签署每年经西线向中国供应 300 亿立方米天然气的合同》，商务部网站，2014 年 6 月 30 日，http://www.mofcom.gov.cn/article/i/jyjl/e/201406/20140600644454.shtml。

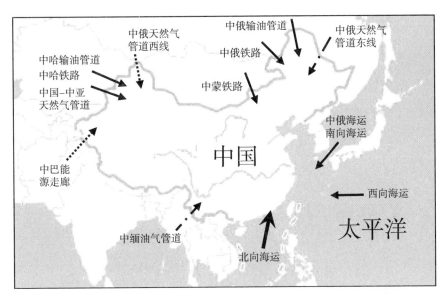

图 0 - 3　中国进口油气运输线路

表 0 - 1　2011 ~ 2015 年中国进口石油各线路运输份额

单位：%

	2011 年	2012 年	2013 年	2014 年	2015 年	5 年均值
北向海运	88.05	88.24	87.95	88.61	84.42	87.45
陆路运输	10.15	9.77	10.06	9.23	8.79	9.6
南向海运	1.58	1.66	1.74	1.91	4.38	2.25
西向海运	0.21	0.33	0.25	0.24	0.42	0.29

数据来源：中国海关总署及推算。以中国进口俄罗斯石油的运输为例。2013 年海关统计显示，中国自俄罗斯进口石油 2434.79 万吨。其中，自哈尔滨海关进口 1565.218 万吨，即通过中俄输油管道的运输量。由俄方数据，可知自科济米诺出口到中国的石油量为 500 万吨，即通过南向海运向中国的运输量。自满洲里海关进口 0.11 万吨，即通过中俄铁路的运输量。乌鲁木齐海关数据显示，2013 年无俄罗斯石油进口；自呼和浩特海关进口的石油数量，与自蒙古国进口的石油数量一致。则剩下的 369.46 万吨，只能是来自新罗西斯克或普里莫尔斯克，即最终通过北向海运运输进入中国的石油。

尽管随着北美和南美太平洋沿岸油气出口设施的建设，北向海运线路的部分承运份额会转向西向海运线路，但北向线路的承运份额，在 2020 年以前都将占据中国进口石油量的 65% 以上。

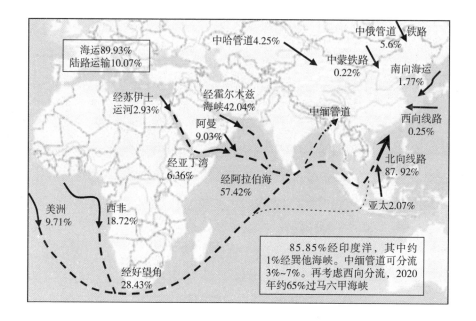

图 0 - 4 2013 年中国进口石油运输线路示意及承运份额

数据来源：中国海关总署及推算。

天然气方面，从表 0 - 2 可以看出，2009～2014 年，北向海运和陆路运输占据了中国进口天然气运输的主要地位。中国进口油气运输线路在必须经过的印度洋、马六甲海峡高度汇集，而这两个区域，都存在对中国不利的地缘政治因素。而西向天然气运输，却因为美国西海岸天然气出口设施建设的问题和来自秘鲁的进口份额连续中断两年，而连续两年为零。南向运输，也在一度占据可观份额之后，变得无足轻重。

在中国—中亚天然气管道 D 线和中俄天然气管道东线，甚至西线都得以顺利建成，并完成规划输量的情况下，曾经占据进口天然气运输主要部分的海运，尤其是必须经过印度洋和马六甲海峡运输的部分，将可以成为能进行自主确定和调节的机动部分。这将极大增加供给和运输的安全边际，改善中国的天然气运输安全状况。但就目前来看，一方面需要在管道满负荷运营之前，继续维持海运进口，保障进口需要，并改善运输线路多元化局面；另一方面，中国天然气消费的增长势头惊人，保持相当的海运补充能

表 0 - 2　2010～2015 年中国进口天然气各线路运输份额

单位：%

	2010 年	2011 年	2012 年	2013 年	2014 年	2015 年
北向海运	74.71	52.27	46.92	47.31	45.99	43.62
陆路运输	21.71	46.17	51.83	52.69	53.71	55.68
南向海运	3.09	1.07	1.25	0.00	0.30	0.43
西向海运	0.49	0.49	0.00	0.00	0.00	0.27

数据来源：中国海关总署及 BP。2012 年、2013 年、2014 年及 2015 年数据来源为海关总署，之前为 BP。从 2011 年数据看，海关总署统计数据未显示实际存在的自俄罗斯、埃及和秘鲁三国进口的天然气的数据。海关原始数据为千克，此处按 1000 千克 = 1360 立方米进行换算。

力，仍然具有重大的必要性和战略意义。因此，马六甲海峡和南海局势、围绕印度洋的地缘政治斗争，仍然是中国进口油气运输安全难以回避的重要问题。

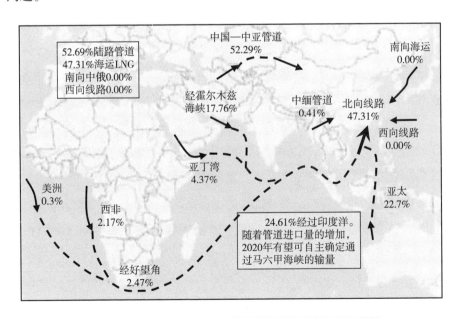

图 0 - 5　2013 年中国进口天然气运输线路示意及承运份额

数据来源：中国海关总署及 BP。

三 国际形势变动的新影响

2009 年，中国的经济总量超过日本，成为世界第二大经济体。这一转变，将中国推上了"世界第二"的位置，中国成为事实上最重要的霸权地位挑战国。而对于霸权国来说，压制主要挑战国的发展是必然的选择。

2009 年，美国与越南的关系迅速升温。2012 年，帕内塔成为越战之后首位访问金兰湾的美国国防部长。他声称要给予越南更多的武器技术援助和军事合作机会。2009 年 8 月，美国参议员吉姆·韦伯（Jim Webb）访问缅甸，"千里之行终于迈出了第一步"[①]。在未废除相关对缅制裁法案的前提下，美国主动改变了数十年来对缅甸的封锁，通过缓和对缅关系，加速"重返亚太"的进程。2011 年 11 月，在东南亚峰会上，奥巴马明确提出要维护东南亚地区的"航行自由"[②]。2013 年，美菲两国的军方高层再次提及该问题[③]。其中的潜台词，既是为部分要倚仗美国的东南亚国家打气，也是对中国的警告。2010 年以来，美国还在事实上干涉并介入了中菲黄岩岛和中日钓鱼岛问题。美国还积极寻求重返菲律宾苏比克湾军事基地。在美国的介入下，南海问题出现了斗争加剧的情形。这些变动，都对中国周边，尤其是西南周边局势产生了新的不利影响，其中自然包括对经过这一区域的航行和油气管道安全的影响。中国进口油气运输线路中，最重要的北向海运和中缅油气管道，因此面临着新的风险。2014 年以来，因俄罗斯与乌克兰交恶，促成了中俄天然气管道东线及相关协议的最终落地。但要顺利实现中俄之间的一系列油气合作目标，既面临着一系列困难与挑战，也需要高度关注西方与俄罗斯关系的变化对世界能源局势的影响，以及中国对俄能源依赖增加可能带来的相关问题。

[①] 美联社：《缅甸军政权媒体赞美美国参议员之行》，2009 年 8 月 18 日；Kyaw Ye Min：《万里长征第一步》，《缅甸新光报》2009 年 8 月 18 日。

[②] U. S. Department of State, "White House Fact Sheet: East Asia Summit," November 19, 2011.

[③] 《美菲发表联合声明维护东南亚"航行自由"》，新华网，2013 年 8 月 25 日，http://news. xinhuanet. com/world/2013 - 08/25/c_ 125241042. htm。

随着节能减排、新能源开发和能效的提升，西方发达国家对石油的需求下降明显，已经从占世界石油总消费量 74% 的高点，下降至 2012 年的 49.92%（2013 年小幅回升至 50.78%，2014 年进一步下降至 48.26%）。从发展趋势看，发达国家能源消费量所占的比重将维持在 50% 以下。

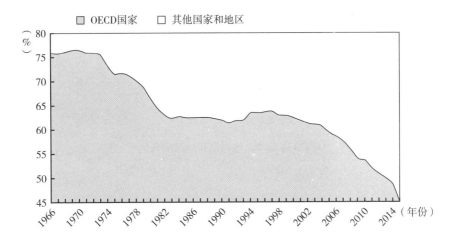

图 0-6　OECD 国家与其他国家和地区石油消费量对比

数据来源：英国石油公司（BP）。

天然气消费领域也存在类似的趋势。与石油不同的是，近年来发达国家的下降趋势相对缓慢，但比重已由 1965 年的高点近 76.4%，下降到了 2008 年的 50% 以下，2014 年进一步下降到 46.73%。国际能源机构（IEA）预测，2030 年将进一步降至 33%。

发展中国家成为油气消费的主体之后，国际油气的供需、竞争关系都将出现新的变化，与能源安全相关公共物品的供给与需求，也将出现新的重大变化。如何认识、预测和应对这些变化，是今后维护中国能源安全，包括进口油气运输安全所必须认识和解决的问题。

俄罗斯远东地区和加拿大的非常规油气开发规模增大、北冰洋大陆架油气开发即将进入实践、南美盐下油开发即将取得较大进展、东非油气开发进入了快车道，中国要从这些新兴的油气生产区域获得有保障的供给，也需要及时调整运输格局。

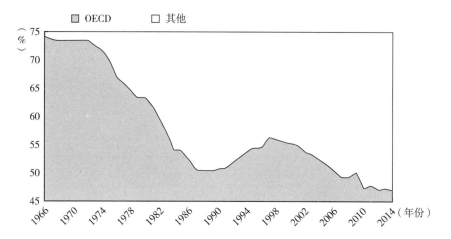

图0-7　OECD国家与其他国家和地区的天然气消费对比

数据来源：英国石油公司（BP）。

第二节　研究目的及意义

本项研究的目的，在于厘清中国进口油气运输面临的形势与问题，分析当前与即将出现的变化与挑战，并提出应对这些变化与挑战的对策。

从实践意义上看，可以从维护运输安全的角度，为维护中国进口油气供给安全，进而提升中国的能源安全保障，做出一定的贡献。从理论价值上看，可以对完善中国的石油安全理论研究起到一定的推进作用。

从完善中国石油安全理论的角度看，传统上国内研究界将获取有保障的资源（即拓展新的油源，实现供给多元化）、应对国际油价的变动和国内需求的增长，作为研究的重点，对运输安全的研究相对不够重视。但从供给的角度看，资源短缺的假设，正因为开采技术的进步和油气价格的上涨、非常规油气开发取得长足进步、油气供给大幅度增加和西方油气需求下降，而逐渐变得相对次要。在价格问题方面，因为经济联系全球化，油气进口价格的上涨，可以通过商品出口价格的上涨进行消化。国内的油气需求问题，从根本上来说，受制于经济、社会和技术发展规律的约束。对需求的研究，更多只能加深和完善认识，却难以实施有效的直接干预。因此，在应对价格、供给和需求的对策上，业界基本以依赖、发挥并充分利用市场对资源的配置功能作为对策的核心。但运输安全却是一个可以进行人为控制的问题，不仅需要给予高度的重视，而且需要全新的视角与思路。

从完善现有的进口油气运输安全研究来看，目前国内对于石油安全的重要构成要素：运输安全的认识，尚存完善和深入的空间。首先，运输安全处于油气安全供应链的末端，只有先解决了之前的需求、供给和价格这三个问题之后，才能进入运输安全的层次。其次，对运输安全的研究，要经历一个逐渐深入的过程。要从合作背景下中国的应对策略这一简约模式，逐步上升到多方竞争或冲突背景下各方互动对中国的影响及应对这一复杂模式。再次，对运输安全的认识存在一定的偏差。一直以来，开通新的运输线路，被国内视为维护运输安全的重要途径，尤其是将油气管道的开通，等同于运输安全得到了保障，但对于可能引发管道运输安全的问题，如过境费、国际政治斗争的影响、第三方介入、过境国政局变动、履约主体变更（立约的是中央政府，履约的是公司和地方）等，没有进行系统深入的研究。最后，形势的迅速变化，也使之前的研究因为新问题的出现而需要进一步补充和完善。

第一章　油气运输安全的研究基础

　　没有任何一种质量、没有任何一个程序、没有任何一个国家、没有任何一条线路、没有任何一块油田，是我们应该依靠的。石油供给的安全性和确定性在于多元化，并且仅在于多元化。[①]

——丘吉尔

　　本章将简要介绍国内外油气运输安全研究的基本现状，介绍油气运输的简要技术背景，总结国际关系影响国际油气运输的历史经验，归纳油气运输安全的特殊性质，提出运输安全的核心问题，为下一步的分析奠定理论和认识的基础。

第一节　国内外对油气运输安全的研究状况

　　油气安全是能源安全的重要组成部分，而能源安全事关一国经济社会的稳定与发展。因此，经历了两次石油危机对西方国家的巨大经济、社会和政治冲击之后，石油安全受到了所有石油消费、生产、进口和出口国的高度关注。供给、价格、需求和运输，是构成石油安全的四个要素。相关问题得到了学界广泛而深入的研究。但国内现有的对运输安全的研究，在研究范围、研究深度方面，都存在进一步改善的空间。

一　国内的研究状况

　　国内对油气运输安全的研究，总体上处于高度关注，但缺乏系统和深入

---

　　① D. Yergin, *The Prize*, New York: Simon & Schuster, 1991.

研究的状态。

以对"马六甲困局"的关注为例。2013 年 9 月，以"马六甲困局""马六甲困境"为关键词，通过"谷歌"可以搜索到 38 万个结果；在"谷歌学术搜索"上，可以搜索到 366 个结果；在"中国知网"可以检索到 119 篇讨论马六甲困局的文章。如此庞大的数量，却只有薛力的《"马六甲困境"内涵辨析与中国的应对》真正对马六甲海峡的通行问题及其成因进行了科学深入的分析。再如围绕中哈管道、俄罗斯远东石油管道的相关研究，虽然都涉及运输，但主旨只是对油源多元化、供给保障和对地区形势的影响等问题进行研究。

围绕中缅管道的研究，是研究运输安全并成功推动国家决策的一个成功案例，但因基于实践，特殊性太强，不具备普遍性。同时，2009 年以来，美国加速了"重返亚太"战略进程，使东南亚形势发生了巨大变化，中缅油气管道建成后，可能出现的运输安全问题将超出之前的预期。因此，对运输安全的研究，不能只关注具体的"点"，还应从全局的角度进行把握和分析。汪海的论文《构建避开霍尔木兹海峡的国际通道——中国与海湾油气安全连接战略》是有一定深度、从地缘政治角度考察石油运输安全的研究成果。遗憾的是，该成果主要关注了"点"。

其他一些非国际关系专业的学者，部分涉及了海洋油气运输安全问题。如孙晓蕾的《浅析我国石油进口运输布局与运输安全》、罗红波的《从能源安全看我国海上石油运输》等，从航线、船舶、承运份额、防污染、接卸地点及储存安全等方面展开了研究。国家自然科学基金项目"石油地缘政治格局演变的驱动力机制研究"，也涉及油气运输问题。但这些研究存在两大缺憾：缺乏全球视野，没有站在国际政治斗争的高度看问题；对非技术因素认识不足。

国内能源安全领域的知名专家、有影响力的研究成果，没有深入探讨油气运输安全问题。如徐小杰的《新世纪的油气地缘政治》、*Petro-dragon's Rise: What It Means for China and the World*（《石油巨龙的崛起：对中国和世界意味着什么》）；吴磊的《中国石油安全》《能源安全与中美关系：竞争、冲突、合作》；查道炯的《石油安全与外交》；安维华、钱雪梅的《海湾石油新论》《中国与中东的能源合作》；钱文荣的《中东、里海油气与中国能源安全战略》；潘忠歧的《中国能源安全的地缘政治分析》；张建新的《美国霸权与国际石油政治》；张文木的《中国能源安全与政策选择》等研究深入、影响广泛的成果，更多只是对中国及世界石油消费增长带来的问题、石油资源的分布、能源安全政策、能源外交、能源地缘政治、中国的对策等问题进行了探讨。董秀成、陈清泰和舒先林则擅长从经济角度展开研究。徐小杰的新著《石油啊，石油——全球油气竞赛和中国的选择》，对中国参与全球油气资源竞争的新动向进行了较为全面和深入的论述。尽管作者也在该著作中提出了"管道战"这一概念，对中亚油气外运过程中相关方的竞争和冲突进行了介绍和分析，但更多是针对中国在中亚开展石油合作过程中面临的困难，而非运输安全本身。

中国石油管道公司编著的《世界管道概览》和梁翕章、唐智园编著的《世界著名管道工程》，是对全球油气管道的布局、发展和技术问题进行全面介绍的著作，为了解油气管道的基本技术问题，进而奠定研究基础，提供了有益的帮助。

随着一些新的进口油气运输线路投入运营，液化天然气进口的大幅增长，一些与运输安全相关的问题，如线路、运力、相关方及其政策等，得到了众多机构和个人的高度关注，大量的报告、时评和分析见诸报纸、期刊和网络。但这种关注及成果，一方面多是对基本情况的介绍，另一方面更多是从经济和经营的视角展开分析。前者多是一些财经记者撰写的报道和分析，总体上缺乏系统的理论深度，也没有严密的逻辑框架作为认识和分析问题的基础，部分结论较为肤浅和武断，有的甚至存在基本事实不清的状况。后者以市场收益和经济规律为基本逻辑和视角，与国际关系以权力和斗争为基础的视角和逻辑存在严重的偏差。当然，笔者也期盼世界早日进入通过完全、正常的市场或经济手段就能解决安全问题的阶段。

二 国外的研究状况

西方对该问题的关注较国内更为充分。尤其是欧洲，因饱受进口油气运输安全问题的困扰，如"俄乌斗气"、冷战时期美苏争霸的影响，而对该问题研究得相对深入。机构以英国皇家国际事务研究所（The Royal Institute of International Affairs）和牛津大学能源研究所（Oxford Institute for Energy Studies）为代表，研究者以 Jonathan Stern 为代表，重点关注欧洲进口油气的运输安全，代表作为《俄罗斯天然气和俄罗斯天然气工业股份公司的未来》（*The Future of Russian Gas and Gazprom*, Oxford University Press, 2005）。该著作对独联体、欧盟国家在进口俄罗斯天然气过程中的运输安全问题进行了详细的研究；其为世界银行撰写的报告《跨境油气管道：问题与展望》（*Cross-Border Oil and Gas Pipelines：Problems and Prospects*, 2003）、2009 年为英国皇家国际事务研究所撰写的报告《作为冲突源头的过境管道》（*Transit Troubles Pipelines as a Source of Conflict*），对过境管道运输安全可能面临的非技术安全挑战、问题成因和应对策略等进行了系统的分析。美国能源信息署（EIA）发布的报告《世界石油运输关节点》（*World Oil Transit Chokepoints*），对世界油气海运线路的基础状况进行了汇总；麻省理工学院的研究报告《伊巴印管道是一条和平管道吗？》（*Iran-Pakistan-India Pipeline：Is It a Peace Pipeline?*）对伊朗—巴基斯坦—印度管道（IPI）面临的问题进行了评述；哈佛大学设立过研究项目"美国政策对俄罗斯和里海石油出口的影响：论美国的石油依赖"（U. S. Policy on Russian and Caspian Oil Exports：Addressing America's Oil Addiction），对中亚油气外运管道规划进行了较为系统的评述；Bruce W. Jentleson 的专著《管道政治学：东西方能源问题与政治经济学的复合体》（*Pipeline Politics：The Complex Political Economy of East-West Energy*, Cornell University Press, 1986）详尽记述了 20 世纪 60～80 年代，美国与西欧国家在苏联出口油气问题上的矛盾与冲突，是一部关于国际政治斗争对油气运输影响的历史类著作。具有官方背景的学者，从运输层面对西方国家的国际石油运输战略提出了具体的建议。美国商务部前顾问 Jan H. Kalicki 在《外交》上发表的文章《位于十字路口的里海能源》（*Caspian Energy At The Crossroad*）为其代表，该文呼吁美国应尽力争夺里海油气外运的主导权。

2011 年 3 月 17 日，美国国会研究室（CRS）发布了 Paul W. Parfomak 撰写的研究报告《保障美国管道的可靠与安全：国会要面临的关键问题》（*Keeping America's Pipelines Safe and Secure：Key Issues for Congress*）。该报告从"可靠"（技术和自然灾害等非人为因素）和"安全"（破坏、袭击等人为因素）两个角度，探讨了美国国内管道和跨境管道的重要性、保障管道运输安全需要面对的问题、对政府的挑战和应对策略等。

克拉克森（Clarkson）每年都要完成研究报告《石油与油轮贸易展望》（*Oil and Tanker Trade Outlook*），对全球海洋石油运输的市场和商业运营的基本状况有权威和全面的研究。但其作为商业机构，不对经济以外的问题和因素进行深入探讨。国际能源机构（IEA）每年定期发布报告《世界能源展望》（*Word Energy Outlook*），除了对世界能源的整体形势进行分析和预测之外，每年还选取一定的专题进行深入系统的研究，2015 年的专题是能源与气候变化，2014 年的专题是非洲，2013 年的专题是巴西，2012 年的专题是伊拉克，2011 年的专题是俄罗斯，2010 年的专题是里海地区，2009 年的专题是东南亚和天然气。这些研究提供了较为系统的数据和事实，其中部分内容深入涉及了相关运输问题。欧佩克（OPEC）的年度报告《世界石油展望》（*Word Oil Outlook*），除了对欧佩克国家的油气生产和国际石油市场进行预测外，也会涉及油轮运输问题。但其更多只是在引用克拉克森的研究。美国能源信息署（EIA）也发布年度报告《国际能源展望》和《年度能源展望》（*International Energy Outlook；Annual Energy Outlook*），对国际和美国的能源形势进行系统分析。同时，这些机构还定期或不定期地发布一些其他报告，对一些具体的问题或专题进行深入研究。这些是最为权威和深入的能源研究成果，其中的数据和事实得到了业界广泛的认可和引用。英国石油公司（BP）也在发布年度研究报告《BP 世界能源统计评论》（*BP Statistical Review of World Energy*），但与以上机构相比，BP 只是在进行数据汇总，其分析和研究力量的权威性相对不突出。

此外，国际海事组织（IMO）每年、每月都要发布《海盗和武装抢劫船舶报告》（*Icc International Maritime Bureau，Piracy and Armed Robbery*

Against Ships Report)，对世界范围内的相关情况进行统计汇总。这些数据对于认识和把握海盗行为的基本状况和发展趋势具有重要意义。2014 年 1 月，该机构首次发布了专题报告，篇幅为 17 页的《实施西部和中部非洲海岸可持续海上安保措施》（*Implementing Sustainable Maritime Security Measures in West and Central Africa*），对日益严重的西非沿岸航行安全问题进行了分析，并提出了较为具体的应对措施和计划。

美国的相关机构和学者高度关注中国进口油气运输问题。首先，是对中国进口油气线路和承运份额的持续关注。2010 年以来，美国国防部连续四年发布的《中国年度军力报告》（*Annual Report to Congress Military and Security Developments Involving the People's Republic of China*），不仅对中国的军力发展和军事部署进行了系统的展示，还详细标出了中国进口石油运输的线路及其承运份额。当然，一些具体数据存在偏差。其次，从军事的角度对中国相关的战略给予了高度关注。一直以来，美国对中国海军和海洋战略的发展给予了密切关注。因而，中国的进口油气运输也是美国相关军事研究成果中经常被提及的问题。2009 年 11 月，Ronald O'Rourke 在给美国国会议员参阅的报告《中国海军现代化对美国海军战力的影响：国会面临的问题和背景》（*China Naval Modernization：Implications for U. S. Navy Capabilities：Background and Issues for Congress*）中指出，中国建设现代化海军，包含了"保护中国到波斯湾的货运航线安全，支撑中国能源进口安全"的目标。美国海军的两位研究人员 Andrew S. Erickson 和 Gabriel B. Collins 的研究成果《海运进口石油的现实和战略后果：中国石油安全的管道梦》（*The Reality and Strategic Consequences of Seaborne Imports China's Oil Security Pipe Dream*），对中国所有陆路石油管道面临的各种问题进行了归纳，最后认为中国只有积极参与西方的能源安全合作机制，才是维护石油安全的最佳抉择。从中可见美国军方及其相关机构对中国进口油气运输的高度关注。2009 年，Andrew S. Erickson 的《中国出航：比较历史视角中的海权格局转变》（*China Goes to Sea：Maritime Transformation in Comparative Historical Perspective*）对中国海军及中国发展对海权格局的影响进行了评述。最后，对中国各条进口油气线路面临的问题，进行了系统分析。2011 年，美国的智库亚洲研究局（National Bureau of Asian Research）发布的研究报告《亚洲的管道政治：需求、能源市场和供给线路的交汇点》（*Pipeline Politics in Asia：The Intersection of Demand，Energy Markets，and Supply Routes*），对中国周边和与中国连接的油气运输管道进行了较为系统的研究。该研究认为，中缅油气管道实际上只是企业和地方政府为了自身利益而推动国家决策的结果，认为该管道能够增加中国进口油气运输安全保障的说法只是一厢情愿而已。

2009 年 9 月，缅甸的民间组织"瑞区天然气运动"（Shwe Gas Movement）发布的报告《权力走廊——中缅油气管道》（*Corridor of Power：China's Trans-Burma Oil and Gas Pipelines*），认为中缅油气管道的建设，为缅甸军政府借机敛财、侵犯资源地和管道经过地区百姓的利益，提供了外部条件，呼吁国际社会关注中缅油气管道建设过程中中国企业和缅甸军警的不当作为。

第二节　油气海路运输背景简介

海路运输承运了国际贸易中大部分的天然气和绝大部分的石油。海路运输线路大多经过公海，可以少受或不受内政的影响。海运还是最为廉价的石油运输方式，运价只是管道运输的 1/4，铁路运输的 1/40。

一　国际油气海洋运输概况

当前，海上跨国油气运输的主要起点有：波斯湾、几内亚湾、北非地中海沿岸、南美大西洋沿岸、加拿大东海岸、澳大利亚西部和北部海岸、东南亚、俄罗斯黑海沿岸、俄罗斯芬兰湾沿岸、俄罗斯远东的库页岛①和纳霍德卡；主要的终点有：东亚、美国、西欧和印度。航线沿途经过的主要热点有：霍尔木兹海峡、马六甲海峡、南海、亚丁湾、曼德海峡、苏伊士运河、好望角、黑海海峡和印度洋。主要的航线有五条：波斯湾—阿拉伯海—红

---

① 库页岛，俄罗斯称之为"萨哈林岛"。

海—地中海—大西洋—欧洲、波斯湾—好望角—大西洋—北美、波斯湾—马六甲海峡—太平洋—东亚、大西洋—好望角—印度洋—太平洋—东亚和潜在的北大西洋—北冰洋—太平洋航线。在主要的运输航线上，一些热点存在安全隐患，不仅需要各国加强技术疏导和监管，而且需要建立相应的多边快速应急机制。

连接亚欧大陆两端的海上战略通道，同时也是重要的国际油气运输线路，难以摆脱美国的控制和其他相关方反控制斗争的影响。印度洋面临着复杂的地缘政治冲突。北冰洋潜在航线的"有关各方"，是美国、俄罗斯、欧盟和东北亚国家，几乎涉及全球所有的大国，两个军事大国美国和俄罗斯，或许会在这里迎头相撞。由于苏伊士运河和巴拿马运河通行能力的限制和超级油轮的广泛应用，经过这两条运河的航线价值有下降趋势。美欧关系尚未发展到水火不容的地步，因此，从地缘政治的角度看，除了霍尔木兹海峡，从油气产地去往欧洲的航线暂时不会受到太大的干扰。

从运输量来看，2011 年通过海洋运输的石油大约是 22 亿吨[1]；天然气是 3308.3 亿立方米天然气转化出的 LNG[2]，到 2035 年将新增 2900 亿立方米[3]。尽管国际能源机构（IEA）早就指出，因消费区石油产量萎缩，远距离运输石油的需求提升，"将使国际投资的重点转向油轮而不是输油管道"[4]。但随着传统的主要能源进口方美国和欧洲进口量的下降，整个海上石油运输量的增加幅度需要重新估计和计算。

从油气的海洋运力来看，截至 2012 年 5 月 1 日，全球共有 LPG（液化石油气）运输船舶 1209 艘，运力为 19754 千 TEU[5]；LNG 运输船舶 272 艘，运力为 53203 千 TEU；油轮 5713 艘，运力为 482.8 百万吨。同时，LPG 运

---

① EIA, *World Oil Transit Chokepoints*, Dec. 30, 2011.

② BP, *BP Statistical Review of World Energy*, June 2012.

③ IEA, *World Energy Outlook 2011 Special Report: Are We Entering A Golden Age Of Gas?* 2011, p. 32.

④ IEA, *World Energy Investment Outlook 2003*, p. 102.

⑤ TEU 是英文 Twenty-feet Equivalent Unit 的缩写，也称国际标准箱单位。以长 20 英尺、宽 8 英尺、高 8 英尺 6 吋的集装箱容积为计量单位，表示船舶的装载能力。1000 TEU 等于 26420.946 立方米。

输船舶订单 103 艘，运力为 2206 千 TEU；LNG 运输船舶订单 71 艘，运力为 11103 千 TEU；油轮订单 660 艘，运力为 75.7 百万吨。

将 2012 年、2013 年、2014 年的增量与存量运力进行累计，则可以得出图 1-1。2012 年，全球油轮的运力达到 518 百万吨，2013 年为 548.9 百万吨；2014 年为 558.5 百万吨；LNG 分别为 53366 千 TEU、56268 千 TEU 和 64306 千 TEU；LPG 分别为：20125 千 TEU、21447 千 TEU 和 21960 千 TEU。

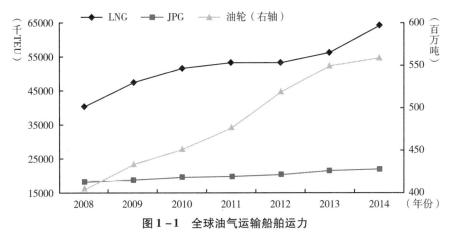

图 1-1　全球油气运输船舶运力

数据来源：Clarkson，*Shipping Intelligence Weekly*（2012.6.1）。

但这些油气运输船舶不会全部进入运输市场，部分会用于生产作业、内部转运或流动储油设施。自 2008 年起，世界油轮运力的供需关系就处于供大于求的状态。尤其是 2009 年之后，这种状态已越来越明显（见图 1-2）。2013 年，过剩的运力供给达到 98.6 百万吨，占整个油轮运力市场总量 464.7 百万吨的 21.22%。2013 年之后，市场中超过 1/5 的油轮运力处于无货可运的闲置状态。

随着造船成本和油轮运费的下降，出于节约经营成本的需要，国际远洋油气运输领域倾向于建造和使用运载能力在 20 万～32 万载重吨①的超级油

① 载重吨指船舶可以载重的总吨位，即包括货物、补给、燃油和船员等在内，船舶正常航行装载物的总重量。一般正常航行的超级油轮，每天要消耗燃油和各种补给 100 吨左右。因此，一艘船舶的载重吨与其能够装载运输货物的吨位之间存在一定的差距。最大排水量，指船舶的自重加载重吨。

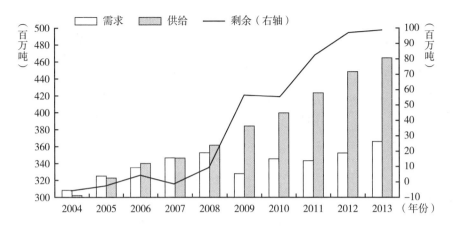

图 1-2　全球油轮运力的需求、供给和剩余

注：包括运输原油的油轮和运输成品油的油轮。

数据来源：Clarkson，*Oil and Tanker Trade Outlook*，May，2012。

轮（Very Large Crude Carrier，VLCC）。但 32 万吨以上的超大型油轮（Ultra-Large Crude Carrier，ULCC）受航道和港口转运设施的限制较大，发展 ULCC 的热潮已经退去。目前制造中的油轮，大多是 32 万吨或以下的 VLCC。至 2011 年底，全球 VLCC 的运力达到了 1.95 亿载重吨，加大型苏伊士型油轮（SuezMax）的运力约为 7367 万载重吨。简单推算，仅这些大型油轮，就可以完成 27 亿吨的运输量，即 2011 年全球国际石油贸易的总量，而不只是运输量。

表 1-1　各型油船的运力与造价

类型	运力（万吨）	造价［万美元（2003）/艘］
超级油轮（VLCC\ULCC）	大于 20	7300
苏伊士型油轮*	12 ~ 20	4900
阿芙若型油轮**	8 ~ 12	3900
巴拿马型油轮	6 ~ 8	3600

* 按照苏伊士运河的最大通行能力设计，能够顺利通过运河的船只。巴拿马型油轮，同理。

** 阿芙若型油轮，为了适应近海的浅水而设计的油轮，如黑海、北海、加勒比海、中国海和地中海等。也用于超级油轮与小港口之间的石油转运。

数据来源：IEA[①]。

---

① IEA，*World Energy Investment Outlook 2003*，p.126.

从国际关系的角度看，远洋油气运输涉及的相关法律制度，一是《海洋法》中有关航行的规定；二是国际海事组织关于淘汰单壳油轮的规定。为防止单壳油轮引发严重漏油事故，确保油轮航行的环保和安全，国际海事组织规定：单壳油轮的最终使用年限为 2010 年，船龄不足 25 年的，可放宽至 2015 年。2011 年，国际海事组织成员国开始陆续淘汰单壳油轮，而欧美早已禁止单壳油轮入境。大量仍在使用的单壳油轮，主要在亚洲区域运营。但近年来，亚洲国家也加快了相关步伐。2010 年，新加坡和中国禁止单壳油轮入境；因"河北精神号"油轮漏油事件，韩国宣布从 2011 年起禁止单壳油轮进入该国水域，且在 2010 年就已降低了单壳油轮的入境比例。

截至 2011 年，印度是全球最大的单壳油轮卸货国。然而，只要沙特阿拉伯、科威特和其他石油输出国在 2015 年前继续容许单壳油轮进港装运，该船型就仍有一定的生存空间。但随着 2009 年以来国际油轮市场运费的大幅下跌，单壳油轮以较低运费参与竞争的优势消失。当前，部分国家可能继续保留少量单壳油轮，用于国内沿海运输或流动储油。

天然气冷却到 −163℃，就由气态转为液态的液化天然气（LNG），体积缩小到液化前的 1/600。如此，即可使其便于运输。当然，LNG 也存在负面因素，有学者将 LNG 称为"披着羊皮的狼"[①]。一方面，大规模推广有利于形成全球统一的天然气市场，并为数个主要的天然气出口国建立类似 OPEC 的价格垄断组织提供了便利；运载数万吨 LNG 的运输船，事实上也是一个万吨级 TNT 当量的"大规模杀伤性武器"，一旦发生爆炸，会造成严重后果。因此，装载大量 LNG 的运输船极易成为恐怖分子的攻击目标。另一方面，LNG 的价格变动受市场影响更为突出。有研究显示，2004～2008 年，LNG 价格的上涨速度是管道天然气的两倍。[②] 以国内市场为例，2011 年底，LNG 在现货市场上的价格达到 4 元/立方米，2012 年上半年在 3.5 元/立方

[①] Roman Kupchinsky, "LNG: A Wolf in Sheep's Clothing?" *Policy Paper* No. 2, Global Public Policy Institute, 2009.

[②] Saleem H. Ali, "The Role of Pipelines in Regional Cooperation," *Brookings Doha Center Analysis Paper*, Number 2, July, 2010, p. 8.

米左右，而管道天然气的价格在 2.5 元左右。

海洋运输还面临海盗袭击这一非传统安全的威胁。据统计，2009 年索马里海盗得到的赎金约为 1 亿美元，但对全球贸易造成的间接损失却高达 130 亿~160 亿美元。① 这令已处于不景气状态的国际海洋石油运输业雪上加霜。尤其是近年来海盗对油气运输船舶的袭击，在次数和比例上都出现了持续上升的趋势（见图 1-3）。相对于其他船舶，油气运输船舶本身就是一个"大规模杀伤性武器"，还可通过人为制造石油泄漏，实施"生态攻击"。海盗可以在扣押货物和人质的同时，实施恐怖威胁，造成双重危害。针对该类船舶的武力解救行动，必然面临投鼠忌器的问题。

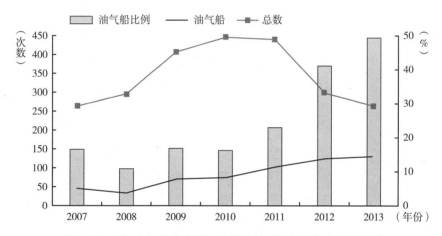

图 1-3　2007 年以来海盗袭击次数及针对油气运输船舶的比例

数据来源：Icc International Maritime Bureau*。

* Icc International Maritime Bureau, *Piracy and Armed Robbery Against Ships Report for the Period of 1 January – 30 June 2012*, July 2012, p. 5. and *Piracy And Armed Robbery Against Ships Report for the Period 1 January – 31 December 2013*, January 2014 p. 13.

二　中国进口油气的海路运输概况

进入中国境内的海路油气运输线路有三条：由南海入境的北向线路，该线路汇集了源自亚太和经印度洋运输而来的油气；由东海入境的西向线路，

---

① 王猛：《索马里海盗问题与国际社会的应对》，《现代国际关系》2010 年第 8 期。

该线路跨越太平洋运送来自南美洲厄瓜多尔的石油和秘鲁的 LNG；由俄罗斯太平洋沿岸，经日本海，由北方沿海入境的中俄海运线路，该线路承运了中国自俄罗斯进口的部分石油和全部的 LNG。

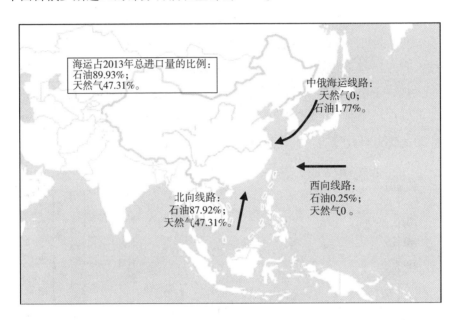

图 1－4　2013 年三条海运线路及承运份额

数据来源：中国海关总署、BP 及笔者推算。

随着中俄石油贸易的增加，几乎完全依靠海路运输进口石油的状况才发生了改变。2005 年陆路进口石油量占据了总进口量的 7.17%；2006 年，由于中哈输油管道投入运营和中俄铁路石油运输量的增加，陆路运输的份额进一步增加长了 8.65%。2008 年，国际油价大幅上涨，俄罗斯履行 2005 年石油贸易协议的意愿下降。中俄石油贸易量由 2007 年的 1452.63 万吨，下降到 2008 年的 1163.83 万吨。这一下降，导致 2008 年通过海运进口石油量的比例出现了回升；陆路运输量从 9.26% 下降到了 8.81%。到了 2011 年，随着中俄输油管道的开通，陆路运输量所占的比例达到了 10.15%，海运石油所占的比例首次降到了 90% 以下。但中国石油进口量持续增长，而陆路运输量增长有限，因此，海路运输量出现了新的上升，2012 年回升到

90. 23%，2013 年为 89. 93%，2014 年为 90. 77%。

中缅输油管道一期工程建成并投入运营之后，将有 1000 万吨海路运输石油陆续转为通过陆路入境，至少要到 2017 年以后，中缅管道才能具备实际完成 2000 万吨/年输量的基础。之前，因为俄罗斯已准备通过中哈输油管道向中国出口石油，因此，有估计认为，2014 年中哈输油管道的输送量，可能会增加到 2000 万吨，实现满负荷运输。但 2014 年，实际上只输送了1180 万吨。按协议，中俄管道输量将逐步增加到 3000 万吨。如果 2020 年三条陆路管道皆实现满负荷运输，按保守的 6000 万吨计，则海路运输总量在 3. 4 亿吨左右，海路运输量占中国进口石油运输量的比例将下降到历史低点——85%。但陆路承运额达到峰值 7000 万吨/年之后，短期内将难以再开拓新的线路和增加运量，海路运输的比例将重新回升（见图 1 - 5）。

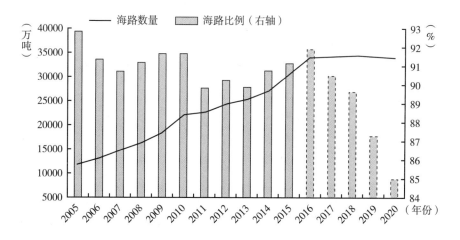

图 1 - 5 中国海路运输进口石油的数量比例及展望

数据来源：中国海关总署及笔者推算（2015 之后为预测）。

中国进口 LNG 的项目于 1995 年启动。2006 年 6 月，广东 LNG 项目第一期工程投产，标志着中国开始规模化进口 LNG。在 2009 年 12 月中国—中亚天然气管道投入运营之前，海运占据着全部的进口承运额。2010 年和 2011 年，海路运量分别为 128 亿立方米和 166. 2 亿立方米，占总进口量的 72. 29% 和 53. 84%。随着中国—中亚天然气管道 C 线、中缅天然气管道投入运营，2016 年底中亚—中国天然气管道 D 线投入运营，陆路运输量会出现巨幅增加。到 2020 年，理论上通过管道进口天然气的最大值为：中国—中亚天然气管道 850 亿立方米/年、中缅天然气管道 120 亿立方米/年、中俄天然气管道东线 380 亿立方米/年、讨论中的西线天然气管道 300 亿立方米/年，总计 1300 亿~1600 亿立方米/年。这一数值，已经超过 IEA 2011 年做出的 2020 年中国需要进口 1250 亿立方米的预计，与 1430 亿立方米的预计也所差不多。LNG 海运的重要性将大幅下降。

但就目前的形势来看，陆路管道实现满负荷运行还面临着不小的困难。因此，2020 年前保持海运进口仍然具有重要的战略意义。但海运将能够成为可自主调节的部分，极大地改善中国进口天然气的运输状况，甚至供给安全状况，增加中国参与国际博弈的筹码。一方面陆路运输相对更为安全，另一方面 LNG 的海运费用相对较高。

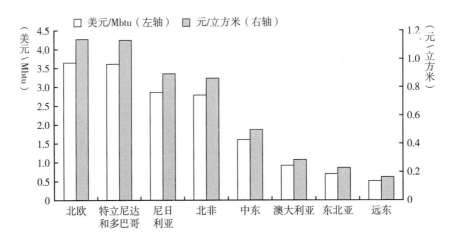

图 1-6   2011 年按国际运输费率将 LNG 运抵广州的费用

数据来源：广州息旺能源咨询有限公司：《C1 中国液化天然气（LNG）市场周报》No. 117 Vol. II-107，2012 年 1 月 9 日，第 6 页。

当然，也存在另外一种可能，即国内非常规天然气开发取得类似美国的喜人成就，进口天然气的需求大幅下降。但通过陆路管道进口天然气，不只是为了满足进口的需要，还能加强与周边国家的关系，具有重要的综合战略价值。因此，保留甚至加强陆路管道运输将是必然的选择。在此情况下，海路运输的价值和意义就会进一步下降。

从当前来看，中国的天然气进口及其海路运输有两个特征。

第一，处于起步阶段的快速增长期。自 2006 年从澳大利亚进口 10 亿立方米的 LNG 之后，天然气进口进入了快速增长的阶段。但其绝对数量仍然不大，即便是数量最多的 2013 年，也只相当于 2014 年 282.144 百万吨石油进口量的 17%；2852.4 百万吨油当量一次能源消费的 1.68%。

表 1 - 2　2010~2015 年天然气进口量及增长率

	2010 年	2011 年	2012 年	2013 年	2014 年	2015 年
进口量（亿立方米）	163.5	308.6	425.0	531.1	583.0	603.0
比上一年增长（%）	28.69	88.73	37.69	24.97	9.77	3.43
油当量（百万吨）	14.72	27.78	38.25	47.79	52.47	54.27

数据来源：BP 及中国海关总署。

第二，进口源相对石油而言更为单一。卡塔尔、澳大利亚、印度尼西亚和马来西亚是中国最主要的 LNG 进口源头。2013 年，这四个国家占中国 LNG 进口量的 40.47%，占中亚以外气源的 85%。除卡塔尔以外，其他源头离中国较近，无须通过马六甲海峡，便于维护航行安全。但在美国推进重返亚太战略的背景下，也面临着不小的挑战。

第三，进口源多元化范围有限。2013 年 10 月，中缅天然气管道投入运营。2014 年，通过该管道运输入境的天然气为 29.93 亿立方米；同时，哈萨克斯坦、乌兹别克斯坦的相关天然气项目也在近两年投入运营，为中国提供了新供给源。但一方面，两国都在为中国—中亚天然气管道供气，无助于运输线路多元化；另一方面，在可以预见的将来，哈萨克斯坦、乌兹别克斯坦两国天然气的出口量不会出现大幅增长。

从海关的统计来看，近年来，进口石油的卸货地主要是青岛、宁波、大连和湛江。从省份来看，从浙江和山东上岸的石油各占总进口量的近一半（见表 1 - 3）。

表1-3 2009~2013年各海关石油进口量占总进口量的比例

单位：%

	2009 年	2010 年	2011 年	2012 年	2013 年
青岛	15.41	13.62	13.67	17.86	21.19
宁波	20.01	18.41	17.81	15.19	16.81
大连	11.95	13.13	10.66	10.58	10.33
湛江	9.46	9.22	10.49	9.33	9.81
杭州	13.07	10.72	9.91	9.03	8.52

数据来源：中国海关总署。

2013 年，运营中的 LNG 接收点有 9 个，产能 2800 万吨，380 亿立方米/年。再加上在建的 6 个项目的接收产能 1800 万吨，245 亿立方米/年，当前中国的 LNG 接收产能已经超过了 600 亿立方米/年。并且这些项目大多还有二期建设规划。截至 2013 年，我国签署的 LNG 进口合同已经达到了 3775 万吨/年（合 510 亿立方米）。[1] 就目前的情况预测，到 2020 年，中国需要进口的天然气为 1430 亿立方米，到 2035 年为 2620 亿立方米，刨除管道气 1300 亿~1600 亿立方米，至少在 15 年以内，这些接收站已足够满足中国进口 LNG 之需。但从地域分布上来看，长江以南地区占据了接收站数量和产能的绝大多数。《天然气发展"十二五"规划》指出："2020 年前，在合理布局基础上，新建 LNG 接收站以增加储气能力"[2]。

表1-4 2013 年已运营及核准在建的 LNG 接收站

地　区	产能（万吨）	运营时间
深　圳	370	2006 年
福　建	260	2008 年
上　海	300	2009 年
江　苏	350	2011 年
大　连	300	2011 年

[1]　孙慧、赵忠德、单蕾：《2014 年中国天然气产业前景展望》，《能源情报》2014 年 8 月 20 日。
[2]　国家发展和改革委员会：《天然气发展"十二五"规划》，2012 年 10 月 22 日，第 15 页。

地　　区	产能(万吨)	运营时间
珠　　海	350	2013 年
浙　　江	300	2013 年
天　　津	220	2013 年
唐　　山	350	2013 年
已运营小计	2800	
青　　岛	300	
海　　南	300	
粤　　东	200	
深圳迭福	400	
广　　西	300	
大连二期	300	

数据来源：能源情报。

第三节　油气陆路运输背景简介

管道、铁路和公路运输，是油气陆路运输的三种方式。在陆地上尚未开通管道的地方，除了铁路和公路运输外别无选择。但铁路和公路运量有限，成本是管道运输的数倍。通过铁路和公路运输进行国际油气大宗交易，只是暂时的权宜之计。

一　国际油气陆路运输概况

国际油气陆路运输的起点，主要是俄罗斯、中亚和加拿大，终点主要是欧洲、中国和美国。俄罗斯和中亚受地理条件限制，只能选择陆路运输。但加拿大不采用更为高效和廉价的海陆联运方式向美国运输大量的出口石油和天然气，而是通过管道和铁路运输这种远距离方式。这与美国的国内法及相关利益集团的特殊利益有关。如"跨加拿大"管道系统，起自加拿大西南部的阿尔伯特省，由北向南纵贯美国，终至美国墨西哥湾沿岸的炼油厂。

（一）管道是油气陆路运输的主要方式

管道和铁路占据陆地油气运输量的前两位。由于成本悬殊，管道运输占据了其中绝大部分的份额。近年来，大规模、远距离的铁路国际石油运输，仅出现在中国与俄罗斯、美国与加拿大之间。前者只是输油管道开通之前的权宜之计，后者却一直处于运营之中。同时，因为环保主义者及港口周边居民的反对、《琼斯法案》（The Jones Act）① 的制约及两国国内利益诉求的冲突，短时期内这一效率低、耗费大的运输模式，仍将在美加石油贸易运输中占据重要的位置。中亚和高加索地区的铁路国际石油运输，与前两者相比，显得并不突出。

大规模的公路国际石油运输，都与伊拉克有关。第一次发生在两伊战争期间，伊拉克在短时间内，通过公路，每天将大约 20 万桶（1000 万吨/年）石油运输到约旦，规避伊朗在波斯湾对其进行的军事打击和"袭船战"的影响；海湾战争期间，面对国际制裁和封锁，伊拉克又通过公路运输将大量石油"走私"到约旦；库尔德人取得自治地位之后，与中央政府就基尔库克石油的利益分成产生了重大争议，为了绕开中央政府控制下的南向管道和南部出海口，库尔德人转而通过公路将大量石油运输到伊朗出售；"伊斯兰国"（ISIS）兴起并控制一些油田之后，又通过公路油罐车运输，将大量石油输送至土耳其进行倒卖。

在一些特殊的沿岸或内陆产油区，也只能通过陆路管道完成运输。如在 20 世纪 70 年代，开发阿拉斯加北坡油田之初，为了解决北冰洋海冰的封锁和恶劣环境的限制，美国人考虑过破冰油船、核动力潜水油船和大型喷气式原油运输机等方案，还曾打算建设一条纵贯阿拉斯加的单轨铁路或八车道公路。但这些方案基本上都是纸上谈兵。如通过公路运输，需要动用当时美国本土几乎所有的汽车，且回程车辆只能放空，存在大量浪费。② 他们还考虑过一种排水量达 17 万吨的潜水油船。但阿拉斯加石油的油质较好，密度小

---

① 《琼斯法案》规定，在两个美国港口之间的海运，必须使用美国制造、美国公民驾驶、美国法人拥有 75% 以上的产权和悬挂美国国旗的船舶运输。该法案于 1920 年通过，原意为保护美国的国内海运市场，排除外界的竞争，但目前已造成负面的影响。参见 John Frittelli，"Shipping U.S. Crude Oil by Water: Vessel Flag Requirements and Safety Issues," *Congressional Research Service*, July 21, 2014。

② 梁翕章、唐智园：《世界著名管道工程》（修订版），石油工业出版社，2002，第 12～14 页。

于水，装载大量密度小于水的石油的潜水艇，怎样才能潜到水下呢？中亚石油也面临同样的问题。由于地处大陆腹地，除了管道运输，没有更好的办法。因此，绝大多数在建或计划建设的大型输油管道项目都位于内陆产油国，比如阿塞拜疆和哈萨克斯坦。[①]

（二）油气管道运输的基本技术特征

石油在输油管道中的流速一般为 5～13 千米/小时，每 60～100 千米建设一座泵站，最大管径为 1422 毫米。目前最大的输气管道管径为 1422 毫米。天然气依靠起点压气站和沿线压气站加压输送，输气压力为 70～80 千克力/平方厘米。受相关技术、营运成本、生产安全和设备维护等限制，单条远距离管道的年输送量存在数量限制，石油在 3000 万～5000 万吨，天然气在 300 亿立方米左右。要增加运输量，就需要建设多管并行的管道。

与海洋运输相比，陆地管道的石油泄漏不易扩散，易于处理，造成的危害相对较小。一方面是从技术检测上，通过管道压力的变化就能及时掌握情况，关闭泵站阀门就能解决关键问题；另一方面，即便形成泄漏，在陆地上进行污染处理和控制，也要比海上容易。管道事故造成的后果，与在公海发生的危害相比，有着直接的受害人和追责方。

油气管道运输是投入产出比相对海运低的运输方式。从投资来看，建设 1 千米的油气管道，需要耗资数百万至上千万美元不等。如投资 20 亿美元左右，建一条 1000 千米的输油管道，年运输量约为 3000 万吨。而同样的投资，可以建造 20 艘超大型油轮（Very Large Crude Carrier），每年可以完成 4000 万～6000 万吨的越洋运输。从能耗的角度来看，管道油气运输是一种能耗较高的运输方式。油气管道消耗的能源，占整个运输行业能耗的近 1/3（公路占 1/2，其他占 1/3）[②]。即便用整个海运业与其比较，海运消耗的能源都只占管道的 3% 左右。俄罗斯石油管道运输公司公布的数据显示，将 100 万立方米的天然气在管道中运输 1 千米，需要消耗约 20 千克油当量的能源。将

---

① IEA, *World Energy Outlook 2005*, p. 160.

② IEA, *World Energy Outlook 2011*, p. 277.

这一标准套用到中国—中亚天然气管道上，则 850 亿立方米/年的运输量，5000 千米的运输距离（到达中国的中部），就需要消耗 850 万吨油当量的能源。以 50 美元/桶的油价折算，则在能耗上的成本是 31.15 亿美元，折合人民币近 190 亿元。当然，俄罗斯的能源使用效率较低，这是公认的事实。

从危险性来看，天然气管道要比石油管道更易于发生爆炸等危险事故。同时，在天然气管道输送中断之后的输送恢复过程中，也容易因混入空气而发生爆炸事故。这与家庭燃气泄漏易于形成爆炸事故是同样的道理。因此，中断天然气管道输送，带来的损失是双重的。一方面是能源供给的中断，另一方面是管道输送系统可能因此面临的危险。

（三）油气管道运输发展迅速

管道运输的发展，随着全球油气贸易的增长而同步扩张。近年来，全球的石油贸易量从 2001 年的 22.6 亿吨，增长到 2015 年的 30.5 亿吨。相应的国际运输方式，除了油轮，主要就是管道。通过管道输送的天然气也从4313.5 亿立方米，上升到 7106 亿立方米。[①]

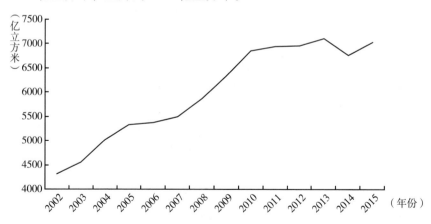

图 1 - 7　2002 ~ 2015 年管输天然气的数量

数据来源：BP。

---

① BP, *BP Statistical Review of World Energy*, 2012 ~ 2016.

　　国际能源机构（IEA）在 2003 年指出 "全球投入石油管道的资金总量预计将达到 650 亿美元左右"[①]，但两年以后的 2005 年，就大幅度向上修订了数据 "预计在 2001～2030 年将有 920 亿美元投入新管道建设，其中 50% 用于出口管道"。[②] 通过管道运输的跨地区原油和成品油贸易，在 2030 年之前，将在 2002 年的基础上增加 42%。[③] 2014 年，IEA 再次发布报告，预测到 2035 年的未来 20 年里，全球用于包括国内和国际油气运输的投资为 3.6 万亿美元。其中，用于油气管道的投资将占据总投资的 71%（见图 1-8）。

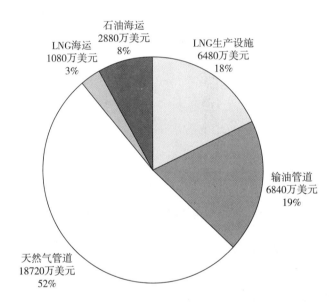

图 1-8　2035 年前全球用于油气运输的投资及其结构

数据来源：IEA, "World Energy Investment Outlook Special Report," 2014, p. 70。

　　2000 年，全球高压天然气输送管道总长 110 万千米，未来 30 年内有望增加 80%。[④] 2011 年国际能源机构（IEA）估计，到 2035 年，全球用于天

---

① IEA, *World Energy Investment Outlook 2003*, p. 123.

② IEA, *World Energy Outlook 2005*, p. 214.

③ IEA, *World Energy Investment Outlook 2003*, p. 125.

④ IEA, *World Energy Investment Outlook 2003*, p. 196.

然气管道和销售网络的投资，将达到 2.1 万亿美元。[1] 另有研究指出，在 2009～2013 年之间，全球拟建的油气管道干线总长为 13.9 万千米，总投资超过 1440 亿美元。其中天然气管道占最大份额，为 914 亿美元。[2] 从具体的分布情况来看，北美、亚太和苏联地区的在建和计划建设的管道，占据了全球主要的份额。

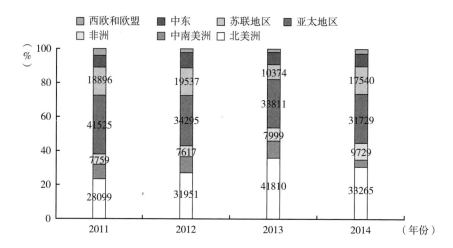

图 1－9　2011～2014 年全球在建及计划建设的油气管道分布

注：单位为千米。

数据来源：Pipeline & Gas Journal。

（四）天然气管道运输的重要性有下降的趋势

从 BP 统计数据来看，自 2002 年以来，在天然气国际贸易当中，管道输送的数量已从 4313.5 亿立方米上升到 2013 年的 7106 亿立方米，2014 年有所下降，为 6639 亿立方米。但占天然气国际总贸易量的比例，却从 2002 年的 74.2%，下降到了 2014 年的 66.58%。

这一趋势表明 LNG 的比重在增长。但这一趋势的出现却是利弊兼有。毕竟，LNG 的运输更为灵活，进而使得天然气的贸易也更加灵活。同时，

---

①　IEA, *World Energy Investment Outlook 2011*, p. 169.

②　中国石油管道公司编《世界管道概览（2009）》，石油工业出版社，2010，第 13～14 页。

LNG 海运主要通过公海航行，能避免过境管道可能引发的一系列矛盾冲突。但这可能带来两个结果：第一，天然气出口国论坛发展成为石油输出国组织类型的卡特尔的可能性增加。因为通过管道出口天然气，卖方和买方被管道所约束，价格联盟确定和国际市场价格，一般要经双方确定的公式并经谈判之后，才能对买卖双方产生影响。第二，LNG 价格变动更加频繁。这与市场化程度增加相一致，而通过管道运输，买卖双方更多是按长期合同规定的条款进行交易。尽管 LNG 贸易量的快速增长可能导致天然气市场竞争加剧，但这显然也是进口国通过市场加强供给安全的难得机遇。如 2009 年，卡塔尔对欧洲的天然气出口增长了 114%，使俄罗斯天然气在欧洲市场上的份额从 2008 年的 25% 下降到了 2009 年的 22%。这对欧洲减少对俄罗斯的天然气依赖大有裨益。随着 2014 年克里米亚危机的爆发，以及 2015 年俄罗斯与土耳其在打击"伊斯兰国"恐怖组织（ISIS）问题上的龃龉，俄罗斯计划新修的数条绕开乌克兰的管道必将出现新的问题，进而导致管道气占比被进一步拉低。但随着数条中国进口天然气的管道陆续开通运营，管道气占天然气贸易的比例可能出现一定的回升。

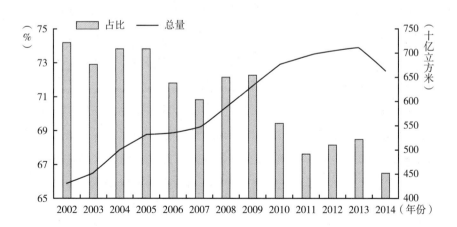

图 1–10 管输气在天然气国际贸易中的比例及总量

数据来源：英国石油公司（BP）。

但也有研究认为，只有运输里程超过 5000 千米，通过 LNG 运输进行的天然气贸易，才更有成本优势。[①] IEA 的观点是 7500 千米以上[②]。也就是说，尽管发展 LNG 有成为业界共识的趋势，但在短距离的运输中，这种方式并非最佳选择。加工 LNG 的过程，要消耗大量能源，且运输设备和费用都要更高。短距离运输 LNG 造成了事实上的浪费。这与增加天然气消费、实现二氧化碳减排的初衷背道而驰。

（五）油气管道运输安全的复杂性

如果管线经过地缘政治重心地区，势必受到影响。偏偏中亚—里海地区和俄罗斯中部的主要油气产区，皆位于亚欧大陆腹地，输出油气需要经过传统上的"心脏地带"或"破碎带"，难免受到国际政治斗争的影响。计划中的连接中亚、中东与其他消费区的管道无一例外。IEA 也认为，"对位于中东和中亚的远距离管线项目来说，地缘政治因素尤为重要。"[③] 从地区层次的国际形势来看，南亚、东南亚地区现有或规划中的国际油气运输管道，也面临着地缘政治斗争的考验。

从相关方来看，可将国际油气运输管道进一步划分为跨境管道和过境管道。跨境管道指跨越购买国与输出国之间国境的油气运输管道。过境管道，指经过油气购买国与输出国之外第三国领土的管道。从第三国的角度来看，该管道只是经过该国领土，除了可以收取一定的过境费和增加自身与购销双方博弈的筹码之外，管道的通畅与否与自己并没有太密切的关系。因此，有观点认为，"过境管道"本身就是冲突的根源。

过境管道的线路选择，必须充分考虑可能出现的风险，避开"不可靠"的国家。如巴库—第比利斯—杰伊汉输油管道（BTC）的线路，就没有选择距离较短的"阿塞拜疆—亚美尼亚—土耳其"方向，而是绕道阿塞拜疆—格鲁吉亚—土耳其，原因就在于格鲁吉亚比亚美尼亚更为亲西方。

跨境或过境管道的建设，必然要遭到一定形式和程度的反对，而环境和

---

① Paul Stevens, "Transit Troubles Pipelines as a Source of Conflict", *A Chatham House Report*, p. 23.

② IEA, *World Energy Investment Outlook Special Report*, 2014, p. 71.

③ IEA, *World Energy Outlook 2005*, p. 205.

民生问题是反对方当然的选择。以 BTC 为例，尽管世界银行及一些私人机构已对可能的环境问题进行了详尽的评估，但在建设之初，仍然遭到了一些个人或组织的强烈反对。[①] 当前，北美的一些管道建设规划正饱受这类问题的困扰。

从管道利益相关方之间的权责关系来看，目前不存在具有普遍约束力的法律制度。可供参考的国际条约文本是能源宪章一揽子法律文件中的《能源运输协定》（Energy Transit Protocol）。而管道利益相关方签署的具体协议大多因为涉及利益交换而不公开，外界一般不可能得到完全而真实的协议文本。所得到的相关内容大多是"商业新闻报道和谣传的混合物"[②]。同时，从国际关系的历史实践来看，国际条约大多不能在关键时刻发挥应有的作用，尤其是最初签订者期望的作用。因此，即便签署了相关协议，也还应致力于建构相互依赖的利益关系，使管道的相关方不愿、不能、不敢轻易做出极端行为。如此，才能为管道安全打下坚实的基础。

"履约主体变更"和投资主体"议价实力衰减"对管道安全的影响，是管道安全运营必然面临的两大挑战。履约主体变更，指建设管道相关的协议一般由政府主导签订和实施，但管道建成之后，一般由企业负责运营。双方在利益诉求上的差别，可能导致在相关约定权责的理解上出现偏差，进而引发冲突。议价实力衰减，指一旦投资主体完成投资之后，企业与政府进行讨价还价的实力就此削弱或消失。而驱动和影响政府行为的因素显然不只是经济。这可能为管道的安全运营带来一些难以预料的问题。因此，仅从正常的经济利益出发，难以准确认识和分析可能出现的问题，并对管道的安全状况进行正确的评估。

业界的权威学者，英国人保罗·史蒂文斯（Paul Stevens）提出了以下维护国际油气管道，尤其是过境管道安全问题的解决之道。

第一，入侵。通过军事胁迫，迫使过境国不能、不敢做出有损管道安全

---

① 可在世界银行信息中心网站"BTC 项目"栏目查询相关具体情况。网址：http: // www. bicusa. org/en/Project. 3. aspx。

② Paul Stevens，"Transit Troubles Pipelines as a Source of Conflict"，*A Chatham House Report*，p. 15.

的事情。

第二，引入全球化和对外国直接投资的依赖。通过将过境国引入全球化进程，通过国际规则、对资金的需求和对国际市场的依赖，约束过境国的行为。

第三，使过境国成为承购方。将过境运输的油气，直接出售给过境国，由其转卖。

第四，替换过境国。寻找和选择替代运输线路，替换不可靠的过境国。

第五，找到一个共同的司法管辖机构。通过司法手段解决争议。

第六，发展相互依赖关系。通过政治、军事或经济上的相互依赖，结成一荣俱荣、一损俱损的关系，以此确保过境运输安全。

第七，引入累进的"过境条款"。为了防止因运输费率的变化而导致利益争端，应该订立与运输费率同步变动的过境费协议。

二 中国进口油气陆路运输概况

西方有观点认为中国正在做"管道梦"，希冀通过陆路管道维系进口油气运输的安全。对这一观点，要一分为二地看。陆路运输，尤其是管道运输，的确面临诸多问题，一招不慎就可能满盘皆输；但中国作为传统陆上强国，对内陆地区的影响力是目前美国"尺有所短"之处，也是第三方难以实施有效干扰之处。

随着中俄石油贸易的增长，成规模的油气陆路运输开始出现，运输多元化也因此迈出了第一步。随着中哈输油管道和中俄输油管道的开通运营，铁路运输的运力限制和高昂运费使中俄、中哈铁路石油运输的重要性逐渐下降。当前只有中蒙铁路运输仍在承担着中国与蒙古国之间石油贸易运输的任务。

2006年，中国—哈萨克斯坦输油管道开通运营，中国拥有了第一条专门的进口石油运输通道；2009年，中国—中亚天然气管道投入运营，迈出了中国天然气运输多元化的第一步；2011年，中国—俄罗斯输油管道投入运营；2013年，中缅油气管道投入运营；2017年，中缅输油管道将投入运营；2018 年，中俄天然气管道将投入运营。这些陆路运输线路将对于拓展运输多元化起到重要作用。建设受到热议的中巴能源走廊，也能进一步丰富陆路运输的多元化。

从管道的性质来看，中国—哈萨克斯坦输油管道是一条跨境管道，但因其曾转运过俄罗斯石油，一度客串了过境管道的角色，今后也还将进一步扮演这一角色。中国—中亚天然气管道 ABC 三线，尽管过境乌兹别克斯坦和哈萨克斯坦，但两国本身也是天然气储藏和生产大国，中国已与两国签署了协议，两国已开始向管道输送天然气，使该管道兼具了跨境和过境双重性质。中国—中亚天然气管道 D 线，过境塔吉克斯坦和吉尔吉斯斯坦，两国几无出口天然气的前景，因而是一条完全意义上的过境管道。尽管中俄输油管道和中俄天然气管道历经多年波折方成为现实，但其跨境管道的性质也使管道后续的运营安全面临的风险较小。中缅天然气管道，气源来自缅甸，是一条跨境管道。中缅输油管道，油源依靠中东和非洲，是一条过境管道，面临的风险最为突出，成为中国进口油气运输安全的短板，需要给予更多关注。

中缅油气管道是中国进口油气运输多元化布局中唯一承载着突破美国封锁这一战略目标的运输线路。保障了这一线路的安全，中国进口油气运输安全才能拥有更坚实的基础。从 2009 年中缅敲定建设管道以来，美国在缅甸乃至东南亚和亚太地区的一系列动作，可以从反面印证中缅油气管道的重大战略价值。尽管美国"重返亚太"的策略，推动了西方拉拢缅甸，对中缅油气管道的安全运营提出了挑战，但美国的这一战略东移，却为中国深入中东、中亚提供了有利的战略机遇。中国不仅可以借机加强与中东、中亚国家的合作，进一步夯实能源安全的基础，还能拓展新的国际合作空间。这一态势表明，在国际政治斗争中，筹码无所谓大小，关键是如何使用。中缅管道及其附属项目能够为缅甸带去的政治、经济和社会收益，是任何一个在缅甸执政的理性政府必然会慎重对待的。同时，该管道的四国六方投资入股、中方负责具体运营的机制安排，也可以限制极端问题的出现。

总的说来，除了受地理限制，不得不采用管道运输的中亚和西伯利亚油气，以及距离较近的远东和缅甸油气之外，其他陆路运输线路从经济上看都不是最佳的选择。但跨境管道或过境管道的建设，其本身不仅能解决运输问题，也能推进国家间的经济合作，形成更为密切的相互依赖关系。从这个层面看，进口油气管道的建设和安全的维护，还是国际层面竞争、斗争的重要一环。一方面需要以实力为后盾，另一方面还需要有运用实力的战略与意志。正如美国中央情报局前副局长克莱因提出的"克莱因国力公式"：Pp = （C + E + M）（S + W）所表述的：战略和贯彻战略的意志，是构成国力的必要条件。跨境或过境管道线路的确定和运输安全的维护，离不开战略和意志的支撑。

第四节　国际关系影响油气运输安全的历史与现实

二战之后，以下事件对油气运输安全产生了重大影响：1954 年苏伊士运河战争，导致苏伊士运河被阻断，欧洲石油供应受到影响；1967 年之后，受第三次中东战争的影响，苏伊士运河被关闭，1975 年方重新恢复通航，导致在此期间的欧洲石油运输只能绕道好望角，运输成本增加；两伊战争期间，伊朗和伊拉克在 1984～1987 年，在波斯湾开展"袭船战"，导致部分海湾石油的外运受到严重干扰；1987 年 7 月，美国开始为科威特油轮提供护航；为了支持萨达姆，1988 年美国封锁了伊朗的对外运输；1990 年爆发的海湾战争，使石油外运再次受到负面影响；进入 21 世纪之后，美俄争夺加剧，俄罗斯的油气外运问题凸显，成为受到广泛关注的焦点；2012 年，美国实施了新一轮的对伊朗石油禁运，伊朗石油外运受到极大影响，导致了伊朗政局和对外政策的转变。可以看到，国际关系的变动对油气运输安全有着直接而重大的影响。

一　地缘政治斗争的影响

地缘政治斗争，是国际关系发展到一定阶段的产物，肇始于西方大国争夺世界霸权和全球市场之时。其以先天的地理因素（包括地理位置和自然资源）与后天的国际关系之间的互动和影响为分析的切入点，注重通过可变的人为安排，利用或消除不变的地理因素对国际关系的影响。

油气资源出口国与主要消费国之间地理位置分布的不均衡，使得油气产地与消费地之间，必须通过运输进行连接。这是先天的地理因素。后天的国际关系因素包括：一是国家间实力消长造成的地区力量结构变动；二是国家内政变动和"选边站队"造成的地区局势突变。总的来说，就是国家间关系的变化对跨国运输的影响。

从地缘政治斗争的内在决定因素和历史发展来看，当前和今后的地缘政治斗争将会呈现以下的基本态势，并对油气国际运输产生决定性的影响。

（一）当代地缘政治斗争的基本态势

地缘政治斗争的发展经历了四个时期，分别是：争夺海权、争夺大陆中心地带、争夺大陆边缘地带和争夺亚欧大陆控制权。通过对全球地缘政治斗争的历史进行回顾和分析，就能找到决定地缘政治斗争的关键因素。

1. 霸权国和挑战国主导地缘政治斗争的基本态势

民族国家一旦定型，其领土、居民和邻国等基本条件就会相对固定下来，进而规定这个国家必然面临的基本地缘战略态势。一旦有国家实力发生了变动，或他国认为出现了威胁，必然会引发国家间的斗争。但能够主导地缘政治斗争的主角，是霸权国和挑战国。双方的盟国和其他国家，只是被卷入斗争当中。因此，处于崛起阶段的大国是地缘政治斗争当然的中心。回顾历史，就能看到这种趋势。

争夺海权的时代，始于16、17世纪，终于19、20世纪之交。在这一时期，通过15、16世纪的地理大发现，葡萄牙和西班牙首先开始了全球性的扩张，成为最早的两个世界性大国，并成为后起之秀荷兰、英国和法国的挑战对象。1588年，英国战胜西班牙的"无敌舰队"，"标志着西班牙的海上霸权开始衰落"[①]。之后，英、法、荷的海外殖民扩张，又主导了这一时期的海权争夺。争夺大陆中心的时代，始于哈布斯堡王朝的衰落，终于第二次

① 王绳祖：《国际关系史》第一卷，世界知识出版社，1995，第24页。

世界大战。与此对应的是法国、德国和俄罗斯的崛起。这一时期的地缘政治斗争，始终围绕这三个国家展开。争夺大陆边缘地带，始于冷战，终于苏联解体。这一时期，斗争主要围绕对外扩张和崛起势头最盛的苏联展开。西方阵营通过扼守中欧、控制亚欧大陆南缘，封锁占据陆地军事优势的苏联。争夺对亚欧大陆的控制权时期，始于苏联解体，目前未见结果。斗争围绕可能挑战美国霸权地位的欧盟、俄罗斯和东亚展开。

据此可以推断，与欧盟、俄罗斯和东亚相关的油气运输，必然会成为当前地缘政治斗争的焦点问题。从油气运输的角度看，与之相关的油气运输，在线路、可选的运输方式、跨过境国、备选跨过境国和相关方等方面，都将面临地缘政治斗争的直接影响。

2. 科技是决定地缘政治斗争标的物的关键

科技的发展决定了人类的认知与实践，进而也决定了人类可以利用的资源。而当代所有的争夺，针对的都只会是存在一定短缺、能被利用并满足一定需要的资源或物品。在西方国家资本主义发展初期，对资源、市场和势力范围的争夺，决定了国家实力的消长。但在陆地交通没有得到一定的发展之前，只有通过海路才能方便地进行远距离、大规模输送，争夺的对象自然就是海洋的控制权，尤其是主要航道的控制权。因此，以航道控制权为核心的海权争夺，成为地缘政治斗争的标的物。进入 19 世纪之后，随着陆地交通的发展，尤其是远程铁路的修建，陆地上的大规模、快速交通运输变成了现实。占据大陆的中心位置，既能有效控制战略要地，又能实现快速的投递，地缘政治斗争自然就开始围绕大陆的中心展开。麦金德的名言："谁统治了东欧，谁就能主宰心脏地带；谁统治了心脏地带，谁就能主宰世界岛；谁统治了世界岛，谁就能主宰全世界！"对争夺大陆中心地区的控制权进行了最简洁有力的表述。但麦金德也提出了这样的诘问："欧亚大陆上那一片广大的、船舶不能到达、但在古代却任凭骑马牧民纵横驰骋，而今天又即将布满铁路的地区，不是世界政治的一个枢纽区域吗？"[1] 说明了技术发展对地缘政

---

[1] 〔英〕哈福德·麦金德：《历史的地理枢纽》，林尔蔚、陈江译，商务印书馆，1985，第60页。

治斗争的影响。二战之后，随着航空技术的发展，投递方式出现了新变化，地理因素对大规模运输的制约变小。占据大陆的边缘地带，构建对目标国的包围圈，才能对其形成有效的制约。因此，大陆边缘地带成为争夺的焦点。

据此可以推断，位于亚欧大陆边缘地带的国际油气运输线路和经过印度洋、连接亚欧的海路运输必经之地，都将面临严峻的挑战与影响。而位于内陆的线路，因为缺乏可以直接对其实施干扰的可选手段，则可以相对较少地受到影响。

3. 时代主题决定地缘政治斗争的基本形式

在争夺海权的时代，资本主义正处于上升阶段，快速获取财富、扩大势力范围与殖民地，是当时西方普遍的价值取向，发动侵略战争不会带来道义上的负担。进入陆权争夺时代之后，战争的惨烈、人文精神的普及，促使人们重新思考生命的价值与意义，维护和平成为保护既得利益的途径之一。在这一时期，尽管战争是一个普遍现象，但是发动侵略战争已经不再具备道义上的合法性。当核武器大量出现之后，挑起核大国之间战争的后果，很可能将是人类的毁灭，战争的作用受到了限制。再加上二战后"三驾马车"的制度安排，世界市场得以逐渐形成。历史上首次开创性地出现了这样的现实——大国通过发展经济就可维护与扩大国家利益。从此，和平与发展成为时代的主题。在这一时期里，理智的选择是构建一种战略优势，对目标国的发展形成制约，迫使相关国家进行更大的利益让步。因此，地缘政治斗争的基本形式，由直接依赖武力发动战争，转变为对优势地位的争夺。美国前国务卿布热津斯基在其力著《大棋局：美国的首要地位及其地缘政治》一书就提出"美国的霸主地位直接依赖于它在欧亚大陆优势的维持时限和程度"[①]。并认为美国应将战略目标确定为"防止在欧亚大陆这个全球最重要的竞赛场上，美国的一个潜在对手可能在某一天崛起"[②]。而事实上，美国

---

① 〔美〕兹比格纽·布热津斯基：《大棋局：美国的首要地位及其地缘政治》，中国国际问题研究所译，上海人民出版社，1998，第34页。

② 〔美〕兹比格纽·布热津斯基：《大棋局：美国的首要地位及其地缘政治》，中国国际问题研究所译，上海人民出版社，1998，第43页、第53页。

也这样做了。

据此可以推断，与欧洲、俄罗斯和东亚相关的国际油气运输问题，将会成为大国实施地缘政治博弈的重要抓手，掌控和影响油气运输，是建构优势地位的关键。但在核武器的制约之下，直接武力打击和军事封锁，已经不再可能成为大国之间实施有效影响的具体手段。

（二）地缘政治斗争影响油气运输安全的切入点和具体表现

地缘政治斗争对油气运输的影响，在俄罗斯油气外运的问题上表现得最为突出。俄罗斯获取能源出口效益的基础，在于过境油气出口运输的正常实施。2003 年，俄罗斯能源部发布的"2020 年前的俄罗斯能源战略"中也指出："由于俄罗斯特殊的地理和地缘政治位置，过境运输问题有着特殊的意义。"①

1. 开辟新线路破解围堵

苏联解体后，俄罗斯失去了一些重要的出海口和油气出口通道。波罗的海石油外运港口划归拉脱维亚和立陶宛；黑海的重要油港划入乌克兰名下，剩下的新罗西斯克港输油能力有限，还要面临黑海海峡的运输瓶颈和土耳其的牵制。苏联时期建设的油气管道输送系统，大多已接近使用年限，而且要过境东欧国家，不仅要支付巨额的过境费，还要看个别"新欧洲"国家的脸色。乌克兰曾经是俄罗斯油气外运的重要过境国。"橙色革命"之后，亲西方的领导人上台。乌克兰不仅成为挤压俄罗斯地缘政治空间的排头兵，而且还想借助过境国的特殊地位，继续享受苏联时期低廉的"内部"天然气价格。在遭到俄罗斯的拒绝之后，乌克兰开始拖欠天然气货款，俄罗斯以削减供应总量应对，并声称削减的量是供给乌克兰的部分，将矛盾转交给了乌克兰和其他欧洲国家，但矛盾产生的根源并未得到解决。受此影响，俄罗斯确定了 2010 年之前，要打通北部、南部和东部的出海口，重新布局出口运输线路的计划。

目前，这一计划已经得到全面的实现。在北线，通过俄罗斯芬兰湾沿岸

---

① The Energy Strategy of Russia, *The Summary of the Energy Strategy of Russia For the Period of Up to 2020*, Moscow, 2003, p. 12.

港口，可以将石油和 LNG 运往西欧。尽管芬兰湾沿岸港口存在冬季冰冻和水深较浅只能靠泊 15 万吨级以下油轮的弊端，但其战略价值极其重要。通过芬兰湾的出海口，俄罗斯具备了出口 1 亿吨/年的运力，具备了完成近年俄罗斯石油出口量 30% 的能力。其中最大的港口普里莫尔斯克，已经完成了油运码头、连接俄罗斯腹地的波罗的海输油管道一期、二期建设，具备了 7500 万吨/年以上的转运能力。同时，还开发和建设了大圣彼得堡港 1000 万吨、维索茨基港 1200 万吨等其他几个大小不等的油运码头。早在 300 年前，彼得大帝兴建圣彼得堡时，普希金就写道："我们要在这里打开一扇面对欧洲的窗子。"俄媒体称，这条线路"打开了又一扇通往欧洲的大门。"①2011 年 11 月 8 日，俄罗斯首个直接连接西欧大陆的"北溪"天然气管道（Nord Stream）正式启用。该管道东起俄罗斯北部港口维堡，沿波罗的海海底向西，直达德国小城卢布明，终结了俄罗斯输往西欧的天然气必须过境第三国的历史。有俄罗斯的媒体称之为"征服欧洲的管道"。截至 2012 年 10 月，该管道的一线和二线已投入运营，年运输能力提高到了 550 亿立方米/年，并且还有继续建设三线和四线管道的计划。为此，俄罗斯通过乌克兰运输的天然气，到 2018 年前后将由之前占总出口量的 2/3 下降到 1/3。同时，俄罗斯还完成了亚马尔—欧洲管道一期建设，过境白俄罗斯，可将 280 亿立方米/年的天然气输送到波兰、德国等欧洲国家，并规划了二期工程。南线，绕过乌克兰的苏霍多利—罗季奥诺夫输油管道，早在 2001 年就已投入使用，打通了俄罗斯的黑海石油出口通道。2002 年，通过黑海海底，将天然气输送到土耳其的"蓝溪"（Blue Stream）投入运营。经过自 2004 年开始的升级改造之后，具备了 150 亿立方米/年的运力。2012 年 12 月 7 日，经过多年的筹划之后，俄罗斯南流天然气管道开始动工。这一管道横穿黑海海底进入欧洲南部，最终到达意大利和奥地利。该管道由四条管道构成，运力可达 630 亿立方米/年。一线管道计划 2016 年第一季度通气，2018 年达到设计运

---

① 《俄罗斯打通石油出海口》，新华网，2001 年 12 月 29 日，http：//news. xinhuanet. com/world/2001 - 12/29/content_ 217400. htm。

输能力。东线,远东—太平洋输油管道和科济米诺油港建成运营;远东 LNG 生产、出口终端和中俄输油管道建成;中俄天然气管道东线方案最终敲定,俄罗斯顺利开拓了东向油气出口运输线路。

2. 开辟新线路分流输量

2006 年,在英美的大力支持下,设计年输量 5000 万吨的巴库—第比利斯—杰伊汉输油管道(BTC)正式投入运营,打破了俄罗斯垄断里海石油外运的局面。同时,也是美国成功介入中亚地区、俄罗斯在里海地区的地位和影响力遭到削弱的直接表现。还可以将其视为美国帮助相关国家摆脱俄罗斯影响的表现。2006 年 5 月 16 日,美国能源部副助理部长西蒙斯在国会听证会上称,BTC 是 "一个外交政策的重大胜利,不仅能够增强全球能源安全;还使该区域的国家,在巩固主权和提高经济生存能力方面,迈出了巨大的步伐。"[1] BTC 的建设将俄罗斯甚至中国置于了尴尬境地。该管道的起点是阿塞拜疆,石油储量和产量有限。BTC 需要补充哈萨克斯坦的石油。这既为哈萨克斯坦提供了摆脱俄罗斯控制的机遇,也分流了哈萨克斯坦的石油,使中哈输油管道可能陷于无油可运的状态。具体而言,阿塞拜疆的石油探明储量仅为 10 亿吨[2],只能满足管道 20 年的输量需求;尽管 2006 年阿塞拜疆实现了石油产量的大幅增长,但也只有 3250 万吨[3],即便完全注入管道,也只能满足该管道年输量 60% 的需要。

对此,俄罗斯采取的基本对策是控制和分流哈萨克斯坦的石油,削弱其对 BTC 的供油能力。首先,俄罗斯积极参与里海管道财团管道(CPC)建设,通过控制阿特劳—新罗西斯克—巴库输油管道,控制了 BTC 的部分油源。其次,俄罗斯提议建设从保加利亚东南部的布尔加斯到希腊东北部爱琴海沿岸亚历山德鲁波利斯(Alexandrouplis)的输油管道,与 BTC 展开竞争。2007 年,俄罗斯和保加利亚、希腊达成协议,准备穿越保加利亚和希腊领土,绕开土耳其海峡直接向欧洲供油,建设 285 千米长、设计年输油能力为

① Paul E. Simons, *Energy and National Security*, May 16, 2006.
② BP, *BP Statistical Review of World Energy June 2007*, p. 9.
③ BP, *BP Statistical Review of World Energy June 2007*, p. 6.

3500万吨的输油管道。当时计划2009年中期投入使用。同时，俄罗斯还与哈萨克斯坦签署了过境俄罗斯管道、向欧洲运输石油的合同，规定里海管道财团通往新罗西斯克输油管道的供油量将增加一倍以上。这就意味着，CPC管道的输量有望提高到每年6700万吨。[①] 如此，则哈萨克斯坦绝大部分的出口石油，将通过新罗西斯克—布尔加斯—亚历山德鲁波利斯一线出口，BTC将面临无油可运的尴尬。但该设想最终因为俄罗斯方面又计划参与萨姆松—杰伊汉管道项目，在布尔加斯—亚历山德鲁波利斯管道上举棋不定，影响了油源和资金问题的解决，而没有投入建设。最后，在中哈管道的建设上，采取了务实态度。尽管中哈输油管道与中俄输油管道存在事实上的竞争关系，还会加强中哈关系，影响俄罗斯对中亚的控制，但俄罗斯最终还是支持了这一管道，进一步分流了哈萨克斯坦的石油。

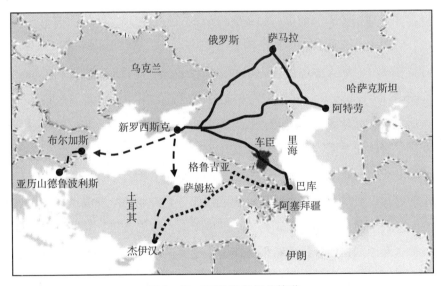

图1-11　BTC及其相关管道

3. 使用新技术突破传统围堵

国际能源机构（IEA）早在2003年就表示，随着技术的进步，液化天

---

① 米哈伊尔·赫梅廖夫：《俄罗斯为本国石油输往欧洲铺平道路》，俄新网，2007年4月11日，http://rusnews.cn/xinwentoushi/20070411/41747331.html。

然气（LNG）的运输费用将逐步下降，直至与管道运输相当。[①] 俄罗斯通过北线芬兰湾沿岸和东线库页岛的 LNG 项目，将过去依靠管道出口的天然气转为液化天然气，通过海运出口。在技术手段的辅助下，地理位置对运输的传统限制，得到了成功的破解。通过出口 LNG，俄罗斯将能够更加牢固地掌控对外运输主导权，继续挥舞"石油武器"。

二 第三方的干扰与影响

第三方的影响，也是国际关系因素对油气运输产生的影响，与地缘政治斗争的影响存在重合的一面。但与之不同的是，地缘政治斗争本身不针对油气运输这一局部问题，而是油气运输受其影响。第三方的干扰，更多是针对油气运输本身实施的直接影响。另一方面，地缘政治斗争对运输的影响，必须以存在地理相关性为前提，如一般发生在邻国或过境国之间，而第三方的影响，可以来自无地理相关性的国家。

早在冷战时期，美国就通过巴黎统筹委员会[②]（COCOM，Co-Ordinating Committee for Export Control）限制相关技术设备的出口，阻碍苏东集团内部油气运输设施的建设。而当时，通过管道向东欧供应油气，是苏联维系与东欧社会主义国家关系、保持社会主义阵营的重要途径。

20 世纪 80 年代初，规划苏联与西欧的天然气管道之时，美国再次提出强烈的反对，里根政府甚至将建设管道当作苏联对北约欧洲成员国施加政治影响的一种手段。为此，美国曾要求挪威加大天然气产量，并铺设管道将天然气输送到德国，但最终的结果是挪威拒绝了美国的要求。因为经过讨论之

---

① IEA, *World Energy Investment Outlook*, 2003, p. 194.

② 1949 年 11 月，在美国的提议下秘密成立。因其总部设在巴黎而得名。巴黎统筹委员会由美国等 17 个西方国家组成。其宗旨是限制成员国向社会主义国家出口战略物资、高技术及产品。列入禁运清单的有军事武器装备、尖端技术产品和稀有物资等三大类上万种产品。被巴黎统筹委员会列为禁运对象的不仅有社会主义国家，还包括一些民族主义国家，共有约 30 个。1993 年 11 月，巴黎统筹委员会会员国的高级官员在荷兰举行会议，一致认为巴黎统筹委员会"已经失去继续存在的理由"。1994 年 4 月 1 日，巴黎统筹委员会正式宣告解散。

后，挪威认为这一管道线路不是最优选择。而其中的关键原因是挪威不愿意介入美苏之争。

当时欧洲的美苏阵营之间没有缓冲国，因此美国只有实施直接干涉。而随着东欧剧变，所谓"新欧洲"的亲美国家出现之后，美国开始借助这些国家间接影响俄罗斯和欧盟之间的油气运输。策动乌克兰"橙色革命"，就是这方面的主要举措。

在南亚天然气管道的线路选择和建设问题上，作为第三方的美国，一再实施干扰和影响。一位参与了该项目的巴基斯坦官员私下里将美国的做法表述为"残暴"[1]。在中俄输油管道规划之初，日本作为第三方，也对管道线路的确定和中俄能源合作实施了干扰。

三　欧洲保障进口油气运输安全的经验

（一）致力于通过国际机制确保运输安全

由"欧洲能源宪章"发端而来的"能源宪章"，是在欧洲倡导下订立的以维护能源安全为目标的一系列国际条约。其致力于保护投资、能源自由贸易、解决争端和提高能效四个领域的问题，并首次有预见性地引入了能源过境运输问题，希望通过制定具体的法律规则体系，保障油气及电力等能源，在公平、透明和非歧视原则基础上，有效解决过境运输的条件和过境运输费标准等问题。[2] 中国于 2001 年成为能源宪章代表大会的观察国。目前已有50 多个国家、地区和国际组织签署了相关条约。

（二）"俄乌斗气"的经验

2009 年 1 月的寒冬时节，"俄乌斗气"引发了欧洲历史上最严重的天然气供给危机，该事件就直接起源于运输问题。俄罗斯和乌克兰在天然气销售价格、债务和过境费上的争端，导致俄罗斯关闭了输气阀门。1 月 1 日，输送到乌克兰的天然气出现了约 1.1 亿立方米/天的短缺。过境乌克兰输往其

---

① Paul Stevens, "Transit Troubles Pipelines as a Source of Conflict, A Chatham House Report", *Royal Institute of International Affairs*, 2009, p. 6.

② 曹伟:《能源宪章与中国》,《国际石油经济》2003 年 10 月号，第 29～33 页。

他西欧国家的天然气，也出现了类似的短缺。到 1 月 5 日，输量被进一步削减。到 1 月 7 日，过境乌克兰的天然气管网被完全中断。这造成了欧洲 3 亿~3.5 亿立方米/天的供给缺失，是当时欧洲进口天然气的 1/3。这一短缺，在处于天然气需求高峰的严冬，持续了 20 天，导致大量欧洲人，在失去中央供暖的严寒中经历了近两周的磨难。一些国家的工厂因能源短缺被迫持续关闭了一个多星期。

在此期间，除了来自英国的天然气，欧洲跨国天然气流动急剧减少，交货期被延长。一些储备和应急机制不足的国家，尤其是东欧国家，受到了极大的影响。但 2009 年英国对欧洲的天然气出口量，不到俄罗斯出口量的 7%，可谓杯水车薪。到 1 月 20 日，随着新天然气过境协议的达成，输送才恢复正常。在两个星期里，大约有 50 亿立方米天然气没有被输送到西欧，此外还有乌克兰的 20 亿立方米。

这次"斗气"之后，俄乌之间达成的新天然气销售和过境协议，建立在更为坚实的商业利益基础之上，双方都不再追求额外的非商业利益。但问题的隐患并未得到完全的解决。一直到 2009 年 9 月，尽管乌克兰已经建立了及时的月度天然气进口支付制度，但是乌克兰国内的天然气价格、能源使用效率的提升，却还需要更长的时间才能理顺，才能适应以欧洲统一新价格从俄罗斯进口天然气的需要。如此，乌克兰才能建立起与俄罗斯保持中长期友好关系的基础。在此过程中，欧洲的措施值得关注和借鉴。

1. 欧洲的措施

启动应急措施。当时，欧洲的天然气公司通过释放商业储备、实施需求控制、通过其他管道进口和加大 LNG 进口量的办法，弥补供需差距。危机之后，欧洲对事件进行了反思，进一步提出了以下对策。

给予企业更大的灵活性。在供应中断可能出现的情况下，允许天然气市场的参与者（供应商和输送系统营运商）先于政府采取应对措施。

加强基础设施建设。建设充足的天然气输送基础设施，满足输送需要。

加强市场化运作。加强市场透明度，使市场参与者，尤其是工业客户知晓实情，抑制消费方的需求。

加强内部协调。面对市场无力应对的供给中断，则要确保主管当局能够通过协作的方式，在地区和欧盟整体层面采取正确的应对措施。[①] 欧盟希望通过相互救济加强供给保障。为此，2010 年 7 月 14 日，欧盟委员会发布了公开谴责波兰的文件《欧盟委员会要求波兰停止违反欧盟内部天然气市场规则的通报》，指责波兰没有允许欧盟其他成员国购买波兰自俄罗斯进口的剩余天然气。同时，欧盟还要求波兰允许第三方进入亚马尔管道，以及通过该管道输送的天然气可以在波兰和德国之间进行双向流动，也就是既可以将天然气从波兰输送到德国，也可以从德国输送到波兰。这一要求，基于欧盟的天然气协议而提出，使波兰成为欧盟天然气管道运输的调度站，在加强欧盟内部调剂的同时，也可以加强波兰的供给安全。但这一做法，事实上违背了波兰与俄罗斯天然气工业股份公司（Gazprom）签署的销售协议。协议规定，不得将自俄罗斯进口的天然气转卖给第三国。

加强沟通机制。2009 年 11 月 16 日，俄欧双方在莫斯科签署了旨在保障稳定及无障碍能源供应的《能源领域早期预警机制备忘录》，规定了俄欧双方能源信息通报系统的运行程序，以及双方专家在突发事件下的工作流程，力图将能源供给引发的负面影响降至最低。这一举措是为确保欧盟长期、稳定和畅通的能源供应而发起的更广泛倡议的一部分，也表明俄罗斯参加制定国际能源游戏规则的努力取得了阶段性成果。

2. 从中应该吸取的教训

第一，《能源宪章》成效有限。除了 2009 年最为严重的"俄乌斗气"，还产生了 2006 年的"俄乌斗气"。这两次事件的发生，说明《能源宪章》的约束力及成效有限。截至 2012 年，欧盟与俄罗斯仍未能就《能源运输协定》（Energy Transit Protocol）的文本达成共识。从能源宪章秘书处的网站也能够看出端倪，其公布的秘书长发言讲话，一是数量不多，远不及 EIA 或 IEA；二是发表场合基本属于学界研讨会议，对决策者的影响

---

① European Commission, *Second Strategic Energy Review—Securing Our Energy Future* (*follow-up*), http：//ec. europa. eu/energy/strategies/2009/2009_ 07_ ser2_ en. htm.

有限；三是讲话的主题层次不高，基本还停留在对机构的目标进行重复说明的层次。《能源宪章条约》的作用，更多只是营造了通过合作解决问题的氛围。

第二，保障供给安全应是能源政策的长久核心。早在 2006 年，能源安全领域的权威研究者美国人耶金就已提出："对于欧盟来说，能源安全问题的核心，在于应付依赖进口天然气带来的一系列问题"①。但是，近年来欧盟却将能源政策的核心转向了新能源和节能减排上，未能摆脱"当局者迷"的宿命。只有在遭遇重大的供给危机，引发重大影响之后，才重新进行政策调整，将保证供给提升到了能源政策的首要位置。2009 年 7 月，欧盟对能源战略进行修补的文本，即能源政策"二次评估"的"补丁"——《确保我们未来的能源安全》[Second Strategic Energy Review—Securing Our Energy Future (follow-up)] 随即出台。从这一新政策的文本中，可以发现应对供给中断、确保供给安全，重新成为欧盟能源政策的关键核心。

第三，管道对于维护运输安全的两重性。管道运输具有相对高效和廉价的优势，对于维护运输安全无疑具有重要的积极作用。但在确保运输安全方面，管道运输也最易引发严重的后果。因为管道运输易于控制，拧紧阀门就能完全切断运输。

第四，国家间的双边关系对于维护国际管道运输安全极其重要。国际能源机构（IEA）认为："2009 年 1 月与乌克兰的天然气纠纷，促成了俄罗斯对当时天然气出口输送线路的不信任。"②"俄乌斗气"的结果，是俄罗斯花费大量投资，另辟蹊径建设新的通道，加大了 LNG 项目的发展力度。乌克兰主导俄罗斯油气外运重要通道的战略地位因此被削弱，甚至完全丧失，并进一步失去了作为过境国可以享有的特殊权益。最终的结果是乌俄双边的利益都遭到了重大的损失。同时，2014 年以来，因克里米亚危机而愈演愈烈的欧俄关系危机，也在进一步影响俄气的过境运输问题。

---

① Daniel Yergin, "Ensuring Energy Security", *Foreign Affairs*, March /April 2006, p. 71.

② IEA, *World Energy Outlook 2009*, p. 466.

四　西方新一轮对伊朗制裁中的运输问题

在美国的推动下，西方已对伊朗实施了 4 轮制裁。新一轮制裁，自 2012 年 6 月开始，由美国和欧盟共同主导，制裁指向了伊朗的出口石油运输。这一事件为认识新的国际背景下可能影响国际油气运输安全的因素提供了最佳案例。

（一）通过多种途径干扰运输是主要的制裁切入点

美国采取的制裁方式为：切断被制裁国所有金融机构与美国银行体系的联系。2011 年 12 月，奥巴马签署法令，对自 2012 年 6 月 28 日美国对伊朗制裁生效之后，再通过与伊朗央行交易，大量购买伊朗石油的国家给予制裁。但早在 2011 年 3 月 31 日，美国财政部就发布了通告"防止大规模杀伤性武器扩散的建议"（*Nonproliferation and Weapons of Mass Destruction Advisory*）[1]，对伊朗采取伪造货运文件、完成海运的具体手段和方法进行了揭露，并要求相关的承运人注意。

2012 年 1 月，欧盟外长会议形成决议，禁止成员国从伊朗进口、转运原油和成品油，以及为伊朗的石油贸易提供融资和运输保险服务。这一制裁直接针对运输环节。因为没有了保险和再保险的支持，油轮就无法正常运营。一是基于无法分散风险的考虑；二是绝大多数港口会拒绝其靠泊。尽管从约束的范围来看，只对欧盟成员国有效，但因没有豁免，所以比美国的制裁更为严格。

2012 年 7 月 19 日，美国财政部再次发布通告"就伊朗伊斯兰共和国伊朗航运公司给予全球海运业的建议"（*Global Advisory to the Maritime Industry Regarding the Islamic Republic of Iran Shipping Lines*）[2]，通报了该公司船舶通过悬挂其他国家的国旗，逃避国际制裁的情况；称已有更多的国家撤销了伊

---

[1]　见美国财政部网站通告，2012 年 8 月 21 日，网址：http://www.treasury.gov/resource-center/sanctions/Programs/Documents/20110331_ advisory. pdf。

[2]　见美国财政部网站通告，2012 年 8 月 21 日，网址：http://www.treasury.gov/resource-center/sanctions/Programs/Documents/ofac_ irisl_ advisory_ 07192012. pdf。

朗船舶悬挂本国国旗的权利，并宣布与其不存在权责关系，最近一个如此宣布的国家是塞拉利昂；号召港口和运河管理当局加强对该公司船舶相关文件的审查；最后再次发出了威胁："给予该公司及其附属机构船舶悬挂他国国旗的服务，将成为美国对其实施 13382 号行政命令①（Executive Order 13382）的依据"。2012 年 8 月，美国国会批准了一项新法案。美方将对任何向伊朗国家石油公司（National Iranian Oil Company）或伊朗国家油轮公司（National Iranian Tanker Company）提供保险或再保险服务的公司实施处罚。同时，向伊朗提供石油或天然气运输船舶的企业，同样也将受到美国的制裁；制裁范围扩大至矿业和石油行业的合资企业。②

在切入点和具体的实施上，这一制裁与之前的制裁有着很大的不同。但美国也清楚，上几轮的制裁实际成效有限，还与诸多国家发生了严重冲突。2012 年 3 月，布什政府的伊朗问题高级顾问、时任华盛顿近东政策研究所执行所长迈克尔·辛格（Michael Singh）对中国的一些研究机构进行了访问，为美国的对伊政策进行了解释。他一再强调，对伊制裁的主要目标是逐渐削弱伊朗出口石油的议价能力，间接打压伊朗。因此，在这一轮制裁实施之初，美国就先期进行了让步。2012 年 6 月 11 日，在美国的制裁即将生效之际，奥巴马政府宣布，给予印度、马来西亚、韩国、南非、斯里兰卡、土耳其和中国台湾这七个国家和地区豁免权。在 2012 年 6 月 28 日，禁运生效的当天，又宣布给予中国同样的豁免权。正如美国一名参议员助理所说的："我认为，我们基本上目睹了美中之间的老鹰捉小鸡游戏，而且奥巴马政府首先退缩了。"③ 加上此前得到了豁免的日本和欧洲，已有 20 个国家和地区，在美国正式实施制裁措施后 6 个月内，可以继续从伊朗进口石油。这一豁免，实际上使伊朗95％以上的石油出口不受影响。

① 2005 年 6 月，美国总统布什签署的第 13382 号行政令，以"支持大规模杀伤性武器扩散"为名，制裁伊朗革命卫队及其经营或控制的公司。
② 《美国国会议员批准伊朗制裁法案》，《华尔街日报》2012 年 8 月 2 日，http：//cn.wsj.com/gb/20120802/bus091319.asp? source = NewSearch。
③ 《美国宣布给予中国和新加坡伊朗石油禁运豁免权》，新华网，2012 年 6 月 29 日，http：//news.xinhuanet.com/fortune/2012 - 06/29/c_ 123347431.htm。

（二）相关国家的应对措施

针对制裁，中国、日本、印度和韩国等对伊朗石油依赖较为严重的国家，采取了应对措施。在这些国家的共同作用下，2012 年第三季度，伊朗石油出口得到了部分恢复。"部分原因在于日本、韩国和印度，开始向运输伊朗石油的油轮提供主权担保[1]"；[2] 此外，一些国家将运输交给伊朗方面完成；还有"印度的船运公司将以缩水的保险额度运送原油"。其中，印度显得尤为迫切。印度 80% 以上的石油消费依赖进口，其中的 12% 来自伊朗。停止从伊朗进口石油，印度将受到严重冲击。印度还与伊朗达成了以卢比结算石油交易的协议。卢比结算的份额，将占印伊石油交易额的 45%，以此保障结算和贸易的顺利进行。

中国作为进口伊朗石油最多的国家，减少了进口量。海关数据显示，2012 年，中国进口伊朗石油 2200.96 万吨。比 2011 年的 2775.66 万吨减少了 574.7 万吨，同比下降 20.7%。2013 年，进一步下降到 2144.12 万吨。但 2014 年回升到 2746.254 万吨，接近 2011 年制裁之前的水平。从中国的进口来看，这一制裁对伊朗产生了为期两年的显著影响。

伊朗方面的回应是威胁封锁霍尔木兹海峡，这也是伊朗一贯的应对措施。但对西方新一轮的制裁，伊朗方面也做出了有针对性的反应。首先，试图通过隐藏油轮的船籍或关闭追踪装备，使相关油轮不受西方国家的跟踪或逃避西方的制裁。其次，伊朗做出了准备对西方进行报复的姿态——拟议禁止特定油轮通过霍尔木兹海峡。2012 年 7 月，有伊朗议员表示，已起草了一份议案，计划禁止为参与制裁伊朗国家运送石油的油轮通过霍尔木兹海峡。该议案得到了 100 名议员的支持，而伊朗议员的总数为 290 人。结果只是虚惊一场。伊朗方面提出的法理依据为"旨在行使内水主权[3]"，这却与现实存在较大差距。从法律地位来看，霍尔木兹海峡属于"用于国际航

---

① 指国家以主权为担保，向其他国家或国际金融机构融资、借贷。

② EIA, *Iran-Analysis*, July 22, 2014, http://www.eia.gov/countries/cab.cfm? fips = IR.

③ 《伊朗拟禁止特定油轮通过霍尔木兹海峡》，《华尔街日报》2012 年 7 月 3 日，http://cn.wsj.com/gb/20120703/bas101726.asp? source = NewSearch。

行的海峡"。即便议案得到通过,《联合国海洋法公约》第五十二条第二
款,对于伊朗并不适用。该条款规定群岛国可以暂时停止外国船舶在其
水域的无害通过权。此外,群岛国行使该项权力时,也不能针对"特定
国家",因为《海洋法》明确规定,终止无害通过要在"不加歧视的条件
下"实施。

(三)制裁的影响

这一制裁直接导致了伊朗石油出口量的大幅下降,经济社会受到极大影
响,甚至出现了部分对西方的妥协。在国际石油供给相对宽松的情况下,对
伊朗石油具有一定依赖程度的国家受到的影响相对有限。但作为实施制裁的
西方,却因为自身能源需求状况和国际石油市场的变化,而基本可以置身事
外,完全不受直接影响。

1. 实施制裁的西方几乎不受直接影响

美国已多年未从伊朗进口过石油,欧盟对伊朗的石油依赖也相对较小。
从 EIA 公布的数据来看,整个欧盟自伊朗进口的石油,只有意大利和西班
牙的进口量超过了该国总进口量的 10%。还应看到,占据欧盟决策主导地
位的德、法、英,自伊朗进口的石油,不仅比其他欧盟国家少,占总进口量
的比重也相对较小。

表 1-5　2011 年上半年伊朗石油出口欧盟国家情况

国　家	进口自伊朗的石油数量(千桶/天)	占伊朗出口石油比例(%)	占该国总进口的比例(%)
意大利	183	8.47	13
西班牙	137	6.34	13
法　国	49	2.27	4
德　国	17	0.79	1
英　国	11	0.51	1
荷　兰	33	1.53	2
其　他	22	1.02	1
小　计	452	20.93	

数据来源:EIA。

从欧盟和美国近期的石油消费趋势看，影响同样有限。进入 21 世纪之后，美欧的石油消费增长已经趋于停滞。在金融危机、经济下滑和节能减排政策的多重影响下，自 2007 年以来，美欧石油消费还出现了逐步下降的趋势。从 2011 年的数据来看，欧盟的石油消费比上一年减少了近 400 千桶/天；美国减少了 350 千桶/天。因此，即便伊朗石油供给全部缺失，也不会对欧美产生明显的影响。再者，IEA 也预测欧美石油需求消费将逐渐下降。到 2035 年，欧美的石油消费将仅及当前的 70% 左右（见图 1 - 12）。

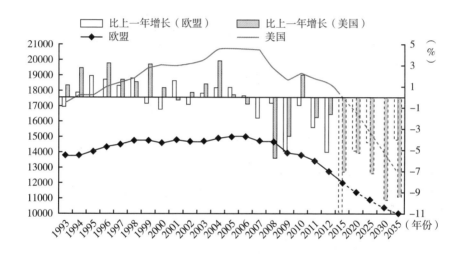

图 1 - 12　美国和欧盟近年来的石油消费趋势及预测

数据来源：2012 年以前为 BP，2015 年以后为 IEA 预测。IEA, *Word Energy Outlook 2012*, p. 85.

2011 年下半年以来欧美油价的变动，也表明了这种影响的有限。2011 年底，在欧美宣布将要实施制裁之时，欧美油价出现了上涨趋势，但 2012 年 3 月之后，油价即出现了下降。虽然在实际实施制裁前一个月，即 2012 年 6 月，油价再次出现了上涨，但仅维持了两个月，就再次出现了下降。之后，油价基本与制裁之前持平。

2. 制裁严重打压了伊朗的石油出口

从 EIA 的数据来看，自美国宣布制裁之后，伊朗的石油出口就出现了

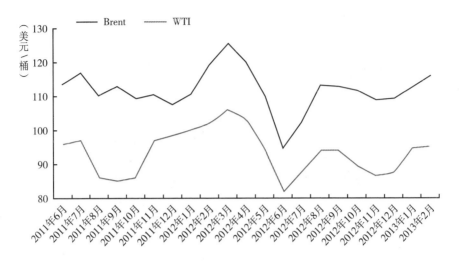

图 1 – 13　制裁前后 Brent 和 WIT 月度油价

数据来源：EIA。

大幅下降，从制裁前的 220 万桶/天，下降到了 2012 年 6 月制裁生效时的 95 万桶/天，不到制裁之前的一半（见图 1 – 14）。2012 全年平均出口量为 153 万桶/天，比上一年下降了近 1/3，即 100 万桶/天。同时，伊朗与其他国家开展的石油合作项目也受到了巨大的打击。

从 IEA 的数据来看，也表明制裁对伊朗造成了巨大的负面影响。在西方宣布要对伊朗实施新一轮制裁之前的三个月里，伊朗的石油产量分别为：2011 年 11 月为 355 万桶/天，12 月为 345 万桶/天，2012 年 1 月为 345 万桶/天。[1] 也就是说，制裁前伊朗正常的石油生产能力在 345 万桶/天，但 2012 年底下降到了 270 万桶/天，2013 年 1 月进一步下降到 265 万桶/天[2]，下降幅度超过 20%。

但 OPEC 的数据显示了两个结果。OPEC 间接获取的数据显示，2012 年伊朗的石油产量约为 2973 千桶/天，而制裁前的 2011 年为 3628 千桶/天。制裁导致了 655 千桶/天的减少，降幅达到了 19.54%。其中，尤以制裁生

---

①　IEA, *Oil Market Report*, 10 February 2012, p. 58.

②　IEA, *Oil Market Report*, 13 February 2013, p. 19.

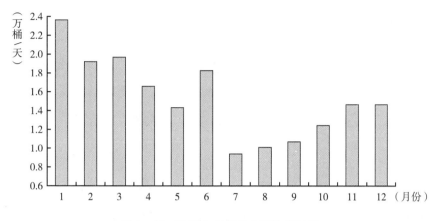

图1-14　2012年伊朗月度石油出口量

数据来源：EIA。

效后的第三和第四季度最为明显，仅为2742千桶/天和2680千桶/天，降幅达25%。进入2013年之后，伊朗的石油产量约为2700千桶/天左右，仍处于比制裁前减少约25%的状态（见图1-15）。

OPEC同时公布了伊朗申报的数据。从伊朗的数据来看，制裁并未产生明显影响，甚至在制裁之后，产量还出现了增长。2012年的产量达到3740千桶/天，比2011年增加了164千桶/天，增幅为4.59%。2013年前三季度的数据，也维持在3700千桶/天左右。另外，伊朗开工钻井平台的数量也可以佐证影响的有限。2012年第二季度，开工钻井平台为54，第三季度受禁运影响，下降到36，但第四季度就重新回升到54。[①]

但从OPEC的机动生产国沙特阿拉伯石油产量的变动来看，制裁对伊朗的石油生产和出口造成了一定的影响。2012年，沙特阿拉伯的石油产量由2011年的1114.4万桶/天增加至1153万桶/天。这一增长相当于伊朗减少的出口量的57%。如果伊朗的石油出口没有减少，沙特阿拉伯就没有大幅增产石油的必要。同时，其他国家也大幅提高了产量（见表1-6）。

---

① OPEC, *Monthly Oil Market Report*, April 2013, p. 71.

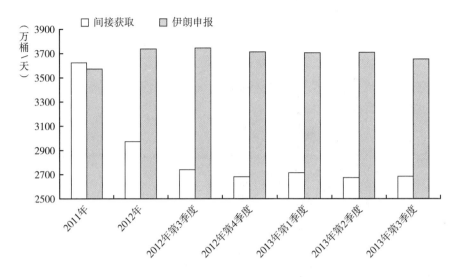

图 1-15 OPEC 公布的近期伊朗石油产量

数据来源：OPEC[1]。

表 1-6 2011～2012 年部分中东国家的石油产量

单位：千桶/天

国　家	2011 年	2012 年	2012 年增量
伊　朗	4358	3680	-678
利比亚	327	164	-163
也　门	228	180	-48
阿　曼	891	922	31
阿联酋	3319	3380	61
卡塔尔	1836	1966	129
科威特	2880	3127	247
伊拉克	2801	3115	314
沙　特	11144	11530	386
2012 年比 2011 年增量合计			281

数据来源：BP。

　　从中国进口伊朗石油的数据变化上，也可以看出制裁对伊朗石油出口产生了较大的影响。从中国海关的统计数据来看，2012 年，中国自伊朗进口

───────────

① OPEC, *Monthly Oil Market Report*, October 2013, pp. 46-47.

的石油比 2011 年减少了 574 万吨，下降了 20.67%。2014 年，中国自伊朗进口的石油为 2746.25 万吨，占全年石油总进口量的 8.91%。进口量和比例都恢复到了 2010 年的水平。

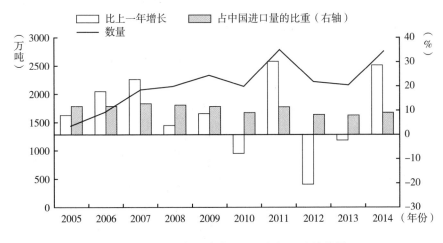

图 1-16　2005 年以来中国进口伊朗石油的数量

数据来源：中国海关总署。

但削弱伊朗出口石油的议价能力，从而间接打压伊朗的目标没有实现。2013 年 3 月，EIA 发布的报告称，2012 年伊朗获得的石油出口纯收入为 69 亿美元，比 2011 年的 95 亿美元减少了 26 亿美元[①]，降幅为 27.36%。表面上伊朗石油出口收益的下降幅度不小，但考虑到 2012 年国际油价比 2011 年大约下降了 2%；伊朗石油出口量下降了 20%~33%；在西方的制裁下，伊朗的石油生产和交易成本会有所上升。由此可以得出结论，尽管进口伊朗石油的国家迫于美国和欧盟的制裁，不能正常维持从伊朗的石油进口，但这些国家并未站到伊朗的对立面，借机压低价格。或者说，西方的号召或打压并不能取代实际的利益驱动。

伊朗的对外石油合作受到明显影响。在美国的制裁下，不少外国公司撤离了伊朗，部分坚持留下的企业经营风险和成本增加。早在 2011 年 8 月，

---

① EIA, *Country Analysis Brief-Iran*, Last Updated：March 28, 2013.

在伊朗能源领域从事商业活动的公司就已从 2010 年的 41 家减少到 21 家。听闻风声的外国公司已先期开始了撤离。截至 2012 年 2 月，11 家向伊朗出售成品油和提供相关设备服务的公司和两家从事上游勘探开发的美国公司，受到了制裁。两家中国公司也受到了制裁。2012 年 1 月，美国财政部宣布对中国珠海振戎公司实施制裁，原因是 2010 年 7 月至 2011 年 1 月，该公司向伊朗出售了价值超过 5 亿美元的成品油；2012 年 7 月，美国以"替伊朗商业银行转付款项 1 亿美元"为由，对中国石油控股的昆仑银行实施制裁。

3. 制裁对进口伊朗石油的国家影响有限

从进口伊朗石油的国家来看，制裁带来的影响实际上是极其有限的。

将 2012 年内 EIA 列出的相关国家进口伊朗石油的月度数据做成图表（见图 1–17），可以看出以下几个特点：日韩的进口量先抑后扬，制裁生效之后，进口量反而逐渐上升；中印的进口量在经历波动之后，基本维持了制裁前的进口量；其他非西方国家在经历波动之后，基本维持了自伊朗的石油进口量；希腊、意大利、西班牙和土耳其大幅减少了自伊朗石油的进口；其他欧洲国家基本停止了自伊朗的石油进口。从表面上看，欧洲很好地响应并执行了新一轮的对伊朗禁运。

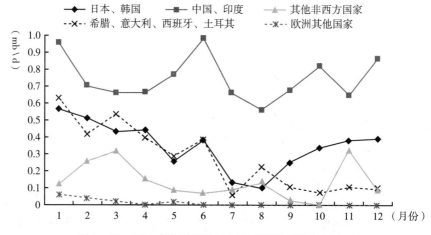

图 1–17　2012 年相关国家进口伊朗石油的数量及变化

数据来源：EIA。

但实际上，这一下降更多是反映了欧洲近年石油消费总量逐渐下降的现实，并非欧洲国家采取特殊措施或积极配合制裁取得的结果。如欧盟 2012 年的石油消费量，就比 2011 年下降了 4.6%。原因一方面是国际金融危机、主权债务危机导致的经济发展停滞；另一方面是发展新能源带来的结果。具体来看，2012 年较 2011 年石油消费量变化的比例，希腊为 -9.5%，意大利为 -9.2%，西班牙为 -7.2%。无论有没有制裁，欧洲国家都必然要减少进口。区别只是因为制裁，导致减少的量集中到了来自伊朗的进口部分。

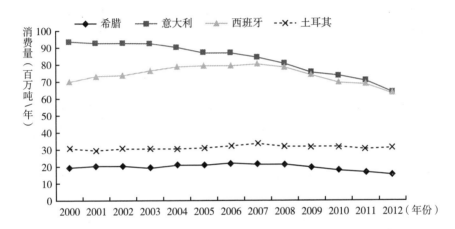

图 1 - 18 大量进口伊朗石油的欧洲国家 2000～2012 年的石油消费趋势
数据来源：BP。

对伊朗石油的需求较大，本身的石油需求又有明显增长的国家，要么没有屈从西方的制裁，要么推进了进口多元化的步伐。其石油的进口和消费，基本没有受到明显影响。

首先，印度不仅没有响应制裁，反而增加了自伊朗的石油进口。中国 2012 年自伊朗的石油进口量比 2011 年下降了 500 万吨。根据 EIA 公布的数据，在制裁前后，中印自伊朗进口的石油总量基本不变。那么，显然是印度大幅增加了从伊朗的进口。

其次，日韩基本保持不变。韩国近年的石油消费量已经进入了平稳并略有下降的阶段。因为福岛核电站事故，日本关闭了国内所有的核电站，导致该国的石油消费需求有所回升。但2011年之后,尤其是2012年之后,俄罗斯借助东西伯利亚—太平洋输油管道,加大了从太平洋港口的出口,2012年的输出量达到了1500万吨。其中近1/3出口到了日韩,这给予了日韩就近增加进口量的机遇,弥补了伊朗石油的空缺。

再次,中国进一步推进了石油进口多元化。进口多元化一直是中国加强石油供给安全的重要举措。从2011年和2012年的石油进口对比来看,中国一方面从中东其他国家加大了进口,另一方面还大幅度增加了从俄罗斯、南美洲和非洲的进口。这既推进了中国石油进口多元化的进程,同时也是中国与相关国家的能源合作进一步加深的表现。

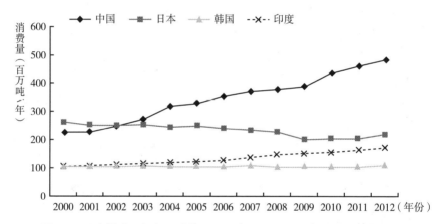

图1-19 大量进口伊朗石油的亚洲国家2000～2012年的石油消费趋势

数据来源:BP。

(四)新一轮制裁与以往制裁的区别

与前三轮对伊制裁相比,新一轮制裁有着本质的区别。之前,因为顾虑供给短缺影响西方经济社会的稳定,西方都没有痛下狠手,实施严厉的、能够造成伊朗石油出口量大幅下降的政策。正如美国国会研究室报告所说"很多专家认为,高效的制裁,应该是由联合国授权的、全世界都不购买伊朗石油的制裁。"[1] 之前的制裁效果有限,正所谓"不为也,非不能也"。

---

[1] Kenneth Katzman, *Iran Sanctions*, Biblio Gov, 2010.

通过回顾历史可以发现，1978～1986 年，为了保证石油供给和价格的稳定，进而维持西方世界的稳定并保住选票，西方七国首脑不仅殚精竭虑地苦寻应对之策，还声嘶力竭地宣示为之付出的辛劳和取得的成绩。最极端的例子是 1980 年的威尼斯首脑峰会。在会议正式发布的文件中，出现了一句"狠话"——"如果连能源问题都无法解决，其他的都别干了"（Unless we can deal with the problems of energy, we cannot cope with other problems）。① 而当前，在西方石油消费量、进口量已经大幅下降的背景下，即便供给短缺，也不会产生像两次石油危机那样的严重影响。西方已无须顾虑严厉制裁可能导致供给下降，进而影响自身石油进口的问题。

1. 第一次制裁美国独木难支

美国竭力建构多边制裁、切断经济联系是第一次制裁的特点。1979 年 11 月 4 日，伊朗学生扣押了美国驻伊朗大使馆的外交官和工作人员，酿成了美伊人质事件，拉开了美国和伊朗关系恶化的序幕。美国对伊朗的第一轮制裁也因此开始。

美国采取的制裁措施有：停止从伊朗进口石油；冻结伊朗在美国的财产；禁止美国银行向伊朗提供一切信贷；禁止从美国向伊朗汇款；禁止美国从伊朗的一切进口；停止对伊朗的军售等。在单独行动的同时，美国还要求其盟友对伊朗实施制裁。尽管美国的盟国大都采取了一定的制裁措施，但基本上都没有紧跟美国的脚步，完全切断与伊朗的贸易或经济联系。最极端的例子是，1980 年 5 月 16 日，英、法、德三国外长通知美国时任国务卿马斯基，欧共体将不对伊朗实行经济制裁。这使美国大为光火，甚至为此警告盟国，如果拒绝参加对伊朗的贸易禁运，美国将考虑对伊朗实施海上封锁。

在冷战背景下，伊朗得到了苏联的支持。1980 年 4 月 22 日，苏联与伊朗签订了过境货运协议，为伊朗购买苏东国家的商品打开了方便之门。4 月 29 日，苏联又与伊朗签订了海运议定书，为伊朗完成进出口运输提供了保障。

---

① 舒源：《国际关系中的石油问题》，云南人民出版社，2010，第 225～226 页。

总的来说，第一次对伊朗制裁，由于国家利益的不同，即便在西方阵营中，也没有形成合力。再加上苏联的拆台，美国未能通过这一次制裁达到期望的效果。

2. 第二次制裁美国自毁城池

美国借萨达姆之手推翻伊朗新政权，是两伊战争爆发的关键原因。但在伊朗反攻并可能推翻萨达姆政权的形势之下，以美国为首的西方国家，再次祭出了制裁的法宝，希望通过以削弱伊朗的方式促成战局的扭转。

1984 年 1 月，通过指责伊朗支持国际恐怖主义，美国拉开了第二轮对伊朗制裁的序幕，但滑稽的一幕也随后上演。1987 年 9 月 29 日，美国参议院以 0 票反对，通过了禁止进口伊朗原油和其他商品的决议案。但 10 月 6 日，美国能源部提出了购买伊朗石油作为战略石油储备的要求，参议院再次以 0 票反对，通过了该决议，全然忘记了一周之前刚通过的、禁止进口伊朗原油的决议。但该议案最终被众议院否决。之后，没有吃到"葡萄"的美国，以伊朗拒绝联合国安理会有关两伊战争的决议为由，再次恢复了对伊朗的全面贸易禁运。1988 年 2 月，在美国的授意下，英国向联合国安理会提出了对伊朗实行武器禁运的决议草案。但因 5 个常任理事国意见不一，草案胎死腹中。同时，美国希望通过拉拢盟国，实施多边制裁的谋划，也再次以失败告终。

1989 年，伊拉克入侵科威特之后，两伊与美国的关系发生了戏剧性的变化。美国打压的对象变成了曾经大力扶持的伊拉克。1991 年，美国放宽了对伊朗的贸易封锁。1994 年，美国一度成为伊朗最大的石油买主，并成为伊朗最大的贸易伙伴，双方年贸易额最高达 40 亿美元。

3. 第三次制裁美国舍己为人

美国对伊朗实施第三次制裁的理由，是防止伊朗发展并拥有核武器。在时间上与第二次制裁存在一定的重合。早在 1992 年，美国国会就通过了针对两伊的不扩散武器议案，将向两伊提供武器及技术的国家或个人列为制裁对象，并禁止一切核原料、核技术流入伊朗。

1995 年 3 月 14 日，美国宣布禁止美国公司到伊朗开采石油；4 月 30 日，继而宣布对伊朗实施全面经济制裁，中止与伊朗的所有贸易和投资活动；严禁美国人与伊朗合作开展贸易和金融活动；禁止所有与伊朗交易的外国公司与美国开展贸易。同年12月，又通过一项加强制裁的法案，对从伊朗购买石油和天然气的美国公司进行惩罚。1996年8月5日，克林顿签署了"达马托法"，打击在伊朗和利比亚的油气行业投资超过4000万美元的公司。但其他国家的许多企业，全然不顾美国的制裁，纷纷乘机进入伊朗寻求合作机遇。有报道称，美国对伊朗的制裁，致使美国每年损失45亿美元的出口。[①]

4. 新一轮制裁成果明显

新一轮的制裁与前三轮制裁相比，具有以下三个特征。

第一，进展顺利。首先，得到了多方的支持。其中欧盟的支持最为明显，并获得了部分非洲国家的支持。其次，没有明显的反对。因为对伊朗石油有一定依赖的国家，在制裁中受到的影响相对不突出。最后，西方单方面推进，绕开了联合国的授权、监督与制约。

第二，制裁的焦点集中在伊朗石油的出口运输方面，切中伊朗经济命脉。之前的制裁，只是降低了伊朗购买相关商品的难度。但现在的制裁却使伊朗难以通过正常出口石油获取收益，因而不能通过增加支付来解决问题。

第三，美国的制裁已经对伊朗造成了较为明显的影响。伊朗石油出口量减少了20%以上、通货膨胀率超过50%、经济大幅下滑，促成了改革派鲁哈尼当选新任总统和一定的政治转向。2014年6月，伊朗与西方国家进行了副部长级的核问题谈判。而之前，伊朗与西方国家从未就核问题举行过高级会谈。这被解读为伊朗准备妥协的先兆。

总之，这一次的制裁已经取得了预期的效果，迫使伊朗进行了明显的妥协。这表明了在国际石油消费格局发生重大变化的背景下，石油运输安全问题的重要性，以及以此为切入点进行国际博弈的有效性。

[①] 高寒青：《美国放松对伊朗经济制裁的原因及美伊关系前景》，转引自吴成《美国对伊朗制裁效果分析》，《西亚非洲》2008年第11期。

第五节　进口油气运输安全的特殊性

一般来说，石油安全由需求、供给、价格和运输四个部分构成。通过以上历史经验的总结分析可以看出，运输安全相对于其他三个环节有其特殊性。

一　可控性

相对于需求、供给和价格而言，运输安全是构成石油安全的因素中一个可人为直接控制的部分。

第一，影响运输安全的因素相对单一和具体。线路和方式是运输的两个关键环节，尽管各国都将多元化作为保障能源供给的核心，但运输线路总体上仍然是固定的，即从几个主要的油气产区到主要消费区域之间的海运线路或陆地运输线路。从方式来看，也只有海运、铁路、公路和管道运输这四种方式。且受地理、地缘政治条件的限制，可供选择的备用线路和运输方式极其有限。只要对这两个因素产生影响，就能对运输的整体形势产生影响。而可以影响需求、供给和价格这三个问题的因素相对更多。只有在世界政治经济发展态势、国家宏观经济形势、行业经济发展形势、生活方式、汇率和替代能源发展等因素的共同作用下，才能对石油的需求、供给和价格环节产生具体的影响。

第二，运输安全环节的因果关系更为直接。相对而言，在需求、供给和价格环节，原因和结果之间的传导关系较为复杂，涉及的方面和问题更为多元和多样。比如，对资源或供给短缺的预期，在导致油气资源价格持续上涨的同时，也导致了节能、新能源和非常规油气开发技术的突飞猛进，能源供需紧张关系因此得到了极大的改善。最终的结果将是，包括油气在内的能源被替代或价格下降。再如，"十一五"末期，国内部分地区为了完成GDP能耗下降20%的任务，采取了拉闸限电的措施，但却导致许多企业使用了自备的柴油发电机。出于削减能源消费目标而采取的行动，不仅没有达到预期的效果，甚至还产生了相反的作用。

第三，在运输环节上，行动与结果之间的时间间隔较短。而要对需求、供给和价格产生影响，不仅涉及的方面较为复杂，而且原因出现或付诸行动之后，预期的结果能否出现或何时出现，将是一个难以准确预料的问题。如在第一次石油危机期间，尼克松宣称要实现"能源独立"。从那以后，能源独立成为美国能源政策的重要目标。但直到40年后，美国非常规天然气开发获得了突飞猛进的进展，美国的这一政策目标才第一次出现了可能得以实现的基础。而在运输环节上，布置一条海上封锁线、拧紧一圈阀门或动用一颗炸弹，或实施对伊朗新一轮制裁一类的经济制裁，预期的结果马上就能出现。

第四，市场调节作用相对有限。首先，进口油气运输安全事关能源安全和国家经济安全，而安全问题本身已经超越了经济领域，单纯依靠经济手段不可能实现维护安全的目标。其次，油气运输不可能实现完全的市场化。国内一直在议论的"国油国运"，即中国进口的石油要使用中国自己的油轮进行运输，这一诉求本身就影响了市场作用的完全发挥。当然，对一些关键经济领域，实施国家垄断是一个普遍的现象。比如日本，早已实施了"国油国运"。最后，陆路管道运输，被限制在管道的起始国和终到国之间，也不可能通过市场来自由选择合作对象。

因此，综合以上四种因素，可以推断运输环节是一个涉及因素较为单一、内部因果关系较为直接、市场调节作用有限、行动与结果同步、特殊的可以进行人为控制的环节。在运输环节上，通过相关行动，可以实现影响对象可控、影响结果可控、影响过程和影响时间可控。而在价格、供给和需求方面施加的影响，产生的效果可能会扩散到特定的对象之外，产生的结果也难以预计，影响出现的时间及持续的长短，也不能受到完全的控制。

这一特性决定了进口油气运输安全可以成为国际关系博弈的筹码和打击对手的武器，而且是一个可以实施有效控制，实施定点、定时和定量打击的武器。

二　相关方及其诉求的明确性

运输安全的相关方包括：油气供给方（包括产权人、生产和销售方）、承运方、过境方和需求方。这些方面不仅是具体明确、完全可见的，其利益诉求也是可以明确界定的。如承运方、供给方和需求方，在运输问题上的利益是一致的，都希望消除其他干扰因素，使运输能够及时足额地完成。但过境国的利益诉求却存在不同的情况。过境国，一般以购销双方完成销售的迫切需要为博弈资本，希望从中获取更多利益。但是，在完成运输的过程中，大多数过境国不具备唯一性。因此，过境国只能迫使购销双方进行让步，从中获取一定的利益；其拥有的可以用于博弈的资本也是有限的。

从中国进口油气运输的相关方来看，供给方就是具体的油气资源出口国，如俄罗斯、相关的中东、中亚和非洲国家。承运方就是几条管道的运营方和油气远洋运输公司。过境方，陆路就是哈萨克斯坦、乌兹别克斯坦、塔吉克斯坦、吉尔吉斯斯坦和缅甸；海路就是埃及和巴拿马这两个运河主权国家，印度尼西亚、菲律宾和希腊这三个群岛国家，因为部分的油气运输要经过其内水。尤其需要注意的是群岛国。尽管《联合国海洋法公约》赋予了船只"无害通过"的权利，但其第五十二条第二款"无害通过权"明确规定："如为保护国家安全所必要，群岛国可在对外国船舶之间形式上或事实上不加歧视的条件下，暂时停止外国船舶在其群岛水域特定区域内的无害通过。这种停止仅应在正式公布后发生效力。"同时，海运线路的周边国家或相关权益国家，必要时可以将其当作过境国来看待。需求方即中国。

因此，运输的所有相关方都是明确可见的，各个相关方的作用、影响或行为也明确可见。而需求、供给和价格环节的相关方，却是整个国际能源市场，每一个国家或能源公司都是相关方，但又都难以明确界定各个相关方的作用、地位、影响和利益诉求。

这一特性决定了维护和影响进口油气运输安全存在明确的指向和切入点。将进口油气运输安全当成国际关系博弈的筹码和打击对手的武器，存在可操作性和具体的抓手。

三　运输安全性质的混合性

一般来说，石油安全是一个非传统安全概念。但石油安全构成要素中的进口油气运输安全，却兼具传统安全和非传统安全的性质。

非传统安全这一概念源自西方，是西方对冷战后除军事以外其他各类安全问题和威胁的总称。从这个角度看，需求、供给和价格，一般不直接涉及军事问题，可以较为稳妥地将其归入经济问题，进而归入非传统安全的范畴。因此，要用认识、分析和解决非传统安全的思路、方式和具体路径，认识和解决相关的问题。不能将传统安全领域问题的解决方式引入其中，即不能动用军事威胁或动用武力。但在多数情况下，运输安全问题的产生，却会涉及军事问题。如第二次石油危机期间，伊朗对霍尔木兹海峡的封锁就动用了军事力量。当前，对中国海运进口油气运输安全威胁最大的是第一岛链和马六甲海峡。而这一判断的依据是美国的军事存在。对运输安全影响最大的负面因素，也来自军事封锁和军事打击。相应地，维护运输安全有时也需要动用军事力量，实施武力护航或安保一类的措施。如当前相关国家在亚丁湾执行的军事护航任务、哥伦比亚输油管道经常性地遭到游击队的破坏、中缅油气管道经过缅甸民族地方武装控制地区等，与运输安全有直接联系的问题，都要直接涉及军事因素。因此，在一定情形下，影响或维护运输安全都需要动用武力或军事力量。也就是说，运输安全不只是非传统安全问题，而是一个兼具传统安全和非传统安全性质的问题。从实践角度看，既要运用认识、分析和解决非传统安全问题的方式，也要做好准备，运用解决传统安全问题的方式。

当然，在非传统安全的界定上，当前普遍采用了列举法和排除法。从形式逻辑的角度来看，这样的定义方式存在很大的含糊性，可能导致判断和推理的不准确甚至是错误。笔者认为，非传统安全与传统安全的划分，应该通过实施主体、主观意愿和动用手段三个方面来共同决定，即造成不安全结果的行为实施主体是否官方机构；主观方面是否以打击一国的主权、领土完整或合法政权为目的；手段是否包含使用武力和威胁使用武力。也就是说，笔者认为非传统安全作为一个概念，指由非官方主体实施的，不以打击一国的主权、领土完整或合法政权为目标，通过非战争手段实施，并最终造成一定危害的状态。从这个意义上看，影响一国的运输安全，从海上看，可能会涉及强制行为，侵犯相当于国家主权和领土的延伸的在公海上航行的船舶；实施影响运输安全的手段，也将包括使用武力和威胁使用武力；从陆地来看，如果是第三方介入，就可能包括一定的破坏或军事打击因素；从主观意愿来看，必然包括打击一国经济主权和政权运行的目的；从结果上看，是打击对手，而非自身获益，这超出了经济竞争的逻辑范畴，进入了政治斗争的领域；从实施主体来看，更可能是官方机构，而非来自民间。

因此，这一特性决定了面对油气运输安全问题，不能完全采用对待非传统安全问题的思维和模式，只靠合作解决不了所有的问题。

四　合作对象的相对固定性

为了解决需求、供给和价格方面问题而开展的合作，可以选择的对象相对更广泛，而在运输方面的合作对象，却受制于地理位置，无法自由选择合作对象。这为合作的顺利开展和预期结果的取得注入了不确定性因素。以俄罗斯与欧洲之间的运输问题为例。在俄罗斯北方运输线路开通之前，更多只能借道乌克兰和白俄罗斯。这一客观限制成为"俄乌斗气"多次发生的客观基础，既影响了俄罗斯与乌克兰之间运输合作的顺利展开，也影响了俄罗斯对欧洲的天然气供应。

这一特性决定了在油气运输安全问题上，过境国家的特殊重要性。在这一特定的关系之中，双方都应极其审慎。双方都应清楚合作的双赢和交恶的双输。就目前来看，塔吉克斯坦、吉尔吉斯斯坦作为中国—中亚天然气管道D线，缅甸作为中缅输油管道的过境国，可以对中国的过境进口油气运输产生直接的影响，中国与这三个国家的关系因此具有特殊的意义。

五　运输问题所产生影响的严重性

2009年1月，"俄乌斗气"的结果超过了以往任何一次供给动荡的规模，甚至触发了欧盟能源政策的转变。这一事件充分说明了运输安全问题所带来的影响的严重性。而对价格问题和供给短缺的预期，更多只是一种心理感受或心理上的冲击，结果更多只是让"世界经济戴着'油价'镣铐起舞"①，不一定会产生实际的负面结果。以《廉价石油的终结》（*The End of Cheap Oil*）一文蜚声世界的石油勘探专家凯佩尔（Colin J. Campbell）对"石油顶峰"何时到来的预测一再进行修改，这一事实也说明了在科技进步面前，对供给问题的忧虑应适可而止。从当前主要油气输出国的情况来看，这些国家的生产和生活都严重依赖进口。石油出口国长时间、大幅度削减石油产量，主动限制出口，基本形同自杀。极端的例子如委内瑞拉，其卫生纸消费都严重依赖进口，限制了石油出口，则可能导致经济收益下降，最终的结果可能是基本生活需要都难以满足。OPEC 国际影响力的逐渐下降，就是最好的证明。② 再以价格为例，如果把通货膨胀因素考虑进去，近年 100 美元/桶的油价和 20 世纪 80 年代 30 多美元/桶的油价，实际上处于同一水平。

这一特性决定了进口油气运输安全问题的重要性，必须而且应该提高对这一问题的重视程度，准备并实施必要的应对措施。

六　国家介入的不可避免性

从运输安全问题的产生来看，除了海盗和人为疏忽之外，主要来自国家行为。如地区局势的紧张、海上的封锁、管道工程的叫停、过境费的争议等，都源自国家行为。因此，从解决运输安全问题的角度来看，也需要国家的积极介入。其他如价格问题，可以在企业之间进行协商；供给也可以在企业层面进行挑选和谈判；需求在个体层面上可以进行主动调整。同时，运输问题的可控性，也将使其成为国家间博弈和斗争的重要切入点。因此，从国家的决策层面看，对运输安全的关注要高于其他因素。进口油气运输安全，不仅事关国家的重大利益，而且需要国家经常性地介入与掌控。

这一特性决定了维护和加强进口油气运输安全问题，不是单纯的经济问题，不是业务部门可以单独解决的问题。该问题必须且应该成为政府的重点

---

① 参见《世界经济：如何戴着"油价"镣铐起舞——高油价下各国经济生活剪影》，《国际金融报》2008 年 6 月 10 日。

② 参见舒源《国际关系中的石油问题》第 5 章，云南人民出版社，2010。

关注对象，需要政府成立多个部门参与的协调、决策和执行机构，并准备必要的应急预案与措施。

七　跨国油气运输管道推进国际合作的两面性

与跨国油气管道运输直接相关的国家是：油气输出国、进口国及过境国。一旦管道建成并投入运营，则这三方或两方之间就将形成紧密、固定的利益关系。这可以推动形成"合理的地区主义"，密切通过管道达成的合作和利益联系。但对于其他国家而言，则需要打破这种业已存在的紧密合作，才能介入其中。这将面临所谓的合作"路径依赖"问题，对其他方的参与将形成不利的局面。对于消费国而言，也存在建设管道之后，对特定油气输出国能源供给的依赖程度加深，并可能因此受制于人的问题。

这一特性决定了，陆路运输，尤其是管道运输是维护和加强进口油气运输安全的关键方面，但也需要认识到管道运输的特殊风险，科学权衡相关的利弊。同时，也需要在管道的运营安全方面付出更多的努力。

第六节　多元化是油气运输安全的关键

当年，丘吉尔在回答如何确保英国皇家海军的石油安全这一问题时指出："对于石油安全及其保障而言，依赖于多元化，而且只是多元化。"[①] 从此，多元化（variety）成为石油安全的不二法门，根本原因就是通过多元化可以分散风险。同理，运输安全作为石油安全整体的一部分，其关键也在多元化。

第一，是运输线路的多元化。即可以用来运输进口油气的线路不止一条，而是存在多条线路可供选择。当其中一条或数条线路面临风险之时，可以顺利而及时地选择其他线路完成运输。

第二，是各运输线路承运份额的均衡化和互补性。在线路多元化的基础

---

① Daniel Yergin, "Ensuring Energy Security", *Foreign Affairs*, March / April 2006, p. 69.

上，还要实现各运输线路承运份额的均衡化。如果过度依赖某一线路承运大部分的进口份额，则仍然是不安全的状态。以"俄乌斗气"为例，俄罗斯到欧洲的天然气运输线路并非只有一条，但经过乌克兰的线路却承运了大部分的份额，才导致了严重后果。同时，还要在各线路之间建立互补机制，当一条线路出现运输短缺时，可通过线路之间的互补，保障总供给的足额和及时。

第三，是利益相关方的多元化。从造成欧洲天然气供给动荡的因素来看，归根结底是美国的干扰。而美国之所以实施干扰，根本原因在于其并非直接的利益相关方。但在 BTC 管道的问题上，却因为美国利益的介入，而使保障该管道的运输安全成为美国政府的一项重要任务。但因为这一管道没有俄罗斯的参与，又陷入了俄罗斯的抵制当中，可能因此出现油源不济的困境和风险。

第四，是运输方式的多元化和互补性。在完成进口油气运输的过程中，石油可以通过运输原油和成品油这两种方式来完成。天然气可以通过管输气态天然气、LNG 和压缩天然气（CNG，将体积压缩到原来的 1%）来完成。同时，对于不便运输的天然气，还可以通过转变其能源形态，使其便于运输。如使用"天然气制合成油"技术（gas-to-liquids），使天然气转变为液体；通过发电厂，将天然气转化为电力，通过电网进行传递等。在运输工具方面，也存在管道、铁路、公路和油轮可供选择。这些运输方式各有优点。如运输石油，可以降低货物的价值、减少货物的危险性；而运输成品油，可以减少运输量，使用较为灵巧的成品油运输船舶，快捷地完成运输任务；气态天然气运输，优点是廉价，缺点是不灵活；通过 LNG 运输，缺点是昂贵，优点是灵活；将天然气转化为其他能源，缺点是损耗大，优点是便捷；使用大吨位油轮运输，优点是单位运价低，有利于节约成本，缺点是通行能力相对较弱，事故后果的危害较大，而小吨位油轮，与之恰恰相反。因此，要在客观条件允许的情况下，实现运输方式的多元化和互补性。通过不同运输方式的互补，加强运输安全。

第二章　中国进口油气运输
安全的理论问题

> 中国对外石油安全"低可靠度"的另一个来源因素显然与美国有关。[1]
>
> ——吴磊

本章将探讨研究中国进口油气运输安全的基本理论框架，设定研究的基本维度和基本问题，并对基本问题进行概述和归纳。

第一节　研究中国进口油气运输安全的理论框架

当前，中国进口油气通过海运、中哈和中俄输油管道、中国—中亚天然气管道、中缅天然气管道以及中哈、中蒙两条铁路进行运输。基本情况是里程漫长、线路固定、运输方式相对单一、途经大国矛盾聚集和非传统安全事件易发的地区，面临严峻的传统和非传统安全的挑战。

一　中国进口油气运输安全的基本维度和基本问题

中国进口油气运输安全的基本维度，即确定什么是安全，什么是不安全的问题。这个维度的确定，既要有客观的标准，又要有主观的评判，二者缺一不可。因为"安全"是一种基于一定的客观标准，根据具体形势进行的主观判断。

中国进口油气运输安全，可以分为两个层面，一个是整体层面，即中国

---

① 吴磊：《能源安全与中美关系——竞争·冲突·合作》，中国社会科学出版社，2009，第 14 页。

进口油气运输的全局及其安全程度；另一个是具体运输线路及其安全程度。二者是局部与整体的关系。在进行判断时，既要看整体，又要看局部，二者既相互决定，但各自又具有一定的独立性。因此，研究中国进口油气运输安全全局和具体线路安全时，需要设置的维度是不一样的。

全局及其安全的基本维度是多元化。如果没有多元化，就不能分散风险。而进口油气运输安全是国际博弈的重要对象和抓手。因此，在单一情景下，即便线路、承运额、外部环境等方面暂时都是安全的，仍然会因为缺乏多元化，而导致对手在此问题上，能够以较小的代价获取更大的收益，因而难以保障持久的安全。

因此，对中国进口油气运输安全的全局进行分析，应该以多元化为基本方向。并以确保多元化的条件，评估中国进口油气运输安全面临的风险；以保障和推进多元化，作为加强中国进口油气运输安全的基本抓手。

全局的多元化包括：线路、承运份额、相关方和运输方式的多元化。

具体线路及其安全的基本维度，是建构可靠的跨国运输。具体而言，包括以下四个方面。

第一，尽量避免过境运输。要尽量选择不经过资源输出国以外第三国领土或内水的运输线路，避免过境问题；或者借鉴俄罗斯的经验和做法，通过让第三国购买资源，再由第三国转卖的方式，将过境运输国变为跨境运输国；或使过境国也参与到资源输出当中，使其兼具跨境和过境运输国的性质。

第二，选择可靠的过境国。在受地理位置限制、必须过境第三国才能完成运输时，则应该选择"可靠"的过境国。"可靠"包括三个方面，一是非美国名义或事实上的盟国；二是内政相对安定；三是存在与中国发展良好关系的基础。

第三，避免利益相关方的单一化。要通过建构相互依赖的关系，使相关国家不能、不愿对中国的进口油气运输实施干扰。应该引入第三国或第三方，使其参与到相关的运输业务和运输公司的组建当中，通过多方参股的方式，建构多方合作和利益博弈的局面，降低双边矛盾激化的可能。

第四，认识和消除各种具体的负面因素。这些负面因素可能导致线路被切断或闲置，导致承运份额的非自主性减少、完成运输的代价提升或难以接受、完成运输量的时间延长。当然，也应该发掘积极因素，巩固具体线路的安全，促成承运份额的可控，减少运输代价，缩短完成运输的时间。

确定了研究的基本维度之后，接下来的任务就是确定基本问题。中国进口油气运输安全研究的基本问题有两个：一个是对"安全"与否的判断，即国家进口油气全局和具体线路的安全；另一个是对维护安全与付出代价的权衡。对这两个方面问题的讨论，应贯穿中国进口油气运输安全的整个研究过程。前者是要给出一个判断，后者却需要给出科学的对策。相对于后者而言，前者具有相对明显的客观性，而后者的主观色彩更浓，需要决策者借助经验，进行科学合理的决策。从决策来看，全局方面需要认识为了维持或加强多元化，可以采取具体策略的科学性、必要性和可行性；可以付出多大的利益让渡，在让渡之后，会得到多大的收益；具体线路就是在建构可靠的跨国运输的过程中，权衡付出与收益之间的关系。

二　中国进口油气运输安全的构成要素及研究对象

中国进口油气运输安全的构成要素，是构成运输安全的组成部分和涉及的具体问题。中国进口油气运输安全的研究对象，是影响和可能影响将进口油气及时足额地在可承受代价下运送到国内接收终端的相关问题。二者不完全等同，但有一定的交叉。受学科限制，对这些问题的关注和研究，主要从国际关系对其影响和互动的角度展开。

第一，线路。包括现存和潜在线路的现状和面临的问题；线路的选择和确定；线路经过地区可能影响通行安全的现存和潜在的问题；可能出现的发展趋势和相应的对策。在保障具体线路通行安全的前提下，应积极考虑拓展新的线路。从中国的实际情况来说，拓展新的线路，在陆路方面就是争取中巴能源走廊、中俄天然气管道能够按规划投入运营；在海路方面就是争取跨北极的海运南向线路得到真正的拓展。最佳状态，就是有多条线路可供选择，并可以进行自主选择。

第二，承运额。即各运输线路的承运份额及均衡化问题。对中国来说，一是要为承运份额较少的线路开拓新的油气源。当前，一方面是积极争取从俄罗斯获得更多的油气进口量，增加东北陆路和中俄南向海运的运输份额。二是要争取从加拿大获取更多的石油进口，保持并增加从美国的天然气进口，加强中美之间的利益联系，进而增加跨太平洋海运线路的承运份额。三是以哥伦比亚太平洋石油出口终端建设为契机，加强与南美相关国家的油气合作，在夯实跨太平洋运输线路的同时，抓住南北美洲油气消费市场格局调整的有利时机，进一步增加进口。一方面进一步优化中国进口油气源多元化局面，另一方面也进一步加强与拉美的经济关系。最佳状态是可以对各运输线路的承运份额进行自主调节或互补。

第三，运力。一是运力的构成，包括各条线路、各种运输工具的运力及各承运方拥有的运力。二是运力的可调控，即在需要时可以对运力进行自主调度。最理想的状态是运力充足并有一定的剩余，同时可以实现有效的控制。

第四，运输过程。包括运输工具，即完成相应运输任务的运输工具，如油轮、列车或管道的选择；运输标的物，从天然气来看，是运输气态还是液态天然气，从石油来看，是运送原油还是成品油；运营问题，即完成运输的承运方、运营模式，完成运输的具体方式及承运方维护运输安全的能力与意愿；运输的外部因素和影响，包括各种外部冲突、国际和地区形势变动对运输过程的影响，要注意利用和遵守相关多边国际机制。理想状态是认识并把握可能在运输过程中出现的不利因素，抑制其产生的负面影响。

第五，代价。即完成油气进口运输的相关成本。包括可以量化的经济成本、不可量化的政治和社会成本。理想状态是将代价控制在可承受的范围内。

第六，相关方。包括存在利益关系的相关国家与机构。这种关系包括客观存在的关系、主观认可的利益关系和第三方强加的利益关系。这些相关方能够对运输线路、数量、成本、工具、方式和运营方产生影响。要注意加强与相关国家之间各方面的协作，构建相互依赖的关系，使其不愿、不能或不敢对中国的油气运输实施人为干扰和破坏。理想状态是取得相关方的合作与支持。

第七，应对机制。国内要建立一整套应对运输安全问题的机制。同时，还可以通过国内调度，应对某一具体线路运输量的短缺或交货的延迟。一是要按照国内油气消费格局，部署和整合国内的运输网络，使进口油气不致出现入境困难的情况；二是要建立相关的早期预警和监测机制，对运输安全问题进行全方位、行之有效的监控；三是要建立包括运输、外交、经济管理部门和国家最高机构在内的议事和处置机制；四是要制定对策。要在认识和分析以上问题的前提下，进行系统评估，形成最有利的对策和措施体系。

维护中国进口油气运输安全的关键，是在可承受的代价之内，通过相关措施使以上各个要素和具体问题处于最理想的状态，或将可能出现的负面影响降至最低。

三　研究范围

相关研究范围包括三个方面。

一是运输过程发生的地理范围。自油气出口国的油气出口终端起，到进口国的油气接收终端止，在这一运输线路经过的地理范围内，可能影响运输安全的问题。

二是引发问题主体的范围。本项研究只关注和研究人为故意行动引发的问题。即在运输过程中，由人为主观行动引发的交货延迟、数量短缺、中断或完成输送代价的非市场因素变化等，是本课题研究的对象。这里的"人"包括自然人、法人或组织。其中，组织包括正式、非正式、合法或非法的组织。也可以说，在进口油气运输过程中，影响及时、足额交货的非技术、非自然因素，是本课题研究的范围。在后一种范围界定中，虽然技术问题、自然灾害等因素不是本项研究的直接研究对象，但相应的认识和准备，以及具体的应急、协调和联动机制，却是应该关注的研究对象。

三是因果关系的范围。只关注能够直接引发运输安全问题的各种因素。

具体包括国家间的冲突、旨在获取更多收益的博弈、影响运输数量的各种因素、第三方的介入、突发事件的影响、当事国政局的突变、履约主体变更、过境费争议、地缘政治斗争等因素。这些因素又可划分为两个层次。第一个层次是突发暂时性影响，包括突发事件、当事国政局的突变、履约主体变更、过境费争议等因素。由这些因素引发的问题，只要当事方进行及时而恰当的协商和妥协，就可以使问题得到解决。第二层次是由结构性矛盾引发的问题，需要在原有当事方的基础上，引入新的相关方。如地缘政治斗争引发的运输问题，就必须通过开辟新的运输通道、开拓新的运输方式、引入新的承运人或寻求新的合作伙伴，才能使问题得到解决。这一情况，在 2014 年的克里米亚危机中表现得最为充分。在俄乌矛盾激化之后，只有开拓新的运输线路或引入新的相关方，才能解决过境乌克兰的天然气运输问题。实际上，西方也在尝试通过租赁乌克兰天然气管道的方式，解决这一问题；俄罗斯则加速了南溪天然气管道的建设。

同时，油气销售方或油气购买方作为冲突第三方而使运输受到影响，也是油气运输安全面临的重要问题。举例来说，在美国和伊朗的冲突中，由于美国和西方对伊朗实施封锁，其他购买伊朗油气的国家的运输安全因此受到影响。这一问题的解决，对于销售方来说，是改换购买方；对于购买方来说，是寻求新的销售方。

当然，运输份额的范围问题，也需要给予关注。需要使用"安全"两个字界定的，应该是中国自身消费所必需的油气。进口加工之后，用于出口的石油，应该只涉及经济问题；日常民用的非必需石油消费，应该也不会上升到国家"安全"层面。

第二节 中国进口油气运输的基本特点与面临的问题

中国进口油气运输面临的基本问题是进口源相对单一。这为运输线路的进一步多元化和承运份额的均衡化设置了障碍；同时，中国的地理位置也进一步限制了运输线路的多元化；运输线路经过地缘政治重心，使得线路安全面临冲突影响的风险难以消除；运输路途遥远，使得中国难以对运输线路实施有效的保护；管道运输是中国进口油气运输多元化和避开美国影响的重要方式，但这恰恰是运输安全的短板，只有维护好管道运输安全，中国的进口油气运输安全才有坚实的保障。

一 进口源单一

中国进口油气的运输起点，必然是油气的主要出口地区和国家。而从全球范围来看，主要的石油出口地区包括：中东（包括波斯湾和阿拉伯半岛国家）、非洲、苏联地区（俄罗斯和中亚）、西半球的加拿大和南美洲；从天然气来看，是苏联地区、中东地区和亚太地区（东南亚和澳大利亚）。而一些主要的油气产区，如美国，目前尽管油气的产量不小，但仍属于净进口国；加拿大的天然气产量也不少，但出口量不大，且集中于美国。此外，加拿大本身也在消费大量的油气，只有其油气产业得到进一步发展之后，才能成为中国进口油气的重要运输起点。

从近年中国进口石油的主要源头来看，中东地区约占 50%、非洲约占 25%、俄罗斯和中亚约占 12%、西半球约占 10%、亚太地区约占 3%。中国的进口石油主要来自中东和非洲，来自这两个地区的石油，不仅数量最多，占中国石油总进口量的比例也最大。两个地区相加，占近年中国石油总进口量的 75% 以上。其他地区的数量和占比，相对都要少很多。

表 2-1 2011~2015 年中国从各主要地区进口石油量占总进口量的比例

单位：%

	2015 年	2014 年	2013 年	2012 年	2011 年	均值
中 东	50.72	52.08	51.94	49.79	51.49	51.20
非 洲	19.21	22.06	22.77	23.87	23.82	22.35
俄罗斯和中亚	14.86	13.09	13.05	13.09	11.87	13.19
西 半 球	12.73	10.82	9.96	10.39	9.40	10.66
亚 太	2.48	1.95	2.28	2.86	3.42	2.60

数据来源：中国海关总署。

中国当前进口的天然气主要来自中亚、亚太和中东。近年来，三个地区合计占据了中国天然气总进口量的95%以上。来自非洲、西半球和欧洲的进口量所占比例微乎其微。

表2-2　2011~2015年中国从各主要地区进口的天然气占总进口量的比例

单位：%

	2011 年	2012 年	2013 年	2014 年	2015 年	均值
中　亚	46.17	51.83	52.29	48.57	49.17	49.61
亚　太	32.84	26.95	22.10	28.20	36.80	29.38
中　东	13.84	18.52	20.69	18.42	11.61	16.62
非　洲	4.53	2.16	3.47	3.80	2.01	3.19
西半球	2.62	0.54	0.30	0.28	0.27	0.80
欧　洲	0	0	0.15	0.72	0.14	0.20

数据来源：中国海关总署。

进口源的单一，限制了运输线路的多元化和承运份额的均衡化。中国只有进一步开拓潜在的进口源，才能为进一步的多元化奠定基础。从当前的发展形势来看，最有潜力的地区是北美和俄罗斯远东地区。

二　运输路途遥远

从运输旅程上看，以接收进口石油最多的宁波港为目的地计，来自中东的油气，要经过10000千米的海上航行；来自西非（几内亚湾）的油气要经过约20000千米的航行；来自南美洲（委内瑞拉）、北美洲（加拿大）经好望角的油气要分别经过24000千米和27000千米的航行，经巴拿马运河跨太平洋的航程为20000千米；从加拿大太平洋沿岸而来的油气所经过的航程为10000千米。如此漫长的航程，对运输安全形成了以下负面影响。

第一，难以实施有效的军事护航。这些航程都远远超出了中国海军的影响范围，且沿途只存在商业港口可以提供补给，仅能满足在非对抗状态下，抵御海盗侵扰的护航需要。针对因国际争端而出现的运输安全问题，中国方面只能通过间接手段解决。因此，既要持续跟踪研究、充分研判；也要做好打"持久战"的思想准备，因为一旦出现问题，必然难以迅速解决。

第二，航行周期漫长带来的负面影响。一方面，对船舶运力的建设和调度提出了挑战，需要更多的运力以满足较长的运输周期需要；另一方面，对运输生产安全提出了更大的挑战，船舶长时间的持续航行，机械维护和补给不便，同时还可能面临更多恶劣天气的影响，进而对运输的安全造成负面影响。

三 运输线路多元化受地理位置限制

中国特殊的自然和人文地理位置，限制了运输线路的多元化。从海运线路来看，尽管从自然地理的角度看，可以在保持北向海运线路的同时，拓展西向和南向海运线路，但从人文地理的角度看，却始终无法避开美国两条岛链的封锁。从陆路来看，在北方，从自然地理的角度看可以开拓正西、西北和东北三条线路，但从人文地理的角度看，却都面对俄罗斯或俄罗斯传统的影响区域。正西线路要过境蒙古国，且目前只有铁路这一代价不菲的运输方式。在西部，尽管与中亚三国、阿富汗和巴基斯坦接壤，但从目前的形势来看，只有通过哈萨克斯坦，才是增强与中亚重要油气生产国土库曼斯坦和乌兹别克斯坦联系的最佳途径。而阿富汗是内陆国，存在严重的动荡，不是可以选择的对象。地理上与之接壤的吉尔吉斯斯坦和塔吉克斯坦，却因曾经在一定程度上亲美[①]和油气资源有限，而不能成为最佳的"可靠"过境国。直到 2014 年建设中国—中亚天然气管道 D 线时，才选择了乌兹别克斯坦—塔吉克斯坦—吉尔吉斯斯坦，从新疆南部（乌恰县）入境这一相对更短的线

[①] 吉尔吉斯斯坦曾是全球同时拥有美、俄军事基地的唯一国家。2001 年，借阿富汗战争之机，美国租用了吉尔吉斯斯坦的马纳斯国际机场，作为支持美军在阿富汗开展军事行动的空军基地。美国还以此为契机，对中亚国家展开了包括外交、经济、文化在内的立体攻势，对中亚原有的地缘政治格局产生了重大影响。2005 年，上海合作组织成员国元首理事会会议发表了《上海合作组织成员国元首宣言》，宣言的第三部分要求西方提出撤出中亚的时间表。2009 年 2 月，吉尔吉斯斯坦议会废除了租借协议。此后，吉美签署新协议，将军事基地更名为"过境转运中心"，租用费增至 6000 万美元/年，租期至 2014 年 7 月 11 日。2014 年 6 月 3 日，转运中心举行了关闭仪式。塔吉克斯坦是美国在中亚地区主要的援助对象之一。美国对塔吉克斯坦的援助已达数亿美元，一度占到塔吉克斯坦同期接受外国援助总额的 1/4 以上。同时，还一度存在过塔吉克斯坦与美国谈判建立军事基地的传言。

路。从南部来看，新疆南部地区和西藏被帕米尔高原、喀喇昆仑山和喜马拉雅山脉阻隔，开拓这一地区的运输线路，一是成本太高，二是存在过境问题；从西南来看，除了缅甸，其他国家都不具备作为运输通道的地理、资源或人文条件。

中国的这一地理位置，决定了中国进口油气运输线路的基本格局。推进运输线路多元化的空间，只剩下中巴能源走廊这一代价极高的选择。当前，推进运输多元化的可行方向，仅有承运份额的均衡化、利益相关方和运输方式的多元化可供考虑。

四　运输线路经过地缘政治重心

总的来说，当前和今后一段时期，全球地缘政治斗争，将围绕可能挑战美国霸权地位的欧盟、俄罗斯、中国和印度展开；斗争的焦点在于获得更多的经济利益，而动用武力、构建军事威胁，是为了更好地实现以上的目标。

当前，各个地区内部都存在加强内部整合的倾向。如欧盟理事会常任主席得以设立，"用一个声音说话"——这个欧洲人数十年孜孜以求的理想，终于有望"技术性"地得以实现。日本提出过建立"东亚共同体"的目标，并曾得到中国一定程度上的响应；建设中日韩和中国—东盟自贸区的倡议，也得到了积极的推进。2009 年 2 月 4 日，在独联体集体安全条约组织成员国首脑特别峰会上，与会各国领导人一致同意组建集体快速反应部队。

这表明，美国在继续给各个地区"掺沙子"的同时，还要着手防止欧盟、东亚和独联体这三大力量之间可能出现的联合。布热津斯基在《外交》上发表的文章《平衡东方，提升西方：剧变时代的美国大战略》，提出"按部就班地欢迎俄罗斯和土耳其进入西方"①，其实质并非为西方寻求新的盟友，而是给欧盟"掺沙子"的表现。

因此，对于美国而言，切断或控制东亚与西欧之间的战略通道，就可以

---

① 参见 Zbigniew Brzezinski, "Balancing the East, Upgrading the West U. S. Grand Strategy in an Age of Upheaval", *Foreign Affairs*, January/February, 2012。

在地缘战略部署上，完成对几大核心力量的分割，建构三股力量各自偏居一隅的态势，其霸权就不会受到有力的挑战。因此，联系欧盟、俄罗斯与东北亚地区的通道，成为当前地缘政治的新重心。

而中国进口油气的运输线路，基本上都位于连接东亚与西欧的战略要道之上。如来自中东、非洲、美洲和亚太的油气，都要经过印度洋—马六甲海峡—南海这一海上战略要道；陆地的油气运输，要经过连接东亚和西欧的亚欧大陆桥的部分路段。而中亚地区，恰恰是美国经营多年，布下了"大棋局"的区域。

中国将会面临的地缘政治斗争，呈现出三个需要重视的不同点。

第一，争夺将围绕上述战略通道的"打通"或"切断"而展开，其中的关键变量是科技进步。尤其是运输技术的发展，使得"绕道"或"开拓新道路"变得越来越容易。美国只靠控制亚欧大陆的几个"点"，将越来越难以维持它现有的优势。具体到油气运输问题上，可以在推进线路多元化的同时，考虑运输方式的多元化，通过技术解决问题。如在中巴能源走廊的建设问题上，可以考虑只将油气管道修到巴基斯坦，就地以天然气为能源加工石油，最后仅通过能源走廊运输成品油。这样既可以实现新线路的开拓，又可部分破解建设成本高昂的问题。

第二，印度和俄罗斯兼有双重身份，既是地缘政治斗争的主角，本身又属于地缘政治重心，是被争夺的对象。尤其是俄罗斯，如果善于利用其第二种身份，在其他大国之间讨价还价，其效果将是以逸待劳，事半功倍。相比主动出击而言，这种方式有着很强的隐蔽性。进而言之，相比其他大国，俄罗斯将有更广阔的战略空间。这也是与俄罗斯有关的管道，总是好事多磨、久拖不决的原因之一。这为未来的地缘政治斗争，注入了一个很大的变数。对于印度而言，其国土占据了亚欧大陆南缘的大部分地区。而这一地区，是西欧—东亚陆桥的主要部分，是美国要控制或切断的关键通道之一。这也是南亚东西向管道建设，饱受美国干涉，多年来只能纸上谈兵的原因。

第三，对于当前美国的地缘战略部署，要用新的视角进行观察。一些观点认为，美国现在四面出击，分散了力量，模糊了目标，令国力有透支的可能。但从"点""线"结合的角度去分析，美国在亚欧大陆的战略部署已经提升到了一个新的层次。美国通过介入东欧、中亚、中东、东南亚和东亚，将有望实现对亚欧大陆战略通道的整体控制，或将其斩为数段。还有一些观点认为，未来世界地缘政治斗争的重点将转向对石油资源的争夺。这种观点实际上是受到了分析工具的影响。将具体问题提升到战略高度去分析是必要的，但是不能把具体问题等同于战略问题。争夺石油资源本身，只是实现地缘政治战略目标的局部或手段之一。将这一视角和理论，运用到对进口油气运输的考察上，得出的正确结论应该是，当代地缘政治的态势决定了中国面临油气运输安全斗争的持续性和普遍性。中国进口油气运输安全因此受到的影响和面临的挑战，不是阶段性的问题，而将持续存在；不是局部性问题，而是事关战略部署全局。同时，对于新线路的开拓，要注意规避美国已经从横向（东西向）控制了亚欧大陆战略通道这一现实。一方面要更多考虑与周边国家建构纵向（南北向）运输线路，从美国控制的空白区域进行突破，同时也要避免将某一段线路置于美国的影响和控制之下。另一方面，要考虑开拓绕开印度洋的运输通道，避开印度或印度洋上地缘斗争的影响。

五　管道安全是短板

管道油气运输的安全性较为脆弱。一是管道运行涉及诸多相互关联的环节，其中任何一个环节都事关整条管道的安全，都会影响到整个管道系统的正常运输；二是通过管道运输的油气，属于易燃易爆的危险品，容易遭到破坏，造成巨大破坏效果所要求的"技术含量"相对较低；三是油气供应的重要性、供应中断后影响的广泛性和严重性，使其容易成为敌对方打击的对象。

从美国的实践来看，"9·11事件"之前，美国的管道运输安全由交通部负责，而"9·11事件"之后，管道安全由国土安全部和交通部这两个职责迥异的政府部门共同负责。[1] 根本原因就在于管道安全的脆弱性和遭破坏

---

[1] Paul W. Parfomak, "Keeping America's Pipelines Safe and Secure: Key Issues for Congress", *CRS Report for Congress*, March 17, 2011. p. 1.

后所产生后果的严重性。当前，我国承担进口油气运输的油气管道及规划管道中，中国—中亚、中缅和中俄西线天然气管道，因为缅甸还没有 LNG 加工厂，通过陆路从内陆大量运输 LNG 并不现实，而处于无可替代的状态；中俄、中哈和中缅输油管道、中俄天然气管道东线，存在可以通过海运或铁路运输替代的可能。

从国内的管网布局和建设情况来看，东北还未与全国的天然气管网连通；成品油管网，还仅限西北、中部和西南；石油管网只存在于东北和西北。在国内管网实现全面连通之前，暂时还不能通过国内调度，缓解由包括运输问题导致的局部供给动荡。这使得进口运输管道的安全问题，不能及时通过国内管网进行分散和化解。

第三节　中国进口油气运输安全中的美国因素

正如吴磊教授指出的"中国对外石油安全'低可靠度'的另一个来源因素显然与美国有关。"① 具体到运输领域，就是美国控制主要交通线对中国进口油气运输安全构成的威胁。这种威胁，以美国的军事部署、中国海外军事影响力的缺失和进口油气运输安全对中国经济社会发展的重要性为客观基础；以美国要维护霸权地位、中国是崛起势头最为强劲的国家为认识基础。因此，在油气运输安全问题上，无论在主观还是客观上，都难以消除美国的影响。也可以说，在现实与观念的相互建构之下，中国对进口油气运输安全的忧虑、美国以此为对华博弈筹码的局面最终形成。

运输安全兼具传统和非传统安全两重性质，在具体的实践过程中，需要动用强制力或武力，才能有效干扰中国的运输安全。但这样容易造成国家间的严重冲突、对立甚至战争状态。因为美国要避免与其他大国发生直接军事对抗。所以，在运输安全的博弈中，美国基本上都采取了通过第三方实施干扰的方式来达成战略目标。这一倾向，在美国与中、俄的博弈中，表现最为

① 吴磊：《能源安全与中美关系——竞争·冲突·合作》，中国社会科学出版社，2009，第14页。

明显。中、俄、美都是核大国，相互之间不存在通过全面战争获取胜利的可能。因此，尽管摩擦不断、博弈不止，但美国亲自出面阻断中国和俄罗斯战略交通的可能性基本不存在。一旦如此，将意味着美国与中国或俄罗斯之间进入事实上的战争状态，对任何一方都不利。因此，美国在影响中俄对外战略交通的问题上，都借助了第三者来实施具体的干扰。如对俄罗斯，借助乌克兰和格鲁吉亚；对中国，陆上要借助中国的周边国家，海上借助相关的盟国。与此相对应，尽管中国进口油气的运输安全面临着美国的实际威胁，但应避免将矛头直接指向美国，而是要将可能倒向或参与美国对华博弈的第三方争取过来，从而消除美国实际实施干扰的可能。尽管中国改变不了美方占优的形势，但中国可以消除美方采取实际行动的基础，令美方的优势难以发挥作用。

从依靠第三方实施对华博弈的角度分析，中国进口油气运输线路中最不安全的部分，是经过印度洋中心区域的航线。首先，这一部分航线远离中国的军力影响；其次，美国可以利用印度这一事实上的盟友；再次，印度具备相应的实力，且有占据对华博弈优势地位的需要。而最为关键的是，在经过印度洋的油气运输安全问题上，中印对比的天平完全偏向了印度一方。一方面，印度是中国维护印度洋航线安全最彻底的"第三方"，印度不向中国出口油气，与中国没有直接的利害关系；另一方面，在印度洋上，印度可以威胁中国，中国却难以威胁印度。而在大西洋和太平洋航段，尽管存在美国的盟友，但中国也从相关地区进口部分油气，存在一定的利益联系；相关国家占据对华博弈优势的迫切性或实力相对有限。日本的油气运输路线要经过中国近海，如果日本参与到美国对华的干扰中，中国可以进行相应的报复。因此，尽管中俄南向海运、西向和部分北向海运线路要经过日本海和琉球群岛海域，但只要遵守《海洋法》和油气运输安全的相关国际准则，就可以避免和抑制日本可能的影响和行为。

第三章 中国进口油气海路运输
面临的形势与问题

> 当今能源安全困境的根源在于世界石油资源分布的根本性失衡。[1]
>
> ——吴磊

海路运输是中国进口石油运输的主要途径，运送着中国进口石油总量90%的份额。从天然气来看，2010年以前，海路运输占据中国进口天然气的全部份额，2010年中国—中亚天然气管道开通之后，进口天然气有了新的源头和运输方式，海路运输的份额变为78%，2011年进一步下降到54%，2012年为48%，2013年为47%，2014年为46.3%。从进口油气的数量、占进口总量的比例以及发展趋势分析，无论过去、现在和未来，海上运输都是中国进口油气运输的主要途径。这一状况不可能出现根本性的改变。美国海军的研究成果也毫不客气地指出："不能确保能源安全，或进一步说，不能给海洋商业运输提供保护，将是导致中国经济形势逆转的关键因素"[2]。

以最后的入境航行方向为标准，可将海路运输具体划分为北向、西向和南向三条线路。

第一节 北向线路

北向线路承担着绝大部分石油和大量进口天然气的运输。从2013年的

---

① 吴磊：《中国石油安全》，中国社会科学出版社，2003，第6页。

② Andrew S. Erickson, *China Goes to Sea: Maritime Transformation In Comparative Historical Perspective*, Naval Institute Press, 2009, p. 392.

数据来看，自北向线路运入国内的石油，占总进口量的87.92%；天然气占47.31%；2014年分别为88.61%和45.99%。下面将从承运额、面临的问题和对策三个方面展开分析。

一　北向线路概况

北向线路首先经过南海，之后是马六甲海峡和印度洋，然后分为两条支线，一条沿阿拉伯海北上，进入波斯湾，到达阿拉伯半岛南端和红海；一条南下经过好望角，再北上抵达西非和美洲国家。从油气来源看，北向线路运输的油气来自两个方向，一是经印度洋而来的油气；二是来自东南亚和澳大利亚的油气。经印度洋而来的油气，又来自两个大方向，一是经过阿拉伯海运输，来自海湾、阿拉伯半岛和经曼德海峡而来的油气；二是经过好望角和南印度洋运输而来，源自西非和美洲国家的油气。具体的比重和来源见图3－1。

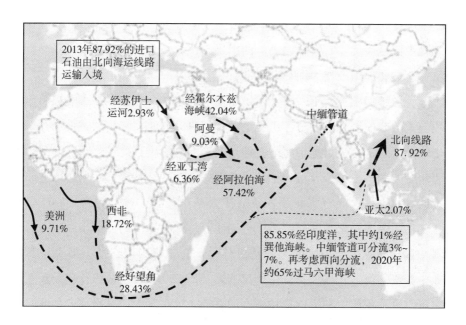

图3－1　2013年北向线路运输进口石油份额及来源构成

数据来源：中国海关总署。

在 2010 年之前，部分来自美洲国家的油气，经过巴拿马运河之后，跨越太平洋从东向西进入中国沿海。美国国防部认为，2009 年通过这一线路运输的进口石油，占中国石油总进口量的 7%[①]。2009 年中国从南美洲和北美洲进口的石油，占当年总进口量的 6.68%。美方显然把中国进口自西半球的石油，全部归入通过跨太平洋西向海运进入中国的份额。

2010 年之后，西向海运的承运额出现了大幅下降。导致这一结果的原因，包括以下方面：由于 2008 年的金融危机，西方石油消费量大幅下降，世界石油航运市场出现了供大于求的状况；VLCC 日渐占据世界油运市场的主导地位（因为吨位越大，单位运量的运输费用越低，收益情况更好）；新的油轮建造标准出台，北美国家从 2010 年起，只允许泄漏风险更小的双壳油轮入境，老旧小吨位单壳油轮日渐被国际航线淘汰。在以上因素的共同作用下，2010 年之后，中国进口自美洲的油气，因为使用了较大的油气运输船舶，不能通过最多只能承载 8 万吨级船舶的巴拿马运河，而是改道好望角，经印度洋，北向进入中国。当前，只剩下南美洲的厄瓜多尔的石油还通过跨太平洋航线运输。但西向海运的承运额，会因为南北美洲太平洋沿岸石油出口终端和通道的建设而逐渐增加。

随着形势的发展，下一步经苏伊士运河而来的北非石油，可能也将因为使用较大的船舶而无法通过苏伊士运河。解决的办法，将是通过地中海—苏伊士输油管道，将来自地中海的石油运输到红海沿岸，再装船运输，或绕道好望角。如此，中国部分进口油气的运输，就可以避开苏伊士运河这一瓶颈。同时，哥伦比亚有意修建一条通往太平洋沿岸的输油管道。2012 年 5 月 9 日，在中国国家主席胡锦涛、哥伦比亚总统桑托斯的见证下，双方签署了《中国中化集团公司、国家开发银行和哥伦比亚国家石油公司关于哥伦比亚中部原油运输管线项目合作协议书》，计划 2017 年建成该管道。运营之后，可以将哥伦比亚和委内瑞拉生产的石油，输送到太平洋沿岸。如此，以

---

① Office of the Secretary of Defense, *Annual Report to Congress Military and Security Developments Involving the People's Republic of China 2010*, A Report to Congress, 2010, p. 21.

后中国进口自哥伦比亚和委内瑞拉、占总进口量 5% 左右的石油，将不必再绕道好望角，而是直接横跨太平洋进入国内。这可以减少 1/3 的航程，在大大缩减航运成本的同时，还可避开形势不利的北向线路，提升各条运输线路承运份额的均衡化水平。

从海陆联运的发展和数量的变动趋势来看，中缅管道投入运营之后，将会陆续分流 2000 万吨原经北向线路运输的石油，加上跨太平洋线路的分流，2017 年以后，北向线路占总进口量的比重，将下降到 75% 以下。如果加拿大油砂油和太平洋石油出口终端项目，能够按计划发展，西向海运将有望再增加数千万吨的承运额。到 2020 年，北向海运的占比，可进一步下降到 65% 左右。但随着进口石油的增加，后继增量将主要来自北向线路沿线，北向线路的比重将进入回升阶段，最终比例可能停留在 70% 左右。

天然气方面，出于节能减排和推进能源结构多元化的目的，中国已经明确要在"十二五"期间，积极鼓励推进天然气消费，实现其占一次能源结构比重翻一番的目标，即由 2010 年的 4%，增加到 8%。因此，近年的天然气进口量必然持续大幅增长。进口的主要源头，除了中亚，仍然是中东、亚太和潜在的美洲相关国家。西向海运，可能因为美国大规模出口天然气和巴拿马运河改造的完工，在分流部分北向线路运量的同时，进一步增加运输量。因此，到 2020 年，通过西向线路进入国内的进口天然气，具备上升到百亿立方米/年的基础。其结果，一方面会分流北向线路的承运额；另一方面也会使北向海运的重要性进一步下降。2020年之后，加上管道运输量的大幅增加，北向海运进口天然气有望成为可自主调节的部分。

二 南海的形势与问题

南海位于中国南部、中南半岛、菲律宾群岛和加里曼丹岛之间。马六甲海峡和巽他海峡是两个重要的战略出口。南海是北向线路的最后一段航程，也是进口油气运输经过的最后一个风险区。

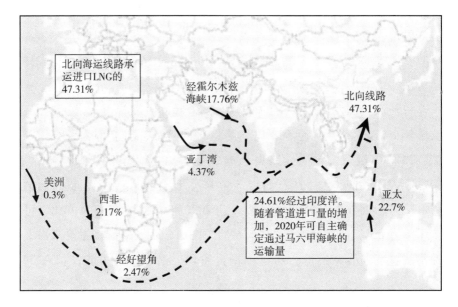

图 3－2　2013 年北向线路运输进口天然气份额及其来源构成

数据来源：中国海关总署及英国石油公司（BP）。

（一）经过南海的运输量及变动趋势

经过南海的运输量及变动趋势，受经印度洋而来和进口自亚太国家油气数量的影响。2013 年，来自亚太东部地区，包括东南亚和澳大利亚的石油，占总进口量的 2.07%。具体数量和份额见表 3－1。

表 3－1　经南海运输的进口石油

国家和地区	2013 年		2009～2013 年平均	
	数量（万吨）	占总进口量的比例（%）	数量（万吨）	占总进口量的比例（%）
澳大利亚	302.57	1.07	269.24	1.21
印度尼西亚	68.46	0.24	131.95	0.58
越南	64.7	0.23	80.00	0.33
马来西亚	60.4	0.21	144.90	0.66
泰国	58.9	0.21	54.15	0.20
文莱	7.9	0.03	45.44	0.22

续表

国家和地区	2013 年		2009～2013 年平均	
	数量(万吨)	占总进口量的比例(%)	数量(万吨)	占总进口量的比例(%)
东南亚其他	19.7	0.07	7.54	0.02
亚太东部合计	582.63	2.07	733.22	3.22
经印度洋	24222.48	85.85	21066.82	85.93
经南海总计	24805.11	87.92	21800.04	89.15

数据来源：中国海关总署。

从表 3-1 可以看到，中国从亚太东部地区进口石油的数量在增加，而占比总体上呈下降趋势。2013 年与前五年的占比均值相比下降了 1.15%。但澳大利亚一方面占据主要份额，另一方面数量处于增长之中。与 2005 年的 23.24 万吨[①]相比，2013 年已经增长了 13 倍以上。

这一结果的出现，一方面表明我国的石油进口对经过马六甲海峡航线的依赖，近年来有加强的趋势；另一面表明，需要进一步重视澳大利亚至中国的航行安全。

从天然气来看，北向线路的承运额，由经印度洋和源自亚太地区的份额构成。2013 年占总进口量的 47.32%。总体上具有数量增长、比例下降的特点。其中，来自亚太地区的进口量占比为 22.71%。在中国—中亚天然气管道投入运营之前，中国的天然气进口，绝大部分来自澳大利亚和东南亚。近年来，澳大利亚的 LNG 项目发展迅速，国际能源机构（IEA）认为，到 2035 年，澳大利亚的 LNG 出口能力将上升到相当于 1200 亿立方米天然气。[②] 到 2020 年，随着中国天然气进口量的增加，来自东南亚和澳大利亚天然气的数量，可能大幅度增长。同时，需要关注新几内亚的 LNG 项目。该项目总投资 190 亿美元，由埃克森美孚主营。2014 年，中国首次从该项目进口了天然气，数量为相当于 3.9 亿立方米的天然气。中方已与之签订了

---

① 据中国海关总署统计数据。

② IEA, *World Energy Outlook Special Report on Unconventional Gas Golden Rules for a Golden Age of Gas*, 2012, p. 88.

长期合同，这有助于进口源和线路的多元化。但澳大利亚占据亚太对华LNG出口重要份额的状况，近期内将难以改变。

表3-2 经南海运输的进口天然气

单位：亿立方米，%

	2009年	2010年	2011年	2012年	2013年	占2013年总进口量的比例
澳大利亚	11.2	52.1	49.5	49.65	49.58	9.34
马来西亚	2.5	16.8	21.4	25.82	37.05	6.98
印度尼西亚	0.8	24.5	27.2	33.74	33.92	6.39
亚太合计	14.5	93.4	98.1	109.21	120.6	22.71
经印度洋	105.9	28.7	63.3	90.19	130.7	24.61
经南海总计	120.4	122.1	161.4	199.4	251.25	47.32

数据来源：中国海关总署及英国石油公司（BP）。

这里需要注意LNG的价格问题。我国从澳大利亚进口液化天然气（LNG）的长期协议价格，折合4元/立方米，而从西北进口的管道天然气价格，只在2.7元/立方米左右。尽管LNG主要供应东部沿海经济发达地区，可以比中西部承受更高的价格，但是，随着全国天然气管道的联网，以及中国—中亚天然气管道C线、D线、中缅天然气管道和中俄天然气管道的开通，仅陆路管道的供给就可以满足当前全国的需求。从经济角度看，如国内消费不出现新的大幅增长，就不必再通过海运大规模进口LNG。如此，就会出现不利于维持多元化的局面。而要继续维持大规模的海运进口LNG，就需要解决LNG和管道气之间的差价问题。但若不考虑经济问题，保持LNG的进口，中国就可以在管道气和LNG之间进行自主选择。这将极大地增加中国参与国际能源博弈的筹码，改善中国的能源安全状况。

（二）南海航行面临的形势与问题

南海的航行安全面临的挑战有：国家间冲突引发的通行安全问题、内水的"无害通过"法律问题、海盗和恐怖主义行动引发的安全问题。

国家间的冲突主要来自南海周边国家对南海权益的争夺。在中国历史上，南海及其诸岛被称为"千里长沙""万里石塘"，中国对南海的管辖可以追溯到汉唐时期。20 世纪 70 年代以前，南海周边国家和其他国家的文献资料，都承认南海是中国的领土这一事实。这可以从众多正式出版的文献资料和地图中得到证明。[1] 20 世纪 60 年代末期，南海发现了丰富的石油资源，主权问题的杂音开始出现。1973 年，"第一次石油危机"爆发，石油的重要性迅速显现。在利益驱动下，相关国家开始大肆侵犯中国的南海主权。而美国的介入，则是问题激化的关键原因。"9·11 事件"后，美国公开宣称，东南亚地区是"反恐的第二前线"，不断与菲律宾商讨重返苏比克军事基地事宜。如果美国能成功，则意味着美军从关岛向中国方向推进了 2000 多千米。2010 年，美国国务卿希拉里在越南宣称，美国在保护南海航行自由方面拥有国家利益[2]，进一步表明了美国干涉和介入的态度。在美国介入中菲黄岩岛之争的背景下，菲律宾方面加大了军备发展力度。这为南海的复杂局面注入了新的不安定因素。同时，南海争端也较为复杂，既有中国与东南亚五国之间的争端；也有五国权利主张的重叠。

另一个可能引发南海航行安全的问题是海盗袭击。2009 年以来，南海及其周边的海盗袭击事件呈现增长势头。2014 年 1 月，国际海事局[3]发布的报告，展示了海盗袭击事件具体的地域分布、数量和时间。尽管还没有出现过海盗抢劫油气运输轮船，进而影响油气运输的事例，但潜在影响和风险不容小觑。同时，东南亚也是恐怖袭击的重灾区之一，存在泰南分裂组织、宗教极端势力和基地组织东南亚分支的影响。一旦恐怖组织和海盗相勾结，通过南海的航行安全必将面临更大的风险。

---

① 详见《中国对西沙群岛和南沙群岛的主权无可争辩》，《人民日报》1980 年 1 月 30 日；参见顾德欣《南海争端中的海洋法适用》，《战略与管理》1995 年第 6 期。

② 《中国反对东亚峰会讨论南海问题》，《华尔街日报》2011 年 11 月 16 日，http：//cn. wsj. com/gb/20111116/bas101858. asp。

③ 国际商会国际海事局（IMB），成立于 1981 年，是国际商会（ICC）的专业分支机构，以打击海上犯罪和渎职为重点的国际非营利组织。其通过推动各国政府、其他利益相关方和组织，在国际海事组织相关规定下，实现信息交流，保持和进一步推动协调一致地打击海上犯罪行动。

表 3 – 3　近年南海相关区域海盗和武装抢劫事件数量

单位：件

地　区	2009 年	2010 年	2011 年	2012 年	2013 年
南　　海	13	31	13	2	4
印度尼西亚	15	40	46	81	106
马 来 西 亚	16	18	16	12	9
缅　　甸	1	0	1	0	0
菲 律 宾	1	5	5	3	3
泰 国 湾	2	2	0	0	0
越　　南	9	12	8	4	9
合　计	57	108	89	102	131

数据来源：Icc International Maritime Bureau, *Piracy And Armed Robbery Against Ships Report for the Period 1 January – 31 December 2013*, January, 2014, p. 5。

（三）确保南海航行安全的思考

中国有能力完成南海的护航任务，通过南海的航行，可以得到有效的军事安全保障。至于海盗袭击，在南海是一个较易解决的问题。首先，南海周边不存在政府缺位和大规模社会动荡的问题，海盗没有坚实的陆上基地。其次，2012 年之后，随着周边国家加强相关巡航，南海的海盗武装袭击事件的数量，出现了大幅下降。从抑制、打击海盗武装袭击船舶的角度看，相关国家在南海争端的加剧，却得到了一个正面的结果。因此，只要加强巡航，就能很好地解决海盗问题，而这也正是南海周边国家热衷并有能力完成的任务。但也需要注意，海盗容易被第三方所利用。

应对恐怖袭击，一方面，相关的巡航可以起到预防作用；另一方面，要积极开展相关的国际合作交流，加大打击力度，明确相关责任。其中，交流和信息共享是关键。要想对运输油气的巨轮展开有效袭击，并不是一只舢板和几颗炸弹就可以完成的任务，必定要有一个长期的准备和谋划过程。

总之，确保南海航行安全的关键，一是创造有利于问题解决的环境，避免因为南海争端引发严重的军事冲突；二是积极建构相关的合作机制；三是在斗争中做到有理、有力和有节。

三　马六甲海峡的形势与问题

马六甲海峡位于东南亚的马来半岛和苏门答腊岛之间，是北向线路的另一个关节点。马六甲海峡连接南海和安达曼海，处在亚洲和大洋洲、太平洋和印度洋之间的"十字路口"上，全长800多千米。

（一）经过马六甲海峡的运输量及变动趋势

经印度洋而来的油气，绝大部分经马六甲海峡运往我国。从石油来看，经马六甲海峡运输的石油占2013年中国进口石油总量的85%，天然气占24%。

数年之后，通过马六甲海峡运输的石油，占据中国进口石油的比例，可能将下降到65%左右。原因如下：第一，中缅管道的分流；第二，西向跨太平洋线路2000万吨左右的分流和加拿大油砂油的增加；第三，巽他、龙目—望加锡海峡的分流。随着30万吨级油轮的增加，主航道最浅处为21米的马六甲海峡，通过能力受限。当前，使用30万吨级油轮已成为航运业的发展趋势。截至2012年底，中国使用中的30万吨级超级油轮有18艘，占中国大型油轮运力的20%。一旦海峡主航道发生事故，这一级别的油轮就只能绕道巽他或龙目—望加锡海峡。尽管如此，马六甲海峡仍然是中国进口石油运输的重要关节点。

天然气方面，我国从中东和非洲进口LNG，仍然具有重要的战略价值。截至2013年，国内使用中的液化气体远洋船舶，都在15万吨级或以下，国际上最大吨位的LNG运输船舶，也只是20万吨。即便大幅增加北美LNG进口的可能变为现实，这些LNG运输船舶也能够顺利通过改造后的巴拿马运河。因此，经过马六甲海峡的天然气，尽管在数量上会出现增加，但占总进口量的比例，可能会在2011年的基础上不断下降。到2020年，经过海峡运输的天然气，可能在200亿立方米以内，占总进口量的15%左右。在建设中国—中亚天然气管道D线、中俄天然气管道的背景下，相比石油而言，天然气的进口运输对马六甲海峡的依赖要小得多。

（二）马六甲海峡航行面临的问题与形势

马六甲海峡航行所面临的问题是航行条件不佳、航道繁忙和管理协调效果不佳；形势是美国及其盟国积极介入，对马六甲海峡形成了军事控制。

第一，航道条件不佳。首先是海峡狭窄。忽略海岛，马六甲海峡的宽度在 60～480 千米，形成了一个天然的航行瓶颈。其次是海峡的水体较浅。尤其是海峡东南部，靠近新加坡的主航道，水深最浅处仅为 21.5 米，最窄处仅 1 海里。而 32 万吨的满载油轮，吃水在 20 米以上。因此，巨型船舶在海峡中航行，因航道的限制，面临易碰撞、搁浅的航行风险，以及由此带来的石油泄漏和海洋污染事故。

第二，航运繁忙。每天通过马六甲海峡的船只有 600 艘左右，占全球货运船只总数的 1/4 以上。据 1980 年新加坡港务局统计，通过马六甲海峡的船只有 6 万余艘。[①] 也就是说，通过马六甲海峡船只的数量在 30 年里增加了近 3 倍。除了东亚国家（主要是中、日、韩三国）与欧洲、南亚和非洲的商业货运船只，还有大量的军舰穿梭其中。这些船只除了运输普通货物，还运输包括日本运往欧洲处理的大量核废料。[②] 2007 年，通过马六甲海峡运输的石油达到了 1400 万桶/天（合 7 亿吨/年）。但到了 2009 年，受金融危机和经济下滑的影响，下降到 1360 万桶（6.8 亿吨/年）。[③] 尽管经测算，海峡的通行能力可以满足预期内石油贸易发展的需要[④]，但航运繁忙所带来的事故及其影响正常通行的风险，无疑将与繁忙度成正比。

第三，非传统安全问题。历史上，因为多国共管马六甲海峡，存在一定的协调问题，导致马六甲海峡一度成为全球海盗袭击事件频发的重灾区。

① 《中国大百科全书·世界地理》"马六甲海峡"条目，中国大百科全书出版社，1991。

② Gal Luft and Anne Korin, "Terrorism Goes to Sea", *Foreign Affairs*, November/December 2004, pp. 61–71.

③ EIA, *World Oil Transit Chokepoints*, Last Updated: Dec. 30, 2011.

④ 参见薛力《"马六甲困境"内涵辨析与中国的应对》，《世界经济与政治》2010 年第 10 期。

2003 年，全球共发生 445 起海盗袭击事件，其中的 1/3 发生在马六甲海峡。个中缘由，关键在于马六甲海峡的特殊地形和地理位置。马六甲海峡主航道狭窄、船只密集、船只航速缓慢。马六甲海峡港湾众多，地形复杂，又处于多个国家的交界处，便于隐匿和逃窜。此外，马六甲海峡位于赤道无风带，"全年大部分时间风力微弱，平均风力为 1～3 级"。[①] 随便弄条舢板就可下海，极大地降低了充当海盗的"技术准入门槛"。再加上东南亚宗教极端势力的存在，无论是自然、人为还是恐怖袭击等原因引发的大型船只碰撞、沉没等海上事故，都会影响到整个海峡的通航安全。时任新加坡国防部长张志贤（Teo Chee Hean），曾经直言不讳，海峡的安全"是不够的"，但是"没有哪个国家能够拥有单独应对海峡安全威胁的资源"。[②] 2005 年7 月，马六甲海峡沿岸国家加强了巡逻之后，海盗袭击事件得到了极大的遏制。但海盗袭击却一直未能杜绝，尤其是在马六甲海峡东部的入口新加坡海峡，海盗袭击事件经常见诸报端。如 2014 年 7 月左右，新加坡海峡发生了两次严重袭击。而新加坡海峡长 105 千米，宽 16 千米，是世界上最繁忙的水道之一，同时还有美军的基地，存在相对成熟的国际反海盗协作机制。在这样的区域，海盗袭击都难以杜绝，由此可见解决海盗袭击问题的难度之大。

表 3－4 2009～2013 年南海相关区域海盗和武装抢劫事件数量

单位：件

地 区	2009 年	2010 年	2011 年	2012 年	2013 年
新加坡海峡	9	3	11	6	9
马六甲海峡	2	2	1	2	1
合 计	11	5	12	8	10

数据来源：Icc International Maritime Bureau, *Piracy And Armed Robbery Against Ships Report for the Period 1 January － 31 December 2013*, January 2014, p. 5.

[①] 《中国大百科全书·世界地理》"马六甲海峡"条目，中国大百科全书出版社，1991。

[②] Gal Luft and Anne Korin, "Terrorism Goes to Sea", *Foreign Affairs*, November/December, 2004.

第四，不利的地缘政治环境。在美国的全球战略中，马六甲海峡是其必须控制的 16 个战略水道之一①，是影响亚欧大陆两端之间联系的一个重要关口。新加坡为美军提供的樟宜海军基地，为美国介入马六甲海峡事务提供了切入点。新加坡鼓吹美国是东南亚地区重要的平衡力量，旨在通过与美国保持特殊关系，提升新加坡的国际地位，突出其在东南亚国家联盟中的特殊作用。美国与新加坡，是事实上的相互依赖关系。

日本近几年也在积极染指马六甲海峡，首先以"打击海盗"为名，出钱赞助国际反海盗会议，向海峡沿岸各国提供资金、技术等帮助。日本还承担了设立于新加坡的"信息共享中心"②的部分运营费用，日本外务省为此在预算中列入 4000 万日元的专项经费。③ 印度也加快了海峡西侧安达曼—尼科巴群岛上的军事基地建设，既加强了对印度洋的控制，也为印度走向太平洋埋下了伏笔。

当然，马六甲海峡并非不可取代。巽他和龙目—望加锡航线，是通行条件比马六甲海峡更好，可以替代马六甲海峡的两条航道。

巽他海峡位于印度尼西亚苏门答腊岛和爪哇岛之间，航道水深 50 米。经好望角而来的船舶，如从巽他海峡通过，可比经马六甲海峡节省 1000 海里的航程。龙目海峡位于印度尼西亚努沙登加拉群岛的巴厘岛和龙目岛之间，航道水深超过 200 米。望加锡海峡、苏拉威西海和苏禄海一线的航道水深数百至上千米。这两条航道都可以通过当前使用中的所有运输船舶。龙目—望加锡海峡—苏拉威西海—苏禄海航线，是澳大利亚和中国之间通航的捷径。当前中国进口自澳大利亚 LNG 的运输，主要就在使用这一线路。

这两条航线，前者经过印度尼西亚的内水，后者要同时经过印度尼西亚

---

① 这 16 个战略水道包括阿拉斯加湾、朝鲜海峡、望加锡海峡、巽他海峡、马六甲海峡、红海南端的曼德海峡角和北端的苏伊士运河、直布罗陀海峡、斯卡格拉克海峡和卡特加特海峡（从波罗的海进入北海的两条通道）、格陵兰—冰岛—联合王国海峡、非洲以南和北美的航道、波斯湾和印度洋之间的霍尔木兹海峡、巴拿马运河以及佛罗里达海峡。

② 该中心的主要职能是收集马六甲海峡的海盗信息、跟踪情报及各国采取的管制措施等，并通报相关国家。

③ 《美日欲借打海盗介入马六甲防务扼制中国》，《第一财经日报》2005 年 9 月 16 日。

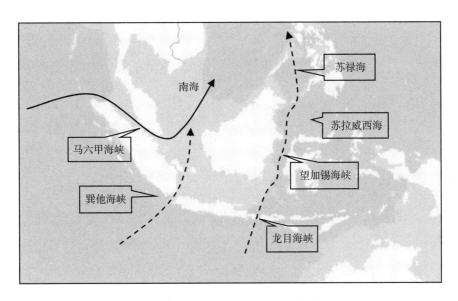

图 3 - 3　巽他海峡和龙目—望加锡海峡航线

和菲律宾的内水。而《联合国海洋法公约》（以下简称《海洋法》）第五十二条第二款"无害通过权"明确规定："如为保护国家安全所必要，群岛国可在对外国船舶之间在形式上或事实上不加歧视的条件下，暂时停止外国船舶在其群岛水域特定区域内的无害通过。这种停止仅应在正式公布后发生效力。"如何运用好《海洋法》赋予船只的"无害通过权"，是需要我们认真对待的问题。

（三）维护马六甲海峡航行安全的思考

中国通过马六甲海峡的航行安全依赖于以下几方面：第一，相关国家遵守《海洋法》的航行自由规定；第二，美国对中国的遏制，没有发展到短兵相接的地步；第三，海峡周边国家注重对航道的管理和维护，杜绝可能出现的航行事故；第四，海峡周边国家加强协作，有效遏制恐怖袭击和海盗事件。

前两项属于传统安全的范畴，对于此类问题，中国可以采取军事护航，而马六甲海峡位于中国军队的有效作战范围内。同时，印度尼西亚和马来西亚两国一直反对外部力量介入马六甲海峡，认为这是对其主权的侵犯。两国的这一诉求，为制衡美国对马六甲海峡的控制，起到了一定的作用。后两项则是通过合作可以解决的问题。早在 1998 年，美国公布的《东亚地区安全战略报告》就提出："确保航行自由，保护海上通道，尤其是马六甲海峡的安全已经成为各国关注的共同利益。"① 中国应该积极参与马六甲海峡相关事务的解决，为保障马六甲海峡的通畅，提供必需的公共物品，承担必要的责任。这既是维护运输安全的需要，也是我国参与地区重要事务的切入点。在"无害通过"权利的问题上，要注重遵守相关的海洋环境保护、《海洋法》规定的内水通过航行制度和油轮制造标准，同时还要关注印度尼西亚和菲律宾两个群岛国的相关动向。

（四）"马六甲困局"命题真伪之辨

"马六甲困局"存在与否的问题，是国际关系学界和舆论关注的焦点问题。笔者在 2012 年的一次高层次研讨中，也亲自见识了几名国内顶尖专家就"马六甲困局"进行的交锋。不少人认为这是一个伪命题。其理由包括以下几个方面。第一，切断中国进口油气运输，则意味着战争，没有人敢冒如此的风险。第二，不是只有在马六甲海峡才能实施封锁，在印度洋、霍尔木兹海峡，甚至中国进口油气运输的全线，都可以实施封锁。第三，困局的破解存在悖论。战争状态下，海峡和中缅油气管道必然都会被切断，困局无解。而在和平时期，无须杞人忧天。

伪命题之说，是三个错误认识导致的错误推论。一是，曲解了运输安全的含义。进口石油运输安全，指一国需要进口的石油和天然气，在可承受代价下，及时足额运输回国内的状态不受威胁。"封锁""切断"和"战争状态"只是运输安全受到威胁的极端状态，而非全部。在正常代价下的安全通过与被完全切断之间，还存在诸多状态。二是，对"安全"的理解有误。安全不是事后的亡羊补牢，而是事前的未雨绸缪。三是，以偏概全。即通过否定极端情形，来否定整个命题。

可以说，"马六甲困局"，是中国进口油气运输安全面临重大挑战的集

---

① The U. S. Secretary of Defense, *The Unitied Staes Security Strategy for the East Asia – Pacific Region*, Washington, D. C. , November, 1998, p. 56.

中表现。尽管大多数可能影响海峡航行的潜在因素都是可解决的，但马六甲海峡不利的地理、地缘环境，不可改变；中国进口油气在马六甲海峡高度集中的状况、中美关系竞争抑或斗争的一面，难以改变。相比霍尔木兹海峡，美国在马六甲海峡有"人和"之利，且美国对经过马六甲海峡的运输依赖不大，海峡的航行安全是"别人"的问题；相比印度洋，海峡有"地利"之便；相比整个运输线路，在海峡生事，无疑是成本最小、收益最大的选择。而最为关键的，是海峡周边复杂的人文环境，为借机生事或事后的掩盖，提供了极大的便利。这种便利，是在远洋抑或中国进口油气运输通道的其他部分，都不具备的。

建设中缅油气管道，以破解"马六甲困局"为主要目标。但不应把"破解"误读为"取代"。事实上，无论过去、当前或是今后，经过马六甲海峡的运输都不可能被取代。只要具备基本相关知识的人，都不会犯如此低级的错误。做出如此误读的，大多意在误导舆论。其逻辑推理大概如此：首先强加给中缅管道一个超越客观现实、"不能承受之重"的责任，然后以中缅管道没有能够完成这一任务为理由，进而否定中缅管道的作用和价值。

中缅油气管道，以及其他陆路运输管道的根本作用，在于推进了多元化，增加了安全保障。这里的增加，体现在未雨绸缪的准备，而非亡羊补牢的应急。至于管道在极端情况下，有什么样的作用，或者说能否解决战时的运输问题，我们可以给出明确的回答：不能。以中国目前的军力和运输路线的客观情况来看，任何一条路线都难以确保全面战争状态下的运输安全。当然，严格地说，我们应该对极端状态或战争状态进行细分，要明确可能的战争对象和战争过程。只有在"马前卒"即将被吃掉之时，幕后黑手才能以维护"和平"的名义，直接介入。否则，都要通过代理人展开竞争、博弈或斗争。这既是基本的游戏规则，也是美国实施"代理人"战争的基本模式。管道有助于加大运输安全保障力度，可以有效遏制事态的迅速恶化。这实际上增加了中国参与博弈的筹码，进而增加了对"马前卒"们的威慑，打消了"马前卒"们的部分妄想和妄为，使幕后黑手难以挑动"马前卒"铤而走险。这样，我们就能从根本上消除冲突升级的可能。因此，管道有助于增加对和平的保障，可以在一定程度上抑制战争的爆发。这个作用，相比应对战时运输，价值几何？而如若发生了严重的战争，同样会出现一个悖论。如果交战国敢于切断对方的进口运输，就意味着战争的全面升级。那么需要考虑的，就是如何不让态势恶化到交战双方同归于尽的问题。如只是擦枪走火，双方都会极力克制，就只存在进口运输被影响的可能，而无被切断之虞。

针对进口油气运输安全采取的措施，根本作用在于增加安全保障，增加博弈资本，抑制事态的迅速恶化。举个形象的例子，即便系了安全带，在时速 80 千米以上情况下发生的车祸，仍然会令驾乘人员身受重伤乃至丧命。那么，安全带难道就没有作用了吗？

四　印度洋的形势与问题

经过印度洋的航行，是中国进口油气海路运输过程中，受到大国博弈影响最为突出的部分。维护这一部分的运输安全，更多要通过在国际政治斗争中的"伐谋"[①]　来解决。

（一）经过印度洋的运输量及其变化

经过印度洋运输的石油，来自四个方向：经霍尔木兹海峡、来自阿拉伯半岛南端的阿曼、经亚丁湾和经好望角而来的石油，数量和占比与马六甲海峡基本一致。区别只是少量船舶会经巽他海峡、中缅管道能够分流 2000 万吨石油。

阿曼是需要专门提及的国家。一方面，阿曼一直是中国进口石油的主要源头之一，近年来中国从阿曼进口石油的数量增长较为明显，占比也呈上升趋势。2013 年，由 2012 年的第五大进口国，上升为第三，数量达到了 2548 万吨。另一方面，是阿曼的地理位置。尽管阿曼是中东国家，但阿曼石油不必经过暗流涌动的霍尔木兹海峡、海盗重灾区亚丁湾；作为海峡的沿岸国之一，可以为通过海峡的运输提供必要的支援。

2005 年以来，东非国家，尤其是乌干达和肯尼亚的油气勘探取得了较

---

①　语出《孙子兵法·谋攻篇》："故上兵伐谋，其次伐交，其次伐兵，其下攻城"。

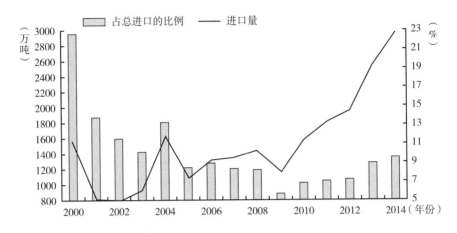

图 3 - 4　来自阿曼的进口石油及占当年总进口的比例

数据来源：中国海关总署。

为重大的进展。有研究者认为东非的油气储量与西非不相上下。东非油气开发已得到大石油公司的关注和积极参与。中国的公司，也参与到一些项目的开发中。东非油气开发已经进入了高速推进阶段，有望在数年内达到一定的规模。这无疑又将给中国经过印度洋的石油运输，提供一个新的油气进口源头和运输起点。且来自东非的油气，无须经过霍尔木兹海峡和亚丁湾这两个高风险区域，有助于我国进一步改善进口油气的运输安全状况。

（二）印度洋航行面临的形势

印度洋航行安全面对的不利形势，是大国的地缘政治斗争。尽管除了索马里周边之外，印度洋沿岸地区也存在一定程度的海盗问题，但主要发生在西非沿岸，一方面是数量还相对不大，另一方面是主要的油气运输线路不经过该区域。只是随着东非油气开发，也需要对东非的海盗问题给予相应的重视。

能对印度洋产生直接影响的大国，是美国和印度。而中印之间的地缘政治困局，可能使经过印度洋的航行，成为印度与中国讨价还价的关键筹码。

当前，顺利发展中印关系存在三大障碍：领土纠纷、经济竞争和美国的挑唆。被热炒的"龙象之争"，就是美国传统的"分而治之"政策造成的结果。美国的目的是借助印度牵制中国，亦通过中国牵制印度。美国学者约翰·卡弗（John Garver）也认为："地缘政治冲突一直支配着中国和印度之间的关系。"① 两国的矛盾，在外部势力的挑唆下，有可能变得更加复杂。在美国国会关于中国海军发展的听证会上，有观点认为，中国建设现代化海军的目的当中，包含了"保护支撑中国能源进口的中国到波斯湾的货运航线"②。同时，印度海军曾明确宣布，印度处在"一个能够强烈影响印度洋海上运输和安全的地位，它使我们海军有能力这样做：控制咽喉点能够对其在国际竞争中讨价还价发挥作用，现在使用军事力量依然是无法回避的事实"③。表明了印度有将印度洋的航行安全作为筹码的考虑。

在可预见的将来，中印之间没有可能在领土争端问题上，达成双方都满意的共识。但为此付诸战争，也必然不是双方理性的选择。因此，赢取更多筹码，在博弈中占据相对有利的位置，是双方各自安抚民意，又保持和平发展环境的必然选择。

自近代以来，印度洋就成为全球地缘政治的重心，有"海权死穴"之称。近代所有海权大国的兴衰成败，都取决于能否主宰印度洋。这决定了相关方必然围绕印度洋展开竞争与博弈。除了作为连接亚欧的海上战略通道之外，其重要地位还表现在以下四个方面。

第一，印度洋是中国突破海权大国包围的一个重要方向。从现实主义和地缘政治的视角分析中国的安全形势，能得出这样的结论：只有破解两条"岛链"的封锁，中国才能求得一个有利的安全环境。在此过程中，除了太平洋的正面突破，就是打通印度洋出海口的侧面迂回。因此，长久以来，中国与印度洋沿岸国家和印度洋岛国的正常交往、因参与护航而在印度洋上的

① John W. Garver, *Protracted Contest*：*Sino – Indian Rivalry in the Twentieth Century*, Univsertiy of Washington Press, 2001, p. 5.
② Ronald O'Rourke, "China Naval Modernization：Implications for U. S. Navy Capabilities——Background and Issues for Congress", *CRS Report for Congress*, November 23, 2009, p. 3.
③ 王斌：《分析称印度炒作珍珠链战略系为掩饰其称霸野心》，《中国青年报》2011 年 12 月 2 日。

军事存在，都让印度极为"忧虑"。① 渲染"珍珠链战略"②，以此作为"中国威胁论"的论据，就是这种"忧虑"的表现。同时，也有印度学者抛出了破解中国"珍珠链战略"的方略，如封锁航道或截留中国商船，以此打击中国海外贸易、介入南中国海事务、与美国签署情报共享协定和共享海上侦察情报等。③

第二，印度洋是美国控制东亚—西欧海上通道的最佳区域。印度洋位于亚欧海上通道的中间位置，是亚欧双方都难以实施直接影响的区域，但美国却早已布下了棋子。美国向英国租借了位于印度洋中心的迪戈加西亚岛，在该岛建立了重要的军事基地。从地理位置上看，该岛位于印度洋的中心，可扼制经过印度洋的南北两条航道。

迪戈加西亚岛是一个开口向北的 V 形珊瑚礁环岛，位于东经 72°25′、南纬 7°20′，距离印度半岛南端 1700 千米。全岛表层为沙质，海拔在 2 米以下。陆地全长 50 多千米，平均宽度约 0.5 千米，总面积 27 平方千米，环礁内的潟湖是天然良港。1532 年，葡萄牙航海家迪戈加西亚首次登上该岛。1810 年，英国侵占该岛，将其划归英属毛里求斯。二战期间，英国在迪戈加西亚岛建立了海空军基地。1966 年，美英就共同使用该岛达成协议。1970 年，美国开始在该岛建立通信设施。1974 年，美国开始在该岛扩建港口和机场，逐步形成美国最重要的海军基地。④ 如今，该岛的港口可停泊航空母舰和核潜艇，维修各型舰船；机场可供战略轰炸机起落。美军空袭伊拉

---

① James Lamont, "When Beijing and New Delhi Pull Together", *Financial Times*, April 6, 2010, http://www.ft.com/cms/s/0/dd22c9a2 – 3cfd – 11df – bbcf – 00144feabdc0.html # axzz2BMLbtCc5.

② "珍珠链战略"，是国外部分媒体声称中国正通过资助等方式，取得军舰海外停泊或补给基地的战略。主要包括巴基斯坦、孟加拉国、缅甸、柬埔寨以及泰国等国家的有关港口或机场。这些国家在地图上连接起来像一串珍珠，故有此名称。宣扬"珍珠链战略"是制造"中国威胁论"的一种具体操作方式。

③ Iskander Rehman, "China's String of Pearls and India's Enduring Tactical Advantage", *IDSA Comment*, June 8, 2010, p. 60. 转引自《现代国际关系》2011 年第 5 期。

④ 参见《大不列颠百科全书》之"Diego Garcia Island"和《中国大百科全书·军事卷》之"迪戈加西亚岛"条目。

克、阿富汗的 B-52 等巨型轰炸机，就是从该岛出发的。经过多年经营，该岛已经成为美国控制印度洋的核心基地。

第三，印度洋是印度追求地区大国地位的必控范围。历史已经展现了印度洋对于印度国家安全的重要性。印度作为殖民地的历史，始于被英国从海上轰开国门之时。印度前外长潘尼加说："谁控制了印度洋，印度的自由就只能听命于谁。"[1] 1958 年，尼赫鲁也说："无论是谁控制了印度洋，首先将导致印度的海上贸易任人摆布，其次便是印度的独立不保。"[2] 因此，任何其他势力的深入，都会引起印度的警觉和抵制。为此，印度从美国、俄罗斯和欧洲订购了大量先进武器，积极加强军事力量。近年来，印度已经多次成为全球最大的军备采购国。

第四，印度洋是几乎所有大国国际运输的必经之路。霍尔木兹海峡是波斯湾的唯一海上出口，几乎所有石油进口大国的石油供给安全，都要仰仗霍尔木兹海峡的安全；印度洋是东亚和西欧贸易的必经之地，控制印度洋就能占据巨大的优势。美国和印度都在谋求单独或联合控制印度洋。美国的目标在于控制连接亚欧大陆两端的海上战略通道，巩固美国的霸权地位；印度的目标，是维护其海洋安全，在西欧和东亚之间赢得更大的空间，进而提高其国际地位。在与美国进行军事合作的同时，印度以"反恐"的名义与日本合作，将日本引入了印度洋。印度还在非洲的马达加斯加和毛里求斯建立了军事基地，可以与其本土基地相呼应，有效控制印度洋西岸。2012 年，印度明确了扩大印度洋东北部安达曼—尼科巴群岛军事基地的目标，准备把之前的小型前哨站巴兹，扩建成设施齐备的"前沿作战基地"[3]，对马六甲海峡的西北入口形成威慑之势。

---

[1] 〔印〕帕尼迦：《印度和印度洋：略论海权对印度历史的影响》，德隆等译，世界知识出版社，1965，第 89 页。

[2] Kousar J. Azam, ed., *India's Defence Policy for the 1990s*, New Delhi：Sterling Publishers, 1992, p. 70. 转引自宋德星《南亚地缘政治构造与印度的安全战略》，《南亚研究》2004 年第 1 期。

[3] 《印扩建海军基地全面监视马六甲海峡》，新华网，2012 年 7 月 12 日，http：//news. xinhuanet. com/world/2012-07/12/c_ 123401230. htm。

中国通过印度洋的航行安全，必将成为大国博弈的对象。通过印度洋的航行安全，包括油气运输安全，存在诸多不定因素，间接或直接地削弱了中国参与国际博弈的筹码。

（三）中国维护印度洋航行安全的思考

中国通过印度洋的航行安全问题，将因国家间的竞争和博弈而起。因此，维护在印度洋上的运输安全，也应该以应对国际关系的方式和途径应对。如此，不外乎软硬两种手段，或"一手硬，一手软"的传统招数。但关键的是，要选择符合中国国力和实际的策略。

第一，争夺海权、军事护航，不是维护印度洋航行安全的可行选择。

首先，中国需要的是印度洋上的航行安全，而非印度洋的海权。二者并不等同，没有海权也能达成航行安全的目标。这一点，从十八大报告中可见一斑。尽管多次提到海洋问题，但十八大报告中的具体表述是："要提高海洋资源开发能力，坚决维护国家海洋权益，建设海洋强国。"并未上升到争夺海权的高度。其次，中国不谋求霸权地位，不应把争夺印度洋海权作为维护印度洋航行安全的战略手段。中国并非印度洋沿岸国家，印度洋海权的得失，与保障中国的国家安全没有直接的利害关系。在谈到国防和军队现代化时，十八大报告中提到："要高度关注海洋、太空、网络空间安全。"这一表述，意味着中国要加强相关的力量，而非投身到相关的竞争当中。同时，在一个可以预测的时期内，中国也不可能具备参与印度洋海权角逐所需的军事力量，以及能够为军事行动提供保障和支持的海外基地群落。

中国传统上就是一个内陆国家，要抵制刻意追求全球大国地位的战略诱惑①，避免重蹈传统陆权国陷入两线作战的覆辙。尽管航母已经下海，但其价值更多应体现在提高海陆协同能力方面，而非远洋出击方面，更谈不上在印度洋的海权争夺中占据某种优势。退一步而言，即便要选择通过加速发展军力，参与印度洋海权角逐的策略，中国也需要认真考

---

① 林利民：《世界地缘政治新变局与中国的战略选择》，《现代国际关系》2010 年第 4 期。

虑"三线作战"的可能性。即以美日同盟为主要对手的东部沿海战线、以获得美国支持的东南亚相关国家为主要对手的南海战线、以美印同盟为主要对手的印度洋战线。同时，还要关注美澳同盟对三条战线的总策应。[①] 中国只有具备同时满足三条战线作战需要的海上力量，才能在军事竞争中占据优势。而中国当前的海上军力，对于美国而言，只不过是一支建设中的"反干涉"力量而已。[②] 同时，"不应夸大中国海军对印度洋真正影响力的预估"[③]。因此，如果要以争夺海权来保障中国的通行权益，则中国至少需要将海上军事力量提升三个层次。第一层，在近海与美军力量相当；第二层，在近海对美军形成有效的威慑力；第三层，在远洋对美军具有一定的威慑力。但在可预测的时期内，这基本是一个不可能完成的任务。因此，中国不应将目光集中在海权的争夺之上。

同样，在可预测的时期内，中国也难以通过护航，消除国际地缘政治斗争对运输安全的不利影响。首先，护航的性质不同。亚丁湾护航是得到联合国授权，国际社会共同支持的护航。而针对国际博弈的护航，只是在维护中国的自身利益，不一定能够得到广泛的支持。其次，军事上将处于极端的不利地位。一方面，是没有战略优势。印度洋上的战略要地，已经分别被美国和印度所控制，中国海军不可能在印度洋上得到有效的战略战术支援。另一方面，是后勤补给困难。中国海军舰艇编队在亚丁湾的护航，一般以 3 个月为一周期，而这正是由后勤补给所决定的。延长则携带的补给不够，缩短则

---

① 《环球时报》2012 年 6 月 5 日报道，"澳大利亚政府有一个秘密的对中国作战计划"。《澳大利亚人报》记者大卫·尤伦近日披露的这一内容搅动了澳大利亚政坛。其在新书中称，澳大利亚政府 2009 年国防白皮书中有一个与中国开战计划的秘密章节——若中美在南海开战，澳大利亚海军将协助美国第七舰队封锁中国在南海的贸易通道。澳大利亚国防部长史密斯因此在国会遭到质询，他斥责该报道"纯属胡说八道"，但承认澳大利亚国防白皮书"有公开和秘密两个版本"。见《澳大利亚对华作战计划被曝光，澳防长斥之胡说八道》，环球网，2012 年 6 月 5 日，http://world.huanqiu.com/roll/2012 - 06/2787162.html。

② 参见美国国会研究室报告，Ronald O'Rourke，"China Naval Modernization: Implications for U. S. Navy Capabilities—Background and Issues for Congress"，*CRS Report for Congress*，March 23, 2012。

③ Michael J. Green and Andrew Shearer，"Defining U. S. Indian Ocean Strategy"，*The Washington Quarterly*，Spring 2012，p. 180.

航行成本增加。但若选择就近靠岸补给，军舰将面临非对称威胁的风险。2000 年，美国军舰"科尔"号在也门亚丁港补给时，遭小艇恐怖袭击，舰身被炸出一个大洞，致 17 人死亡。当前，中国护航编队之所以能够安全地通过商业港口进行补给，是因为在执行国际护航任务。反之，将是另外一种局面。再次，为西方宣扬"中国威胁论"、遏制中国提供口实。西方和印度已经对中国在印度洋的行动给予了高度的警觉，只要中国开始相关准备，不待护航开始，就将面临更为不利的国际舆论和形势，结果可能适得其反。

第二，"软"的方面：从美印联盟的先天不足入手。

印度几乎与所有邻国都有严重的矛盾，其地缘战略部署可用"远交近攻"来概括。自中华人民共和国成立以来，印度先后侵犯了所有的八个邻国，并从其中的七个掠夺了领土。这些冲突促使印度通过引入美国来平衡中国和巴基斯坦的影响。结合印度选择不结盟政策的客观原因——周边地区矛盾重重、历史上多次被外族入侵、缺乏保卫本土的有利地理条件、复杂的民族宗教矛盾，可以判断印度最终还会与美国分道扬镳。这一方面是维护印度国家安全的客观要求，另一方面是印度追求全球大国地位的主观选择。为此，印度已经提出要控制苏伊士运河、霍尔木兹海峡、保克海峡、马六甲海峡和巽他海峡，并准备在美国海军撤出印度洋后取而代之。[1]

如果中国对印度采取通过合作增进互信的对策，对推进中印关系的三大障碍，应继续保持低调，做好暂时难以消除这些障碍的心理准备。美印这一脆弱的同盟关系，就会在缺乏外部压力的情形下难以为继。此外，印度甚至将印度尼西亚和日本列入在印度洋上的挑战者名单中，主动为自己四面树敌。如此，印度与中国竞争的实力，自然会受到削弱。潘尼加早就提出了这个疑问："印度能否在一定时期内，不靠外援而成为海权国?"[2] 只要美印同盟解体，一方面，美国将失去可资利用的对象；另一方面，印度获得的支持和可调动的资源，都将出现大幅下降，中印在印度洋上的力量对比，将向有

---

[1]　王新龙：《印度海洋战略及其对中国的影响》，《国际论坛》2004 年第 1 期。

[2]　〔印〕帕尼迦：《印度和印度洋：略论海权对印度历史的影响》，德隆等译，世界知识出版社，1965，第 89 页。

利中国的一方倾斜。前者可以大幅增加中国通过印度洋航行的安全保障；后者有利于中印之间的战略平衡。

第三，"硬"的方面：实施："环印度洋战略"，从加强与印度洋周边国家的关系入手，打造环印度洋的亲中国家带，建构"依陆制海"态势。

首先，中美军力的巨大差距和双方皆为核大国的现状，决定了双方必须避免直接对抗，只能通过第三方展开博弈的现实。美国要避免"双输"；中国则要避免劳而无功。因此，争取印度洋周边国家，夯实或打破封锁，既是中美印角逐印度洋的关键，也是中国破解印度洋困境的关键切入点。中国应以西部沿边发展、"一带一路"建设为切入点，以带动和推进与周边国家的合作为基础，以与印度洋区域相关国家建立密切的经济社会合作关系为支撑，综合国家、地方和企业优势，大力推进泛区域合作，使相关国家不能或不愿追随美国，使美国失去实施相关行动的基础，进而达成维护印度洋航行安全的目标。其次，选择这一切入点，还将有助于中国充分发挥陆上强国的优势，达成"依陆制海"态势。最后，"中国与印度海上合作的首要内容就是共同维护印度洋交通线的安全畅通"①。但中国不应仅局限于对印合作，而是要通过和印度洋周边国家增强互信和经济联系，抑制外部干扰因素的影响。

第四，要认清通过印度洋运输（包括油气运输和其他航行）安全问题的性质。

首先，从中国方面来看，目前还只是存在潜在的威胁，只是从长远和战略考虑，需要对可能出现的安全问题，进行认识和措施上的准备，而不应将其上升到紧迫或当下急需解决的问题。如果一定要护航，则应该有一条底线，即只有得到巴基斯坦的军事合作之后，才能实施针对国际博弈的印度洋护航。还应看到，泰米尔人问题，影响了印度与斯里兰卡的关系。斯里兰卡因此可以成为中国在印度洋的可靠中转站。这既为中国维护印度洋的航行安全提供了支撑，也可制约印度可能的作为。其次，要使印度明白，中印之间的竞争，还上升不到需要对中国通过印度洋的运输航行安全实施干扰的地

① 石家铸：《海权与中国》，上海三联书店，2008，第290页。

步。如果要实施干扰，印度必然要动用一定的强制力或军事力量，这将违背维护世界和平的基本道义准则，还会侵犯中国的"国家主权"和"经济社会可持续发展的基本保障"这两个核心利益。① 中国必然要采取措施进行反制，对印度也将造成不利的影响。

总之，在维护印度洋航行安全的问题上，要在"有所不为"与"无所不为"之间进行长远考虑。同时，这也是中国制定对印政策需要注意的关键问题。

五 霍尔木兹海峡的形势与问题

霍尔木兹海峡是石油供给的"阀门"，一旦霍尔木兹海峡被封锁，波斯湾的大部分出口油气，就会面临运输困境。霍尔木兹海峡的航行安全，主要受美国、伊朗矛盾和斗争的影响。维护霍尔木兹海峡的安全，一是协调美伊矛盾；二是建设可以绕开霍尔木兹海峡的陆地管道，通过海陆联运来避免霍尔木兹海峡局势动荡的影响。

（一）中国经过霍尔木兹海峡进口石油的运输量及变动趋势

经霍尔木兹海峡运输的进口石油，近年来呈逐渐上升的趋势，2013 年已经占据总进口量的 42.03%。

表 3 - 5　经霍尔木兹海峡运输的进口石油量

国　　家	2013 年		2009～2013 年平均	
	数量（万吨）	占总进口量的比例（%）	数量（万吨）	占总进口量的比例（%）
沙特阿拉伯	5389.90	19.10	4683.73	19.63%
伊　　朗	2144.12	7.60	2283.28	9.40
科 威 特	934.69	3.31	869.80	3.71
伊 拉 克	2351.38	8.33	1220.56	5.56
阿 联 酋	1027.58	3.64	648.76	2.67
卡 塔 尔	13.08	0.05	64.77	0.25
总　　计	11860.75	42.03	9770.9	41.22

数据来源：中国海关总署。

---

① 国务院新闻办公室：《中国的和平发展》白皮书，2011 年 9 月 6 日。

近年，中国从沙特阿拉伯和伊拉克进口石油的数量在不断增长，尤其在中国大规模参与伊拉克战后重建和石油开发的背景下，经过霍尔木兹海峡运输的进口石油数量，也将进一步增长。但是，中东地区因极端组织活动、社会内部动荡和外部势力介入等原因，导致整体性的动荡，进而影响了石油出口。如此，中国经过霍尔木兹海峡运输的进口石油总量，将会出现明显的下降。

从天然气来看，经霍尔木兹海峡运输的天然气在数量上存在较大的波动（见表3-6）。另外，受海湾国家天然气消费量增长的影响，供给源也存在不稳定的问题。但中国石油天然气集团公司（以下简称"中国石油"）与卡塔尔签署了有约束力的协议，从2008年起，在25年里每年向中国供应200万吨LNG（合14.8亿立方米）。后又达成协议，有望自2013年起，再增加500万吨。[1] 目前来看，经过霍尔木兹海峡的天然气，数量上会出现一定的增长。毕竟卡塔尔是目前世界上最大的LNG出口国。2013年，卡塔尔的出口能力提升到了1050亿立方米/年。2015年以后产能的提升，将取决于当前出口项目贷款的延期偿还何时停止。[2] 但从占总进口量的比例角度看，因为总进口量的大幅增长，可能在保持稳定之后逐渐下降。

表3-6　经霍尔木兹海峡运输的天然气

单位：亿立方米，%

国　　家	2009年	2010年	2011年	2012年	2013年	2014年	占2014年总进口量的比例
卡塔尔	82.5	16.1	31.7	69.51	94.32	91.60	15.71
阿联酋	1.7	0.8	0	0	0	0	0
阿　曼	0.9	0	0	0.88	0	1.76	0.30
总　计	85.1	16.9	31.7	70.39	94.32	93.36	16.01

数据来源：中国海关总署及英国石油公司（BP）。

---

[1] 《卡塔尔每年对华增供500万吨液化天然气》，人民网，2009年11月16日，http://mnc.people.com.cn/GB/10380499.html。

[2] IEA, *World Energy Outlook 2009*, p.453.

同时，还应注意到卡塔尔和阿曼的富查伊拉之间存在的一条天然气管道：海豚天然气管道。当前这条天然气管道的主要用途，是将卡塔尔的天然气输送到阿曼，供阿曼国内消费。但实际上，也可以借助这条管道，在富查伊拉建设 LNG 出口项目，绕开存在风险的霍尔木兹海峡。这一项目应该具有巨大的经济和战略价值。

但随着新油气源的出现，中国应该积极努力，逐渐减少对中东油气的依赖，避开地区冲突风险日增的中东和通行风险突出的霍尔木兹海峡。

（二）霍尔木兹海峡航行面临的形势与问题

霍尔木兹海峡也面临着航道拥挤、地理条件不利于航行的问题，但最为关键的是美伊之间的矛盾和冲突可能造成的影响。

1. 航道条件不佳

霍尔木兹海峡的最窄处只有 34 千米①，轮廓呈倒 V 字形。伊朗的领土包括霍尔木兹海峡顶点和两腰的海岸线，尤其是海峡中的"海峡三岛"（大小通布岛和阿布穆萨岛），恰好扼住了航道。同时，伊朗在这三个岛屿上都修建了机场和军事基地，2012 年又启用了新的海军基地格伦港。霍尔木兹海峡的地形决定了伊朗可以对该海峡实施有效的封锁。两伊战争期间，霍尔木兹海峡确因"袭船战"的影响，通行安全受到了直接的威胁，造成世界石油供给的一度紧张和国际油价的大幅上涨。

但伊朗发出的"只需沉两艘油轮就能堵死海峡"的威胁，却言过其实。霍尔木兹海峡的西向航道水深 60～70 米，宽 3704 米；东向航道水深 60～80 米，宽 4815.2 米。要把两艘 10 万吨级的油轮摞起来，才能在水深上起到阻塞作用；在宽度上，则需要 20 艘油轮首尾连接，一字排开。因此，至少 40 艘 10 万吨以上油轮才能堵死一条航道。② 而截至 2013 年，伊朗的油轮只有 40 艘左右。如果只用两艘油轮，即便将伊朗拥有的、最大的两艘 30 万吨级油轮坐沉航道，也不可能堵死航道。如果用油轮首尾相连地坐沉航道，仍然有超过

---

① EIA, *World Oil Transit Chokepoints*, January 2008.

② 10 万吨以上油轮的长度超过 200 米，高度在 50 米左右，吃水不超过 21 米。

20 米的水深，完全可以满足超级油轮的航行需要；如果将油轮摞起来坐沉，还有 3000 多米宽的航道可供使用。且航道之外的水域，水深大多也在 30 米以上，完全可以满足油轮的航行需要。因此，伊朗绝无可能堵死霍尔木兹海峡。

图 3 - 5　霍尔木兹海峡地形

2. 航运繁忙

霍尔木兹海峡历来被称为世界的"石油阀门"，是世界上最繁忙的石油运输通道。2011 年通过海峡运输的石油达到了 1700 万桶/天，比 2009 ~ 2010 的 1550 万 ~ 1600 万桶/天有了不小的增长。这一流量大约占全球石油海洋运输总量的 35%，全球石油贸易总量的 20%。预计到 2030 年将占到世界石油总贸易量的 28%。当前通过霍尔木兹海峡的油轮中，大约 2/3 是 15 万吨级以上的大型油轮。2011 年，每天进出霍尔木兹海峡的油轮平均数为 24 艘，一半运出石油，一半进入波斯湾装载石油。其中，85% 的石油被输送到亚洲的中国、日本、印度和韩国。[1] 2011 年通过霍尔木兹海峡运输的 LNG，相当于 46 亿立方米的天然气，仅占当年世界 LNG 总出口量 3308.3 亿

————————

① EIA, *World Oil Transit Chokepoints*, Updated：Dec. 30, 2011.

立方米的 1.4%。[①] 预计到 2030 年将占到世界 LNG 总供应量的 4%。[②]

3. 不利的地缘政治环境

霍尔木兹海峡是海湾地区唯一的海上出口，地缘政治地位极其重要。由于中东内部冲突的存在，事实上也需要一个"国际警察"来此维持秩序。距离中东最远、在中东没有领土要求而军事实力强大的美国，是当然的最佳选择。因此，美国在该地区的存在将是长期的。当前霍尔木兹海峡面临的地缘政治斗争，主要是美国的控制与海湾地区国家积极或消极的反控制。在最近一个阶段，霍尔木兹海峡局势的发展取决于美国和伊朗的明争暗斗。

首先，美国已经驻军海湾，对霍尔木兹海峡形成了军事威慑。1995 年，总部设在巴林的美国海军第五舰队正式组建，负责印度洋及其周边海域的作战任务。相对于其他舰队而言，该舰队规模不大，平时在编的仅有二十几艘舰艇，下属的航母战斗群也只有一个。但该地区没有其他大国的军事存在，第五舰队仅须专注于威慑伊朗的任务。

其次，美国与伊朗已成对立态势。伊朗已经多次声称，若其遭受军事打击或石油制裁，就"封锁霍尔木兹海峡"。明显将霍尔木兹海峡作为了保护国家安全的重要筹码。而美国方面也以相关的言论回应。美国国防部长帕内塔声称，美方不会容许伊朗封锁霍尔木兹海峡，一旦伊朗封锁这一重要石油运输通道，美方将进行回应。美军参谋长联席会议主席马丁·邓普西说，美方拥有打破这种封锁的能力。伊朗也曾经单方面声称"美国军舰未获批准不得通过海峡"[③]，否则将遭到伊朗武装力量的阻止。美国国防部发言人则以航海自由和派遣航母战斗群到波斯湾回应。

再次，在维护霍尔木兹海峡石油运输安全的问题上，美国与其他国家存在不同。以中国和美国的对比为例，近 10 年来，美国需要通过霍尔木兹海

---

① BP, *BP Statistical Review of World Energy*, June 2012.

② 此为 2005 年 IEA 进行的估计，但笔者认为，随着以北美为代表的非常规天然气开发的加速，海湾天然气在世界天然气市场中所占的比重，不会出现大幅度的增长。

③ 《伊朗：外国军舰未获批准不得通过海峡》，新华网，2012 年 1 月 9 日，http：//news.xinhuanet.com/world/2012－01/09/c_122560955_2.htm。

峡运输的进口石油量，仅占美国总进口量的 18% ~ 22%，而中国是 30% ~ 44%（具体数据见图 3 − 6）。同时，可以绕开海峡的数条管道，位于沙特阿拉伯、伊拉克和阿联酋这些受美国影响较大的国家。如果需要，美国应该能够得到这些管道的优先使用权。这意味着，一旦霍尔木兹海峡的石油运输安全出现问题，结果将是中国等严重依赖波斯湾石油的国家代美国受过。

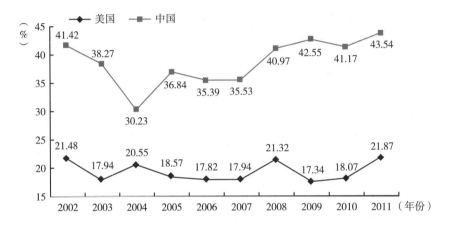

图 3 − 6　中美从海湾国家进口石油量占该国石油净进口量的比例

注：从数据说明看，EIA 已标明为净进口，中国海关总署仅标明为进口量。但中国在进口石油的同时，一直保持着一定数量的成品油出口。因此，按 64% 的成品油出油率，将出口成品油折算为相应数量的石油，并扣减之后，可推算出中国的净进口量。按中国企业公布的数据推算，具体的成品油出油率，2010 年为 63.81%；2011 年上半年为 64.72%。[*] 早些年的出油率稍低。国际先进水平为 80%。

　　[*]2010 年的数据，见中国石油天然气集团公司《2010 年度报告》第 3 页："全年国内加工原油 13529 万吨、生产成品油 8633 万吨"。2011 年的数据见中国石油天然气集团公司《2011 半年度报告》第 11 页："2011 年上半年，本集团加工原油 491.4 百万桶，比上年同期增长 11.9%；生产汽油、煤油和柴油 4,339.3 万吨"。以上两份报告，可在中国石油天然气集团公司官方网站下载，网址：http://www.petrochina.com.cn/petrochina。

　　数据来源：中国海关总署、美国能源信息署。

　　美国进口自中东的石油，低于其他主要的石油消费国和地区。2011 年，美国进口的 5.6 亿吨石油中，只有 0.955 亿吨来自中东国家。[①] 通过几个主要石油进口国和地区间的横向比较，可以发现美国从中东进口石油的数量在

---

① BP, *BP Statistical Review of World Energy*, June 2012.

逐渐减少。"石油输出国组织（OPEC）最近预计，到 2035 年，从中东到北美的石油运输将几乎完全消失，部分原因在于，更节能的汽车引擎和可再生燃料将帮助抑制对石油的需求。"[1] 从近年的数据来看，美国进口自中东国家的石油，少于欧洲、印度、中国和日本（见图 3-7）。

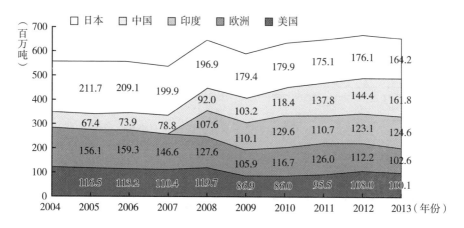

图 3-7　2004～2013 年主要国家和地区进口中东石油数量

数据来源：英国石油公司（BP）。

进一步分析，近年美国的石油消费中，来自中东的比例，最高只有 14%。而其他主要消费国家和地区，相应的比例都要高于美国。以 2013 年为例，美国仅为 12.05%，即便全部缺失，也只须公众每周少用一天的私家车，就可以节约出来。而欧洲是 16.95%，中国是 31.89%，印度是 71.14%，日本高达 78.58%。

再进一步分析，在这些主要的能源消费方中，中东进口石油占其一次能源消耗的比例，也是美国最低。近年来已经下降到 4.5% 以下，2013 年的数据为 4.42%。而以煤炭为主要一次能源的中国（占 70% 左右，美国占 20% 左右），中东石油占一次能源消耗的比例也在 2013 年达到了 5.67%，高于美国。

① Angel Gonzalez, "Expanded Oil Drilling Helps U. S. Wean Itself from Mideast", *The Wall Street Journal*, June 27, 2012, http://online. wsj. com/article/SB10001424052702304441404577480 952719124264. html.

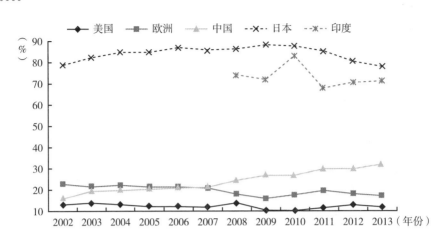

图 3 − 8　中东石油占主要国家和地区石油消费量的比例

数据来源：英国石油公司（BP）。

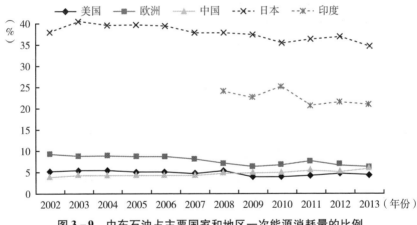

图 3 − 9　中东石油占主要国家和地区一次能源消耗量的比例

数据来源：英国石油公司（BP）。

美国已多年未从伊朗进口石油①，即便对伊朗动武，进而影响到海湾地区甚至中东地区石油的生产与出口，美国因此受到的直接影响，也将小于其

---

① 自 20 世纪 70 年代伊斯兰革命以后，美国与伊朗的关系急剧恶化。1980 年，双方断绝外交关系。此后，伊朗成为美国实行单方面制裁的对象。美国政府又以治外法权的形式，把对伊朗的制裁强加给第三国的公司。1996 年 8 月，美国总统克林顿签署了《达马托法》，对在伊朗和利比亚石油天然气领域年投资额超过 4000 万美元的外国公司实行制裁。

他依赖中东石油的国家和地区。

再从天然气来看，美国对中东的依赖，更是微乎其微。2013 年，美国经霍尔木兹海峡运输的进口天然气，只有 2 亿立方米，而同年的进口总量为 817 亿立方米，仅相当于美国总进口量的 0.245%。① 而美国不仅不必进口天然气，还可成为潜在的出口大国。早在 2011 年 11 月，美国的官方机构国会研究室（CRS），对大规模出口天然气的可行性进行了研究；参议院能源与自然资源委员会，也在 2011 年 11 月 8 日，举行了关于天然气出口的听证会。2014 年，美国阿拉斯加基奈（Kenai）的 LNG 项目，已向日本出口了相当于 3.64 亿立方米天然气的 LNG。②

当前，如美伊矛盾激化，那么，凭着地理优势，伊朗也许能够封锁霍尔木兹海峡，进而以石油消费大国的经济安全为筹码，对美国施压。但从另一方面分析，美国也可以借此要挟其他国家。一方面是前面分析的，美国对中东地区的石油依赖要远远小于其他国家。正如美国国务院负责能源事务的最高官员帕斯夸尔（Carlos Pascual）在接受采访时说："尽管曾经一度确实有人担忧，如果中东石油供应出现中断，美国能否保持可持续的石油供应，但是如今这种状况已经改变。"③ 另一方面是美国官员和学者不愿意承认的——中东动荡引发的世界石油市场动荡，对美国来说，是利大于弊的。

第一，美国本土石油产业可以继续获利，满足追逐利润和提升国内就业的需要。2012 年，美国本土的油气行业，直接吸纳了 57 万的就业人口④，间接创造了超过 900 万个就业机会。但美国本土的石油生产成本是中东地区

① 据 *BP Statistical Review of World Energy*，June 2014 数据推算。
② EIA, U.S. Natural Gas Imports and Exports 2014, http：//www.eia.gov/naturalgas/importsexports/annual, May 11, 2015.
③ Angel Gonzalez, "Expanded Oil Drilling Helps U.S. Wean Itself From Mideast", *The Wall Street Journal*, June 27, 2012, http：//online.wsj.com/article/SB10001424052702304441404577480952719124264.html.
④ EIA, *Oil and Gas Industry Employment Growing Much Faster Than Total Private Sector Employment*, August 8, 2013, http：//www.eia.gov/todayinenergy/detail.cfm? id＝12451.

的5~10倍，部分老油田的作业成本，甚至在80美元/桶以上①。油价低迷，美国本土石油行业将受到高成本和低价格的双重冲击，处境极为不利，相应的利润和就业问题难以解决。2011年初，随着埃及、摩洛哥和也门的政局突变，利比亚陷入内战，中东动荡导致了新一轮的油价上涨。在此背景下，2011年2月，美国的石油产量，比上一年同期增加了100万桶/天；3月的开工钻井平台数量，比2010年的平均数增加了近200个，年底增加数达到了340个。② 这直接带动了数千亿美元的投资，促进了产业的复苏。美国的统计数据也显示出：自2011年初开始，美国的失业率比上一年的平均数下降了1个百分点。

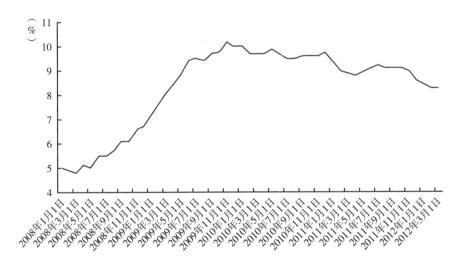

表3-7　美国2008～2012年的失业率

数据来源：和讯网。

第二，美国的金融行业能够从油价飙升中获取利益。油价上升，则石油贸易需要的美元数量增加。如2010年的油价比2009年每桶上涨了18美元，

———————————

①《抵御油价暴跌，石油巨头更胜一筹》，《华尔街日报》2008年10月28日，http://chinese. wsj. com/gb/20081028/hrd164203. asp？source = article。

② OPEC，*Monthly Oil Market Report*，April，2013，p. 71.

而 2010 年，全球国际石油贸易量为 5351 万桶/天[1]，用于国际石油贸易的美元相应增加。这一方面有利于美国继续推行量化宽松政策，大力发行美钞；另一方面，在美国主导世界金融市场的大背景下，油价的大幅波动，实际上提供了通过期货交易套取巨额利润或收取巨额佣金的机遇，有利于危机后金融业的复苏。

第三，有利于抑制挑战国的崛起。油价高企带来的生产成本增加，使得传统制造业能够赚取的利润降低。占据传统制造业数量优势的发展中国家实力积累受挫，改变由美国主导的不合理国际秩序的努力也因此受挫。高油价还可以创造出推销节能产品的最佳时机，能够推动发达国家占主导地位的节能、环保产业的发展。这对于美国制造业复苏、掌握国际竞争中的主动权大有裨益。同时，高油价和石油市场动荡造成的影响，也会制约日本和欧洲的经济发展，使其挑战美国的能力下降。

第四，有利于奥巴马政府摆脱困境。奥巴马上台后，推行了一系列的改革措施，但油价的下跌、墨西哥湾漏油事件，重挫了石油业，不利于美国国内矛盾的解决。同时，奥巴马的诸多改革与共和党（主要代表石油、金融等大企业的利益）的意见相左，其力推的"能源新政"，就有打压传统能源利益集团的考虑。面对困境，奥巴马显然更愿意慷他人之慨，利用中东动荡推升油价带来的收益，安抚国内的反对力量。同时，能源新政的主要方面——大力发展新能源，必须以油价高企为前提。只有如此，新能源这样一个高风险、高投入的行业，才能得到更多关注、投资和市场化的机遇，能源新政才能有"政绩"可言。

因此，在稳定中东国家石油供给、维护霍尔木兹海峡航行安全方面，美国存在与其他国家完全不同的利益诉求。笔者认为，营造霍尔木兹海峡的紧张气氛，进而制造世界石油市场的动荡，将成为美国制造趁火打劫机遇、实现对外战略目标的重要手段。

---

[1]　BP, *BP Statistical Review of World Energy*, June, 2012.

（三）绕开霍尔木兹海峡的运输途径

霍尔木兹海峡并非波斯湾沿岸石油唯一的外运通道，而是存在数条可资利用的陆路替代通道。

首先，是依托红海沿岸港口的管道运输。

沙特阿拉伯位于红海沿海延布（Yanbu）的石油出口终端设施，具备每天输送450万桶原油（合2.16亿吨/年）、200万桶天然气凝析液和成品油（合1亿吨/年）的能力。[①] 与该终端相连的沙特阿拉伯东—西向汽油管道（East – West Pipeline），是一条约1200千米长、横穿阿拉伯半岛的双管并行成品油管道。其中一条曾被改造成天然气管道，之后又改了回来。该管道从沙特阿拉伯波斯湾沿岸的艾卜盖格（Abqaiq）直通红海沿岸的延布，理论运力为480万桶/天（合2.5亿吨/年），但实际运力大概在200万桶/天（合1亿吨/年）。与之平行的，还有一条为延布的化工厂输送天然气液（Natural Gas Liquids，NGL）的管道，输送能力为29万桶/天。这两条管道的运力为230万~510万桶/天，可以为延布的出口终端提供可靠的供给。

近年沙特阿拉伯的石油出口量为750万桶/天左右。延布的输送系统具备把30%~68%的出口石油，绕开霍尔木兹海峡进行运输的能力。从2011年和2012年沙特阿拉伯的原油和成品油出口分布来看，沙特阿拉伯出口美国和欧盟的石油均为120万桶/天左右。从西方与沙特阿拉伯的特殊关系来看，西方完全可以优先使用这一运输终端，保障自己的石油供给不受影响。

同时，一条建于1989年，管道直径为14.63米，运输能力为165万桶/天的输油管道——伊拉克—沙特阿拉伯管道（IPSA），可以将伊拉克的石油运输到延布以南的港口Muajjiz。但该管道于1990年伊拉克入侵科威特之后关闭。2011年6月，沙特阿拉伯获得了该管道的所有权，并宣布将其改为天然气管道。但一个沙特阿拉伯的私人公司，又提出将该管道重新改造为输油管道，增加向红海沿岸输油能力的方案。但截至2011年上半年，该方案还未付诸实施。

其次，是跨越约旦和叙利亚，从波斯湾直达地中海沿岸的管道运输。

---

① EIA, *Country Analysis Brief – Saudi Arabia*, January, 2011.

起始于伊拉克的基尔库克—杰伊汉（伊拉克—土耳其）管道是一条双管并行的管道，设计输送能力为 160 万桶/天，但 2011 年的实际运输量只有 40 万桶/天。EIA 认为其最大运力为 60 万桶/天。[①] 该管道与连接伊拉克沿海和基尔库克的"战略管道"相通，可进行双向输送。该管道设计运力为 140 万桶/天，合 0.67 亿吨/年[②]，具备把伊拉克南部、沿海油田出产的石油，通过北向陆路管道进行运输的基础。但近年"战略管道"已经处于关闭状态。考虑到库尔德自治区的分裂倾向和伊拉克的新动荡，基尔库克—杰伊汉管道的运输量难以提升。因其油源暂时只能依靠基尔库克附近、库尔德人所控制油田的供给。

中东还存在两条处于关闭状态，但有开发潜力的输油管道。一条是建于 1974 年，从沙特阿拉伯经约旦到达地中海沿岸黎巴嫩的"跨阿拉伯管道"，设计输送能力为 50 万桶/天。1990 年海湾战争爆发之后被关闭，后曾讨论过重开沙特阿拉伯至约旦段的管道。另一条是"伊拉克—叙利亚—黎巴嫩"管道，连接基尔库克与叙利亚地中海港口，设计运力为 70 万桶/天。[③]

这些起始于伊拉克的管道，除了基尔库克—杰伊汉管道之外，其余均已年久失修，不堪大任，或因地区冲突难以实现互联互通，进而难以获得有保障的油源供给。为免除绕道好望角或红海，大幅缩短海湾—欧洲海运距离，获取经济利益，各国一直存在建设其他连接伊拉克和地中海沿岸管道的提议。但地区动荡导致的风险，已超越了可控的范围。无论是从经济，还是从政治的角度考虑，中东局势的发展，都已不再允许建设过境管道了。

再次，是位于阿联酋境内，连接波斯湾与阿曼湾的输油管线。

2012 年 6 月 15 日，一条位于阿联酋境内、连接波斯湾与阿曼湾的输油管线正式竣工。通过该管线出口的第一船原油已运往巴基斯坦。该管线西起阿

---

① EIA, *Country Analysis Brief – Saudi Arabia – Iraq*, April 2, 2013.

② EIA, *Persian Gulf Region Energy Data, Statistics and Analysis – Oil, Gas, Electricity, Coal*, June 2007.

③ EIA, *Persian Gulf Region Energy Data, Statistics and Analysis – Oil, Gas, Electricity, Coal*, June 2007.

布扎比酋长国的哈卜善油田,东抵富查伊拉酋长国。[1] 该管道设计运输量为150万桶/天(合0.75亿吨/年),相当于阿联酋近年净出口量1.2亿吨/年的62%,可以绕开霍尔木兹海峡,直接从阿拉伯海沿岸出口。2014年之前,该系统未能实现满负荷运行。如2013年4月,该管道只完成了6亿桶(合1000万吨/年)的出口。中国石油天然气集团公司参与并承建了该工程。工程的投资方是阿布扎比国际石油投资公司(IPIC),据称该项目共耗资42亿美元。

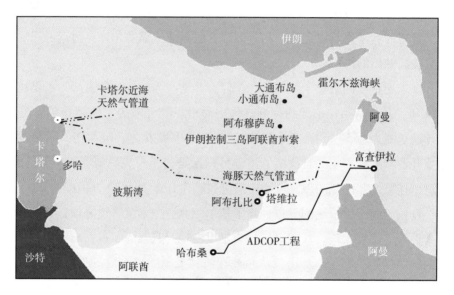

图3-10 阿联酋境内绕开霍尔木兹海峡的管道系统示意图

富查伊拉的港口、泵站、储运和炼化等设施,也在进行扩建。2014年完成建设之后,预计输量可以再增加30万桶/天,加上已有的150万桶/天,总产能将增加至0.9亿吨/年。实现满负荷运营之后,同比推算,通过霍尔木兹海峡运输的进口石油,占中国石油总进口量的比例,可以减少2.5%左右。

总之,近年经霍尔木兹海峡运输的出口石油为1600万桶/天[2],当前可

---

[1] 富查伊拉酋长国是阿联酋的7个酋长国之一,人口约18万。富查伊拉港于1982年开放,是全球主要原油枢纽之一。

[2] EIA, *World Oil Transit Chokepoints*, August 22, 2012.

资利用的、绕开霍尔木兹海峡的管道运力为 470 万 ~ 850 万桶/天，如海峡航行中断，还有 30% ~ 54% 的出口石油可运出海湾地区。

1997 年，一份由美国莱斯大学和美国国防部资助的研究显示，通过减阻剂注入技术，只需要花费数亿美元，在 3 个月内，就能对波斯湾输油管道进行升级，使它们的输送能力增加 5 倍。[1] 而代价只相当于 1 美元/桶左右，完全在可承受范围之内。这意味着管道运输可全部取代海运，出口石油始终能够顺利运出波斯湾，石油供给可以基本不受影响。

因此，霍尔木兹海峡被封锁产生的影响，关键在于欧美集团以外的国家。在美国对中东石油依赖转变的前提下，期望美国充当"救护队员"或租借"水龙头"[2]，维护霍尔木兹海峡航行安全的想法可能将不再现实。因为挑起争端，让伊朗封锁霍尔木兹海峡，反而是美国手中一张可资利用、压制其他国家的王牌。中国既是美国霸权地位潜在的挑战者，又是海湾石油进口大国，如何为维护霍尔木兹海峡的航行安全提供必要的公共物品，是一个必须注意的关键问题。

破解海峡霍尔木兹通行安全问题，短期策略可能需要从以下两个方面入手：一是尽量调解美国与伊朗的矛盾，使两国的对抗不至于发展到兵戎相见的地步，不给美国以生事之口实；二是积极寻求绕开霍尔木兹海峡的替代路线。备选方案包括修建伊朗至巴基斯坦的陆路输油管道、提高波斯湾产油国通往地中海、红海沿岸输油管道的输送能力。至于长期策略，更多还是要激励大国共同努力，促成世界格局多极化，对美国形成有效制约。

六　亚丁湾的形势与问题

油气运输的双向流动，是亚丁湾—红海—地中海运输的特点，既有从印度洋运往地中海的北向运输，也有从地中海沿岸运往印度洋的南向油气运输。

---

[1]　M. Webster Ewell, Jr. Dagobert Briton ad John Noer, *An Alterative Pipeline Strategy in the Persian Gulf*, April 1, 1997, http：//bakerinstitute. org/research/an – alternative – pipeline – strategy – in – the – persian – gulf.

[2]　二战期间，罗斯福为了劝告国民支持反法西斯战争，通过广播发表"炉边谈话"，形象地将美国对欧洲反法西斯国家的援助比喻为：把自家的水龙头借给房子失火的邻居用于灭火，防止火势失控，殃及自家。

（一）经过亚丁湾的运输量及变动趋势

经过亚丁湾运输的石油，一部分为经红海而来的石油，另一部分来自也门。也门出口石油的数量和比例都在下降，原因是也门近年的动荡，使石油出口受到了影响。

表3-8　经亚丁湾运输的石油

地　区	2013年		2009~2013年平均	
	数量（万吨）	占总进口量的比例（%）	数量（万吨）	占总进口量的比例（%）
也　门	245.25	0.87	330.84	1.27
经红海	1547.88	5.49	2115.18	8.73
总　计	1793.13	6.36	2446.02	10

数据来源：中国海关总署及笔者推算。

经过红海运输的石油，一部分来自经苏伊士运河运输的石油，另一部分来自苏丹、南苏丹和埃及。埃及石油大部分通过苏伊士湾出口，少部分通过红海沿岸港口出口。而埃及的天然气出口终端，却全部位于红海沿岸。

表3-9　经红海运输的石油

地　区	2013年		2009~2013年平均	
	数量（万吨）	占总进口量的比例（%）	数量（万吨）	占总进口量的比例（%）
苏　　　丹	246.21	0.87	887.44	3.64
南　苏　丹	349.10	1.24	69.82	0.25
埃　　　及	124.96	0.44	93.70	0.29
经苏伊士运河	827.61	2.94	1029.76	4.56
总　　　计	1547.88	5.49	2080.72	8.74

数据来源：中国海关总署及笔者推算。

其中，尽管进口自埃及的石油有所上升，但总体上，埃及的局势，并不容乐观。而来自苏丹和南苏丹的石油，受局势动荡的影响，下降最为明显。

2011年7月17日，苏丹分裂为苏丹和南苏丹两个国家。受此影响，苏丹石油生产和出口出现了大幅下降。2012年，南苏丹和苏丹的石油产量总

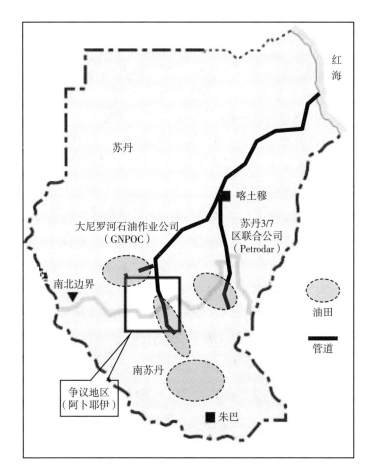

图 3 – 11　苏丹形势示意图

计为 660 万吨，仅为 2010 年的 1/4。2013 年有所回升，合计为 1090 万吨，约相当于 2010 年的 1/2。中国从苏丹和南苏丹的石油进口情况，基本与生产的变化同步。2012 年，我国从苏丹进口 250.59 万吨石油，仅为 2011 年的 20%。2013 年合计为 595.31 万吨，相当于 2010 年的 46%。

2012 年 9 月 27 日，经调解，双方达成了《苏丹和南苏丹政府就石油及其相关经济事务的协议》（*Agreement Between the Government of the Republic of South Sudan and the Government of the Republic of the Sudan on Oil and Relateed Economic Matters*）。协议呼吁恢复石油生产，并就南苏丹石油过境苏丹，通

过红海港口出口的费用达成了一致。按协议规定，南苏丹通过大尼罗河石油作业公司（GNPOC）管道输送石油的费用合计为26美元/桶，其中包括11美元/桶的运费，15美元/桶的补偿费；Petrodar管道为24.1美元/桶，其中包括9.1美元/桶的运费和15美元/桶的补偿费。补偿费总额为30.28亿美元，需在3年半以内给付。双方还达成了经济、安全、贸易、合作和边界等其他8份协议，为局势的稳定奠定了良好的基础。这也是2013年两国石油生产得以明显回升的重要原因。

苏丹和南苏丹之间的争端，超越了经济范畴，短时间内难以彻底解决。2013年，苏丹数次指责南苏丹支持境内的反政府武装，并因此短暂关闭了管道。当前南苏丹与邻国签署了政府间协定，拟议通过两个邻国各修建一条石油出口管道。第一条管道将通过南苏丹南部、肯尼亚北部，抵达肯尼亚南部印度洋沿岸的港口拉穆（Lamu）。该管道长约1600千米，运力为50万桶/天，合2500万吨/年。南苏丹方面认为，该管道能够在18个月之内建成。但大多数分析人士对此持怀疑态度，认为至少需要2~3年。首先，是南苏丹基础设施落后的制约；其次，是管道沿线发展落后，后勤补给困难；最后，动荡导致施工安全难有保障。但近来肯尼亚和埃塞俄比亚也勘探到了大量的石油，从长远看，该管道还可以进一步联通三国的油田，潜在价值不容低估。因此，南苏丹—肯尼亚输油管道很有可能得到顺利修建。第二条管道，经过埃塞俄比亚领土之后，还要经过吉布提，才能抵达亚丁湾沿岸。对于一条跨越两个国家领土的过境管道来说，需要解决的问题更加复杂。2013年下半年，有消息称，一家日本的公司丰田通商株式会社（Japan's Toyota Tsusho Corporation），完成了南苏丹至拉穆项目的可行性研究，并准备提供金融支持。

尽管中国秉持不干涉别国内政的原则，没有介入苏丹的内部冲突，但在中国公司已直接参与苏丹油气开发的背景下，中国能否长久保持中立？毕竟从长远看，苏丹与南苏丹，只能二选其一。于是，我国从两个苏丹进口石油面临着一个悖论：苏丹有通道而资源不多，南苏丹有资源却没有通道。在这一动荡最终尘埃落定之前，从苏丹和南苏丹的石油进口难以稳定。

中国经亚丁湾运输的进口天然气，主要是源自也门和经苏伊士运河而来的埃及LNG。当前，通过亚丁湾运输的天然气数量和占比均较为重要，不可忽视。尤其是也门的增长幅度较为明显。但从占总进口量比例的角度看，在其他源头进口量大幅增加的情况下，今后我国进口自也门的天然气的数量将出现下降。

表3-10　经亚丁湾运输的天然气

单位：亿立方米，%

地　区	2009年	2010年	2011年	2012年	2013年	占2013年总进口量的比例
也门	3.5	7.0	11.0	8.32	15.58	2.93
经苏伊士运河	4.9	1.6	2.4	4.89	7.65	1.44
总　计	8.4	8.6	13.4	13.21	23.23	4.37

数据来源：中国海关总署和英国石油公司（BP）。

（二）亚丁湾航行面临的问题与形势

首先，是亚丁湾航行的最大威胁——海盗和恐怖主义袭击。

表3-11　2009～2013年由索马里海盗实施的袭击事件

单位：件

地　区	2009年	2010年	2011年	2012年	2013年
亚丁湾	117	53	37	13	6
红　海	15	25	39	13	2
索马里	80	139	160	49	7
总　计	212	217	236	75	15

数据来源：Icc International Maritime Bureau, *Piracy and Armed Robbery Against Ships Report for the Period of 1 January - 31 December 2013*, January 2014, p. 5。

2002年10月，一艘马来西亚国家石油公司（Petronas）包租的法国籍大型油轮，在也门海域遭到恐怖分子自杀式爆炸袭击，造成一名船员死亡，船体严重受损。这一事件发生之后，经过亚丁湾船舶的航行安全成为国际社会高度关注的问题。2008年6月2日，联合国安理会通过第1816号决议，授权外国军队经索马里政府同意后，进入索马里领海打击海盗及海上武装抢劫行为，授权有效期为 6 个月。10 月 7 日，又通过了第 1838 号决议，呼吁关心海上安全的国家，积极参与打击索马里海盗的行动。在此背景下，11 月 15 日，海盗又劫持了沙特阿拉伯超级油轮"天狼星"号，并创造了海盗史上的多个"世界之最"：被劫货物价值最高，"天狼星"号运载有 200 万桶原油，价值 2 亿美元（2008 年下半年，国际油价在 100 美元/桶左右）；索取赎金最高，海盗提出的赎金高达 2500 万美元；海盗劫持的最大船舶，"天狼星"号的排水量为 31.8 万吨。这一事件推动联合国安理会于 11 月 20 日，一致通过了第 1843 号决议，决定对包括海盗和武器走私人员在内，所有破坏索马里和平与稳定的个人和组织进行制裁。

索马里海盗对经过亚丁湾海域船舶的航行造成了严重影响。一是保险费大幅攀升。2008 年底，经该海区航线的保险费较 2007 年同期上涨了 13 倍。二是导致时间和资源浪费。部分船舶绕道好望角航行，航程增加了 8000 千米。三是潜在的恐怖主义威胁。劫持"天狼星"号的海盗公开扬言，拿不到赎金，就将油轮运载的 200 万桶原油倾倒进亚丁湾。这已经超越了国际海事局对海盗"海上武装抢劫"的定义，包含了生态恐怖主义威胁的成分。

目前，多个国家的海军，参加了亚丁湾、索马里及相关海域的护航行动。如由美国、意大利、土耳其、英国和希腊军舰组成的"北约海上第二常规集群"（Standing NATO Maritime Group 2，SNMG2）；由法国、巴基斯坦和澳大利亚组成的"联合舰队 150"（Combined Task Force 150，CTF‑150）；由美国、土耳其和韩国组成的"联合舰队 151"（Combined Task Force 151，CTF‑151）；世界粮农组织为了向索马里运送物资，由法国、德国、意大利、西班牙、瑞典、荷兰和挪威组织的"欧盟'亚特兰大计划'"（EU "Atlanta"）；欧盟和北约国家组成的世界粮农组织护航队（World Food Programme Escorts）；以及独自行动的国家，如中国、俄罗斯、印度、日本、伊朗、马来西亚和沙特阿拉伯等国。但这些看似声势浩大，覆盖范围包括了索马里周边重要航线海域的护航行动，实际上却成效有限，难以完全保证航行的安全。

护航之后，还一度出现护航区域海盗袭击事件不降反升的局面。2009

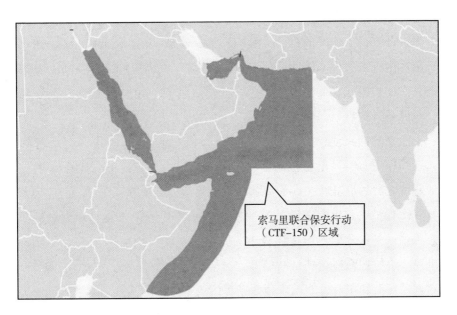

图 3 - 12　亚丁湾护航涉及区域示意图

年护航之后，海盗袭击事件反而是护航之前的 2007 年和 2008 年的 5 倍！尽管 2010 年明显减少，但 2011 年却再次大幅攀升。2012 年索马里内政得到改善之后，袭击数量才出现了大幅下降。这表明了护航成效的有限性。其中原因，首先是各国的护航行动缺乏协调和信息共享。其次，参与护航的军舰数量太少，难以实现护卫海域的无缝覆盖。以一艘军舰护卫半径 40 千米①的区域计，需要部署 400 艘才能完成覆盖，而如把轮班补给修整也考虑进去，则需要再增加 1/3。而现实是，参与护航的各国军舰不过 20～30 艘，不到所需数量的 1/20。同时，海盗也根据护航情况，采取了相应对策。如寻找护航军舰的监控盲区、通过母船和深入远海等手段，扩大活动范围。最后，海盗袭击的模式，决定了军事打击的无效性。海盗与普通船民的区别，在于是否实施了抢劫行为。只有在已经实施或意图实施劫持行为之后，才成

---

① 只有通过目视观察才能辨别对方是否为海盗，因此以海天线（受地球弧度影响，海上的目视存在极限）的距离为半径。先进的超视距打击方式，在对付海盗的过程中毫无用处。

为海盗，才能对其实施打击。因此，必须经过一段时间的观察。但与此同时，海盗却获得了作案的机会。海盗只要一登船，马上就能以船员为人肉盾牌，使军事打击失效。因此，如实施预防性打击，则可能伤及无辜；如事后打击，又面临投鼠忌器的困境。这一矛盾，使得军事护航更多只能震慑海盗，对海盗行为难以起到遏制作用。

护航充其量只能治"标"，而对于"本"：陆上基地和"群众基础"，却起不到作用。索马里海盗的历史可追溯到数个世纪之前。1991年索马里内战爆发之后的混乱状态，为海盗的重新兴起提供了外部条件。一些地方军阀打着"保护索马里海洋权益"的幌子，开始袭击在"索马里海域""违规"作业的外国渔船。但规模较小，并未造成太大的影响。2006年底，索马里局势失控，海盗活动日渐猖獗。

这一局面的出现，原因主要在于美国的干涉。美国策动埃塞俄比亚出兵索马里，扶植起了新的索马里过渡政府，致使索马里除首都摩加迪沙之外的其他地区再次陷入无政府状态。"几十支不同背景的武装力量各自为政。一些海盗组织甚至得到了与过渡政府有密切关系的军阀的支持。"① 因此，不恢复索马里法制状态，不从陆地上消除海盗产生的根源，就不能根除索马里海盗。这一观点得到了广泛的认同。2008年12月22日，索马里的海盗头目恩德布尔别，在接受美国《新闻周刊》采访时说："（能阻止海盗的）唯一办法就是在索马里建立强大的政府。"② 联合国安理会2008年12月16日通过的第1851号决议，也把打击索马里海盗的授权范围，从海上扩大到了索马里陆地。

2012年9月10日，哈山·谢赫·穆罕默德（Hassan Sheikh Mohamud）当选为索马里总统，过渡政府使命终结，时任总统谢里夫·谢赫·艾哈迈德（Sharif Sheikh Ahmed）承认了失败。这被认为是解决索马里问题的一大里程碑。事实上，海盗袭击数量也在2012年下半年之后，出现了大幅度的下

---

① 刘军：《索马里海盗问题探析》，《现代国际关系》2009年第1期。
② 邱永峥：《索马里海盗头目称不会主动向中国海军找麻烦》，凤凰网，2008年12月30日，http://news.ifeng.com/world/200812/1230_16_947248.shtml。

降。但在这样一个长期动乱的国家重建程序，是否仅靠公正就能解决所有的现实问题，还有待观察。

其次，经过亚丁湾的航行，还要面对曼德海峡的问题。

曼德海峡位于阿拉伯半岛西南端与非洲之角之间，呈西北—东南走向，有连接欧、亚、非三大洲的"水上走廊"之称。吉布提、厄立特里亚和也门是海峡的周边国家。曼德海峡长 18 千米，宽 25～32 千米，但海峡中只有两英里宽的航道可供船只通行。海峡入口处有几个小岛，其中较大的是丕林岛，面积为 13 平方千米。

据估计，2009 年通过曼德海峡的石油为 320 万桶/天，其中 180 万桶/天为北向运输，另外为南向运输。[1] 若要绕开曼德海峡，北向油气运输可通过沙特阿拉伯红海港口延布，南向只能改道好望角。

曼德海峡面临的问题，是可能的地区动荡和潜在的恐怖袭击。由于中央政府控制力较弱，除了也门本国的恐怖组织以外，周边国家的大量"圣战"分子，也纷纷从阿富汗、巴基斯坦、伊拉克、沙特阿拉伯和索马里等国家，集聚到也门。也门已成为恐怖分子的"避风港"，并力图开辟新的恐怖活动大本营。2009 年 1 月，"基地"组织也门、沙特阿拉伯分支合并，成立了"阿拉伯半岛'基地'组织"（AGAP），也门成为恐怖主义的重灾区，内政的安定，面临着基地组织的威胁。2011 年 5 月，基地组织甚至宣布在也门南部阿比扬省省会津吉巴尔市"定都"，建立"伊斯兰酋长国"。靠近曼德海峡的地理位置，为恐怖分子影响海峡的航行安全，提供了一定的便利。此外，尽管也门与厄立特里亚的岛屿冲突[2]已经结束，但这是否会成为引发反政府行动的诱因，进而引起地区动荡，也是需要关注的问题。

---

[1]　EIA, *World Oil Transit Chokepoints*, Last Updated：Dec. 30, 2011.

[2]　大哈尼什岛位于曼德海峡北口，红海主航道上。东距也门、西距厄立特里亚均 40 千米左右，战略位置十分重要。通过该岛，可对曼德海峡形成封锁。因主权争端，1995 年 11 月，厄立特里亚占据了由也门军队驻守的大哈尼什岛，至少造成 12 人死亡。1996 年，两国达成停火协定，并同意将争议提交国际仲裁。1998 年，国际仲裁法庭判决大哈尼什岛归属也门，厄立特里亚随即撤出了占岛军队。当前，两国均认可国际仲裁的结果，并恢复了正常的关系。

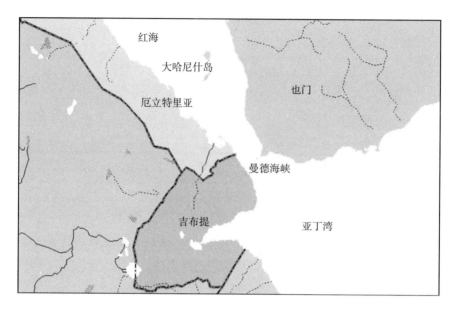

图 3 - 13　曼德海峡地理示意图

（三）确保曼德海峡和亚丁湾航行安全的思考

决定曼德海峡和亚丁湾航行安全的要素包括：索马里局势、也门动荡、恐怖主义威胁和护航行动的有效实施。前三个因素是"本"，中国要通过参与相关的国际协作，积极推进这一地区问题的解决。后一个因素是"标"，只是眼前的权宜之计。但中国通过参与这一区域的护航，有利于中国海军积累执行远洋任务的经验。既体现了中国维护海上运输通道安全、捍卫国家利益的意志，也反映了中国履行国际责任，积极维护地区稳定与和平的负责任大国形象。只要条件允许，中国应积极参与相关行动。

七　苏伊士运河的形势与问题

苏伊士运河位于埃及境内，是沟通欧、亚、非三大洲的交通要道。苏伊士运河联通了红海与地中海，将大西洋与印度洋通过地中海联结起来，大大缩短了东西方之间的航程。与绕道好望角相比，从欧洲大西洋沿岸到印度洋的航程缩短了 5500 ~ 8000 千米；从北非到印度洋的航程缩短了 8000 ~

10000 千米；对高加索地区来说，航程缩短了 12000 千米。IEA 的报告称，不经苏伊士运河，从中东到欧洲需要增加 15 天的航程，到美国需要增加 8~10 天的航程。

（一）经过苏伊士运河的运输量及变动趋势

中国经过苏伊士运河运输的进口石油，来自俄罗斯、北非、高加索地区和欧洲。来自阿塞拜疆的石油还要经过黑海海峡；来自高加索地区和北非的石油，还要经过直布罗陀海峡和英吉利海峡进行运输。

表 3-12 经苏伊士运河的进口石油量

国 家	2013 年		2009~2013 年平均	
	数量(万吨)	占总进口量的比例(%)	数量(万吨)	占总进口量的比例(%)
俄 罗 斯	365. 57	1. 30	321. 85	1. 45
利 比 亚	239. 45	0. 85	486. 68	2. 15
阿尔及利亚	183. 52	0. 65	180. 60	0. 80
英 国	20. 04	0. 07	10. 94	0. 04
阿塞拜疆	19. 03	0. 07	16. 35	0. 07
其 他	0	0	13. 34	0. 05
总 计	827. 61	2. 94	1029. 76	4. 56

数据来源：中国海关总署及笔者推算。

从表 3-12 可以看到，俄罗斯及北非地区占经过苏伊士运河的石油的主要部分。占 2013 年中国进口石油的比例相对不多，且数量和占比都呈下降趋势。尤其是随着 2011 年利比亚的动荡，石油产量大幅下降，中国从利比亚进口的石油，也出现了大幅减少。但需要注意的是，在乌克兰危机和欧洲石油消费量持续下降的影响下，来自俄罗斯和高加索地区的石油有可能出现增长。首先，随着西方对俄罗斯的制裁，欧俄关系必定会受到一定影响，中国将可以增加从这一源头的进口；其次，欧洲节能减排、新能源开发和产业升级会导致石油消费下降；最后，欧洲经济可能持续低迷，且这一趋势有可能持续较长的时间。因此，中国经过苏伊士运河运输的进口石油量，可能将基本保持稳定。但笔者认为，停止从这一区域的进口，中国能获取的收益会更明显。既可以免除因路途遥远带来的经济代价和运输风险；还可增加这一区域西向输出的压力，而东向输出到中国，将是自然出现的结果。

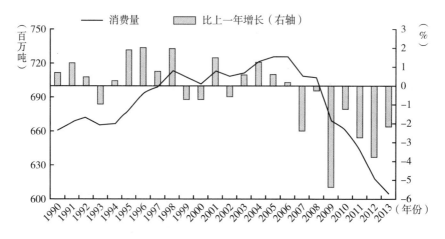

图3-14　1990～2013年欧盟的石油消费情况

数据来源：英国石油公司（BP）。

当前经过苏伊士运河的天然气主要来自北非，数量和占比都不大，且波动较大。埃及的三个 LNG 出口终端，皆位于地中海沿岸的杜姆亚特（Damietta）和伊德库（Idku）。从埃及进口的 LNG，需经苏伊士运河运输。

表3-13　2009～2013年经苏伊士运河运输的天然气

国　　　家	2009 年	2010 年	2011 年	2012 年	2013 年	占 2013 年总进口量的比例（%）
埃　　　及	0.33	0.08	0.24	0.408	0.607	1.14
阿尔及利亚	0.16	0	0	0.081	0.079	0.15
比　利　时	0	0.08	0	0	0.079	0
荷　　　兰	0	0	0	0	0.079	0.15
总　　　计	0.49	0.16	0.24	0.489	0.765	1.44

数据来源：英国石油公司（BP）。

尽管今后存在增长的可能，但中国从这一区域进口油气并非最佳选择。一是，供给可能面临动荡。埃及面临的内外动荡，不是近年内可以平息的。

2012 年以后中国进口量的增加，更多是因为埃及的出口及其运输出现了变故。一方面，埃及停止了曾占主要份额的对以色列出口；另一方面，受地区动荡影响，埃及天然气出口的主要通道——阿拉伯天然气管道（埃及—约旦—叙利亚—黎巴嫩），近来多次遭到袭击。二是，面临不小的市场竞争。一方面，欧洲天然气消费量虽有下降趋势，但使用天然气作为替代能源，也是欧洲能源政策的一个主要方面，尤其是俄罗斯与欧洲的关系进一步紧张之后，埃及自然会成为最有利的替代源；另一方面，埃及近年天然气消费量增长迅速。三是，运输路途遥远，运费相对更高，且中国还有其他气源可供选择。

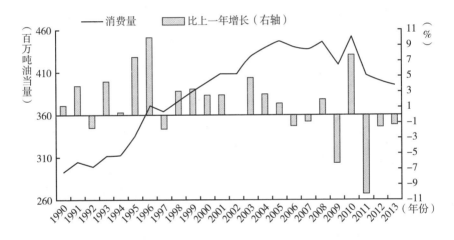

图 3 - 15　1990 ~ 2013 年欧洲的天然气消费情况

数据来源：英国石油公司（BP）。

因此，从长远分析，中国经过苏伊士运河运输的进口油气，数量可能将基本保持稳定，而占总进口量的比例，将出现下降。

（二）苏伊士运河航行面临的问题与形势

第一，航行条件有所改善。运河全长 120 英里（193.12 千米），除大苦湖段以外，其他均是人工开挖的河道。2015 年 7 月 25 日，新开掘的 37 千米长的苏伊士运河河道投入使用。该段河道水深 24 米，宽度超过 300 米，可实现双向通行。当前，通过苏伊士运河的时间，将由之前的 22 小时，缩短至 11 小时。这一新开河道，只占全部河道长度的 1/5，对于提高运河通行效率的推动作用毕竟有限。

第二，航运繁忙。2011 年，包括北向和南向，共有 17799 艘船只经过了苏伊士运河。其中 20% 为油轮，6% 为天然气运输船只；原油和油品占总运量的 15%，LNG 占 6%。受条件限制，只能减慢航速，通过的平均时间为 11 小时。[1]

除了运河，埃及还为连接红海与地中海的石油运输提供了另一种选择：萨米德输油管道（Sumed），即苏伊士—地中海管道。该管道由两条并行的 42 英寸输油管构成，输送能力达到了 230 万桶/天（1.15 亿吨/年）。该管道能够实现双向输送，可以把不能经过运河的油轮运载的石油，通过红海沿岸的爱因苏卡纳港（Ain Sukhna）或地中海沿岸的西迪科瑞尔（Sidi Kurayr），输送到管道的另一端。两地的油轮系泊条件优良，可靠泊 35 万吨级别及以上的油轮。[2] 2012 年，154 万桶/天的原油，或者说相当于当年近 3% 的海运原油，通过该管道运输。该管道为阿拉伯石油管道公司所有，埃及通用石油公司（Egyptian General Petroleum Corporation，EGPC）、沙特阿拉伯—美国石油公司（Saudi Aramco）、阿布扎比国家石油公司（Abu Dhabi's National Oil Company，ADNOC）和科威特公司参股。[3]

大部分经过苏伊士运河运输的石油，通过北向运输，供应北美和地中海市场。2012 年，北向运输量为 242 万桶/天，其中通过苏伊士运河的为 166 万桶/天，通过萨米德输油管道的为 76 万桶/天；南向运输量为 208 万桶/天，其中运河 132 万桶/天，管道 76 万桶/天。[4] 从变化趋势来看，北向运输量 2008 年为 94 万桶/天，2009 年为 31 万桶/天，2012 年为 90 万桶/天。南向运输量由 2008 年的 21 万桶/天，增长到了 2012 年的 48 万桶/天。其

---

① EIA, *World Oil Transit Chokepoints*, Last Updated：Dec. 30, 2011.

② Paul Stevens, *Cross - Border Oil and Gas Pipelines*：*Problems and Prospects*, Joint UNDP/World Bank Energy Sector Management Assistance Programme (ESMAP), June 2003, p. 71.

③ EIA, *Country Analysis Brief - Egypt*, Last Updated：Jul. 18, 2012.

④ EIA, *Country Analysis Brief - Egypt*, Last Updated：July 31, 2013.

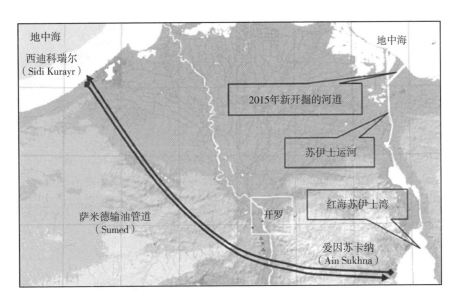

图 3 - 16　苏伊士运河及萨米德输油管道示意图

中，2011 年因利比亚动荡而减少，2012 年恢复石油出口之后重新回升。这表明北美和地中海市场得到了明显恢复，亚洲市场的需求持续增长。

经过苏伊士运河运输的 LNG，处于下降之中。与 2011 年的峰值 583.33亿立方米相比，2012 年只有 424.75 亿立方米。下降的原因，主要是美国进口 LNG 的大幅下降，同时，欧洲的进口量也出现了减少。但 2008 ~ 2011年，苏伊士运河的运输量却处于上升趋势，通过苏伊士运河的 LNG 运输船也由约 210 艘增加到了 500 艘。其中，北向满载的 LNG 运输船，与 2008 年相比大约增长了 6 倍。这一时期 LNG 运输量的大幅增长，与 2009 ~ 2010 年卡塔尔启用了 5 条 LNG 生产线有关。2010 年，英国、比利时和意大利接收 LNG 量的 80%，土耳其、法国和美国接收 LNG 量的约 25%，通过苏伊士运河进行运输。南向运输的天然气，一般产自阿尔及利亚和埃及，输往亚洲市场。而北向运输的 LNG，一般产自卡塔尔和阿曼，输往欧洲和北美。LNG无替代线路，如果苏伊士运河受阻，就只能绕道好望角。

第三，运河管理及收费问题。2005 年以来，苏伊士运河的通行费已经多次上涨。从 2012 年 3 月开始，通行费提高了 3%。[①] 同时，埃及还设置了对维护航行安全不利的规则。如划分了船只通过运河的时段，并对船舶抵达报告线的时间进行了明确规定。北向通过的报告线在北纬 29°42.8′，距离运河南口约 16 英里；南向在北纬 31°28.7′，距离运河北口约 15 英里。船舶按时到达报告线之后，就可编队通过。如果迟到，则只能编入下一批次。如果没有按时到达报告线，又要加入之前的编队，则将根据抵达时间的不同，增加 3% 或 5% 的通行附加费。[②] 这导致在接近时间点时，附近的船舶为了节约费用或赶时间，而加快航速或相互超越，形成多艘船舶并排前进的态势，但通过运河时既要减速慢行，还得排成一字纵队。这一管理制度不仅增加了运输成本，还不利于航行安全。

第四，不利的安全环境。苏伊士运河处于安全形势高度紧张的中东地区，已经发生过战争导致航行中断的事件。2011 年，埃及通往以色列和约旦的天然气管道遭到武装分子 14 次袭击，目的是破坏穆巴拉克政府时期确定的、以较低的价格向以色列输送天然气合同的执行。2012 年 4 月，埃及天然气控股公司宣布，已中止向以色列输送天然气的合同。埃及方面给出的理由是"纯属商业决定"，因为以色列方面已数月未缴纳应付款项。但其根源应该来自两个方面，一方面是埃及民族主义情绪兴起，不愿意再与以色列继续合作关系；另一方面则是埃及国内局势动荡，需要通过外部事件来转移注意力。这一举动，对以色列来说是一个沉重的打击，因为以色列天然气消费量的 40%，需要从埃及进口。这给两国自 1979 年达成和平协议以来维持了多年的合作关系蒙上了阴影，也给地区的稳定蒙上了阴影。

第五，埃及局势动荡的影响。自 2010 年底以来，埃及国内持续动荡。从内因来看，包括以下三个难以在短期内解决的问题：首先，世俗与宗教势力确定并划分权力；其次，现代化与保守化势力之间的角力；最后，阿拉伯—以色列关系的走向。这三个问题，由多重因素决定并受多方影响，当前难以

---

① 《埃及苏伊士运河 3 月份通行费达 4.28 亿美元》，新华网，2012 年 4 月 11 日，http：// world. xinhua08. com/a/20120411/936732. shtml？f = arelated。

② 袁云昌：《船舶过苏伊士运河的风险评估与对策》，《航海技术》2009 年第 4 期。

进行准确的判断。但可以确定的是，埃及乃至整个中东地区的动荡，存在持续和进一步恶化的可能。苏伊士运河面临的安全风险，存在加大的可能。

对于中国而言，通过苏伊士运河运输的进口油气形同"鸡肋"。放弃经过苏伊士运河的进口，才是最佳选择。当然，强调油源多元化，继续保持进口，也在情理之中。但应从以下两个方面入手，保障通过这一区域的航行安全。第一，应加强与欧洲的合作，维护苏伊士运河的安全。第二，可借助欧洲或相关国家的船舶进行运输，通过相关方多元化，抑制可能产生的负面影响。

八 好望角的形势与问题

好望角海域位于非洲大陆南部，印度洋与大西洋交界处。该海区水深数百至上千米，所有船舶均可顺利通过。好望角周边，仅有南非一国，航线位于公海，不受地区政治形势的影响。这是其他油气运输关节点所不具备的有利条件。

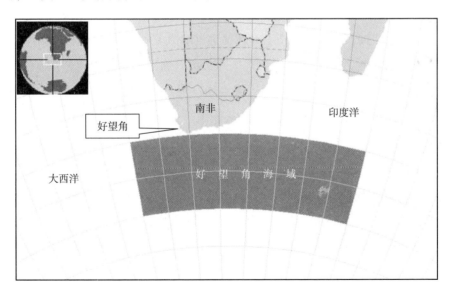

图 3 - 17 好望角地理示意图

经过好望角的油气运输，存在双向流动。2010 年，东向石油运输，约为 330 万桶/天。其中 180 万桶/天（合 0.9 亿吨/年）来自西非，120 万桶/

天（合0.6亿吨/年）来自西半球。从中东运往欧洲和美洲的西向石油运输量为190万桶/天。[①]

（一）经过好望角的运输量及其变动趋势

中国经过好望角运输的石油，一部分来自西非，另一部分来自美洲国家。从数量和比例上来看，近年来都有一定的增长。

表3－13　经好望角运输的进口石油量

地　区	2013 年		2009～2013 年平均	
	数量（万吨）	占总进口量的比例（%）	数量（万吨）	占总进口量的比例（%）
西　非	5280.62	18.72	4578.21	18.89
美　洲	2739.8	9.71	2041.20	8.65
总　计	8020.42	28.43	6619.41	27.54

数据来源：中国海关总署。

来自西非的石油，数量在上升，比例有细微下降。其中毛里塔尼亚的情况需要特别注意。2006 年，该国首次开采出石油，被誉为非洲"最新"的石油生产国。[②] 按2010 年的勘探进展推测，到2012 年，该国石油日产量可达15 万～20 万桶。[③] 2009 年，中国从该国进口石油41 万吨，2010 年下降到15 万吨，2011 年又有所上升。但随着勘探的深入，原先乐观的估计，已被证实是错误的，一些公司已经撤离。从 EIA 公布的数据来看，该国是一个石油净进口国，进口量为2.1 万桶/天（100 万吨/年）。此外，赤道几内亚的石油生产，也开始从高点下降。西非相关国家的石油生产，已显现出衰退迹象。这应该引起业界的重视。

---

① EIA, *Country Analysis Brief - South Africa*, Last Updated：Oct. 5, 2011.

② BBC, *Mauritania Profile*, Last Updated：16 October 2012, http：//www. bbc. co. uk/news/world － africa － 13881985.

③ 付涛：《毛里塔尼亚：非洲石油业新星》，《中国石化报》2010 年11 月5 日第7 版。

表 3 - 14   经好望角运输的来自西非的进口石油

国 家	2013 年		2009 ~ 2013 年平均	
	数量(万吨)	占总进口量的比例(%)	数量(万吨)	占总进口量的比例(%)
安哥拉	4001.33	14.18	3546.13	14.71
刚果(布)	707.8	2.51	526.38	2.17
赤道几内亚	242.57	0.86	199.05	0.75
刚果(金)	110.53	0.39	46.67	0.17
尼日利亚	105.24	0.37	101.49	0.47
加蓬	47.83	0.17	41.98	0.13
加纳	37.34	0.13	17.80	0.07
喀麦隆	0	0.00	41.01	0.17
毛里塔尼亚	14.02	0.05	24.18	0.10
乍得	13.96	0.05	31.38	0.15
总 计	5280.62	18.71	4576.07	18.89

数据来源:中国海关总署。

来自美洲国家的石油,数量和比例都有明显增长。这与"十五"期间,中国将南美洲分为 3 个战略合作区域,有着直接的关系。2014 年,国家主席习近平访问拉美之后,中拉能源合作得到了进一步的推进。美洲产油国局势相对稳定,较少受地缘政治斗争影响。这对中国推进石油进口多元化具有重要战略意义。但运输路程较长,又产生了新的问题。

表 3 - 15   经好望角运输来自美洲国家的进口石油

国 家	2013 年		2009 ~ 2013 年平均	
	数量(万吨)	占总进口量的比例(%)	数量(万吨)	占总进口量的比例(%)
委内瑞拉	1574.78	5.58	1030.73	4.30
巴 西	524.08	1.86	552.49	2.42
哥伦比亚	393.89	1.40	224.38	0.96
墨 西 哥	109.65	0.39	98.59	0.38
阿 根 廷	84.24	0.30	85.21	0.35
加 拿 大	40.43	0.14	42.41	0.19
古 巴	12.73	0.05	7.41	0.03
总 计	2739.8	9.72	2041.22	8.63

数据来源:中国海关总署。

其中，委内瑞拉是中国在南美洲最大的石油进口国，对方的相关合作得到了积极推进。2014 年习近平主席访问委内瑞拉，进一步巩固了这种关系。早在 1997 年，中委就建立了合作关系。2007 年 11 月，两国成立了中委基金，中国已为其融资超过 500 亿美元。2010 年，中国与委内瑞拉签订了延续到 2021 年，每天向中国出售 20 万桶石油和燃油的协议。[①] 加上之前的协议，委内瑞拉出口中国的石油将达到 40 万桶/天，合 2000 万吨/年。2014 年，中委再签协议，向中国出口的石油将达到 79 万桶/天，合 4000 万吨/年。但近年来委内瑞拉的内部形势却不容乐观。首先，是政局稳定的问题。查韦斯之后，委内瑞拉的内政稳定和走向都存在一定的不确定性。其次，是委内瑞拉近年经济形势的恶化。2013 年 GDP 只有 1.2% 的增长；2013 年底外汇储备只有 208.76 亿美元，外债却高达 600 亿美元；还存在严重的通货膨胀；最后，是石油产量的持续下降，由于投资不足和设备老化，石油产量已从 2005 年的 306.68 万桶/天，下降到 2013 年的不到 280 万桶/天。

哥伦比亚可能带来的新变化，也需要特别关注。2012 年 5 月，中国国家开发银行与哥伦比亚签署了协议，支持其修建一条通往太平洋沿岸、输送能力为 60 万桶/天的输油管道。2013 年，哥伦比亚与委内瑞拉的国家领导人签署了双边协议，将通过管道把委内瑞拉生产的石油输送到太平洋沿岸，直接向亚太方向出口。这一管道的运力达到了 3000 万吨/年，而 2013 年中国从委内瑞拉和哥伦比亚进口的石油只有不到 2000 万吨。管道建成之后，当前中国进口自委内瑞拉和哥伦比亚的石油，将不必再绕道好望角。与此相应，原来北向线路承运的 7% 左右的进口份额，将转到西向运输线路。

近年来，巴西的石油开发取得了明显突破，增产较为明显。到 2020 年，巴西即可成为年出口石油量近亿吨的大国。

---

① 《与中国的石油协议有助于查韦斯连任》，《华尔街日报》2011 年 11 月 9 日，http：//cn.wsj.com/gb/20111109/bam140118.asp。

表 3 - 16　巴西石油需求与生产情况展望

时　间	2015 年	2020 年	2025 年	2030 年	2035 年
需求（百万桶/天）	2.4	2.5	2.5	2.5	2.6
生产（百万桶/天）	3.1	4.4	5.0	5.2	5.2

数据来源：国际能源机构（IEA）*。

* IEA, *World Energy Outlook 2010*, p. 105, p. 128.

同时，中国自 2005 年开始从加拿大、2010 年开始从墨西哥进口石油。尽管数量还不够可观，但这两个国家，传统上是美国的"天然市场"。其他国家，包括美国的盟国，之前都没有进入其石油出口的市场。在近年美国石油进口量持续下降的背景下，这两个国家才开始了寻求市场多元化的进程。墨西哥在太平洋沿岸的萨利纳克鲁斯（Salina Cruz）建设有石油出口终端，但通过该路线的出口量相对不大，因为整个萨利纳克鲁斯港口的年吞吐量，也只在 10 万吨以内。[①] 加拿大太平洋沿岸的出口终端，计划于 2014 年之后才投入运营。

经过好望角运输的天然气，同样来自美洲和西非，共占 2013 年中国进口天然气总量的 2.18%。西非的数量增长较为明显，其中，尼日利亚占据主要份额，且数量不断上升。尼日利亚和赤道几内亚是同时向中国出口石油和天然气的国家。

表 3 - 17　经好望角运输的来自西非的进口天然气

单位：亿立方米，%

国　家	2009 年	2010 年	2011 年	2012 年	2013 年	占 2013 年总进口量的比例
赤道几内亚	2.5	0.8	1.8	0	5.56	1.05
尼日利亚	3.2	1.7	9.8	4.27	5.09	0.96
安哥拉	0	0	0	0	0.89	0.17
总　计	5.7	2.5	11.6	4.27	11.54	2.18

数据来源：中国海关总署及英国石油公司（BP）。

---

① "Economics and Equity Strategy," *Mexico Handbook*, Mexico, October 2012, p. 17.

自 2009 年开始，向中国输出天然气的国家中，开始出现了美洲国家。其中，南美洲的特立尼达和多巴哥占据了主要的份额。特立尼达和多巴哥是主要的 LNG 出口国。2011 年出口天然气 188.8 亿立方米，位居卡塔尔、马来西亚、印度尼西亚、澳大利亚和尼日利亚之后，排名世界第六。中国自 2009 年开始从特立尼达和多巴哥进口天然气，目前来看，数量和占比都不容忽视。

表 3 - 18　经好望角运输来自美洲国家的进口天然气

单位：亿立方米，%

国　家	2009 年	2010 年	2011 年	2012 年	2013 年	占 2011 年总进口量的比例
特立尼达和多巴哥	6.8	0.7	4.8	2.31	1.6	0.30
美　国	0	0	1.8	0	0	0.00
总　计	6.8	0.7	6.6	2.31	1.6	0.30

数据来源：中国海关总署及英国石油公司（BP）。

需要关注美国成为中国的能源供给国这一情况。2011 年，中国开始从美国进口天然气，并有可能从美国进口越来越多的天然气。一是近年来美国页岩气开发取得了极大的成功，天然气产量出现了大幅度的持续增长。二是美国存在扩大出口、增加收益的诉求。美国的天然气市场价格较低，仅为日本价格的 1/3、欧洲价格的 1/2（见图 3 - 18）。2011 年 11 月 8 日，在天然气生产商的推动下，美参议院能源与自然资源委员会，举行了关于天然气出口的听证会。美国官方机构——国会研究室（CRS），也专门对美国大规模出口天然气的可行性进行了研究。目前看来，肯定的论据主要有两点，一是出口可以规避天然气价格过低的不利影响，通过获取海外收益，补贴国内；二是可以平衡美国的国际贸易。后一点对于中美关系尤为重要。中国增加从美国的天然气进口量，既有利于中国的气源多元化，也有利于平衡中美贸易，缓和争端。

另外，近年来巴西的天然气开发也进展迅速，国际能源机构（IEA）的研究显示，到 2025 年，巴西即可成为天然气出口国。来自美洲国家的天然

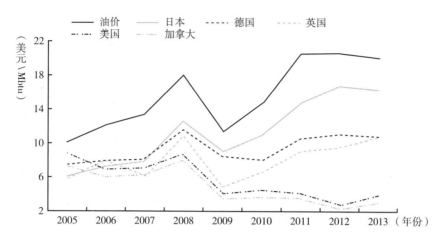

图 3 – 18　相关市场天然气价格与同期国际油价

数据来源：英国石油公司（BP）。

气，在不远的将来，可能将得到进一步的增加。西向线路在中国进口天然气的运输布局中，将会占据更重要的地位。

表 3 – 19　巴西天然气需求与产量展望

时 间	2015 年	2020 年	2025 年	2030 年	2035 年
需求（亿立方米）	440	600	670	710	770
产量（亿立方米）	300	540	630	740	850

数据来源：IEA，*World Energy Outlook 2010*，p. 182，191。

（二）经好望角航行面临的问题与形势

经好望角航线面临的问题，主要是天气引发的航行困难和西非沿岸的海盗袭击。

最初迪亚士发现该岬角时，就因遭遇猛烈风暴，而将其命名为"风暴角"。后经葡萄牙国王改名，才称"好望角"。好望角海域有强劲的洋流经过，全年盛行强劲的西风，冬季多暴风骤雨、异常风浪，涌浪高达 10 米以上，是世界上最危险的海域之一。南半球冬季前后的 4 ~ 9 月，途经此处的航船，经常需要进入南非的港口躲避风暴。尽管南非沿岸有开普敦港、伊丽莎白港和东伦敦港这些优良的避风港可资使用，但耽误船期却难以避免。

近年来，大西洋沿岸的海盗袭击事件，也出现了逐渐上升的趋势。一时间，非洲西海岸海盗成为又一个备受关注的重点。非洲西海岸的海盗袭击，以尼日利亚沿岸为中心，向南北两个方向扩散，数量上已呈持续增长态势。继印度洋之后，大西洋有可能成为另一个海盗袭击的重灾区。

表 3 - 20　非洲大西洋沿岸 2009 ~ 2013 年发生的海盗袭击事件

单位：件

国　家	2009 年	2010 年	2011 年	2012 年	2013 年
毛里塔尼亚	0	0	0	0	1
几内亚比绍	1	0	0	0	0
几　内　亚	5	6	5	3	1
科特迪瓦	2	4	1	5	4
加　　纳	3	0	2	2	1
多　哥	2	0	6	15	7
贝　宁	1	0	20	2	0
尼日利亚	29	19	10	27	31
塞拉利昂	0	0	1	1	2
喀　麦　隆	3	5	0	1	0
加　蓬	0	0	0	0	2
刚果（布）	0	1	3	4	3
刚果（金）	2	3	4	2	0
安　哥　拉	0	0	1	0	0
合　计	48	38	53	62	52

数据来源：Icc International Maritime Bureau, *Piracy and Armed Robbery Against Ships Report for the Period of 1 January - 31 December 2013*, January 2014, p. 5。

为此，国际海事组织（IMO）在 2014 年 1 月，专门发布了 17 页的专题报告《实施西部和中部非洲海岸可持续海上安保措施》（*Implementing Sustainable Maritime Security Measures in West and Central Africa*），就采取措施维护西非沿岸航行安全的必要性、可行性进行了论证；对具体的司法、信息、安保、人员合作的策略和部署进行了说明；对将要实施的关键技术措施进行了安排；对设想的成本要素进行了介绍；提出了预算建议；并对关键措施的细节进行了细致的描述。尽管截至2014年上半年，还未见到非洲国家的积极回应，但表明了国际社会对此的关注。从索马里的经验来看，不解决陆地上的社会和稳定问题，仅仅依靠安保措施，是难以达成预期目标的。

之前，与索马里海盗不同的是，西非海盗倾向于抢劫船上的货物，而不是绑架勒索。从这个角度看，西非海盗对油气运输的危害似乎相对要小些。毕竟石油和天然气作为货物，单位价值不突出，搬运起来有难度。但从2013年的情况来看，全球36起绑架事件都发生在西非。这一变化，对西非海岸的航行安全提出了更大的挑战。

同时，美洲东海岸也存在一定的海盗袭击事件。其中，哥伦比亚的情况具有特殊性。一是哥伦比亚反政府游击队的影响较大；二是哥伦比亚既濒临大西洋，也是太平洋沿岸国家，国际海事组织的统计并未说明是发生在哪个大洋。

表3-21　美洲大西洋沿岸2009~2013年发生的海盗袭击事件

单位：件

国　家	2009年	2010年	2011年	2012年	2013年
哥伦比亚	5	3	4	5	7
哥斯达黎加	3	1	3	1	0
多米尼加	0	0	0	1	1
圭亚那	0	2	1	0	2
海　地	4	5	2	2	0
委内瑞拉	5	7	4	0	0
合　计	17	18	14	9	10

数据来源：Icc International Maritime Bureau, *Piracy and Armed Robbery Against Ships Report for the Period of 1 January - 31 December 2013*, January 2014, p. 5。

另一个需要注意的问题，是委内瑞拉介入英国与阿根廷之间的马岛之争，是否会导致不利情况的出现。2012年8月，委内瑞拉石油公司开始与阿根廷YPF石油公司协商，准备联合勘探马尔维纳斯群岛（英国称

"福克兰群岛")周边的油气资源。这涉及阿根廷和英国之间的马岛主权之争。尽管英国取得了1982年英阿马岛战争的胜利,并实际控制了该岛,但阿根廷并未放弃对该岛的主权要求。近年来,英国开放了马岛附近海域的油气勘探,一定程度上加剧了争端。委内瑞拉的介入,是否包含南美左翼政府之间相互扶助、共同对抗西方的含义?如果是,则西方或美国自然会加大对相关国家的挤压。如此,从这一地区顺利运出油气就将面临新的挑战。

(三)应对经好望角航行安全的思考

经过好望角运输来自非洲、美洲的油气,是中国进口油气运输线路中距离最遥远的部分。仅靠中国自己的力量,是难以切实保障其安全的。但大西洋的航行安全,也是欧美的核心利益之一,可以通过与欧美的合作,解决相关的非传统和航行安全问题。应该考虑推动南美能源组织的进一步发展,使其关注范围进一步拓展到油气运输安全领域;借助并推动金砖国家能源合作机制的发展,使其关注和协调的领域涵盖整个能源供给链。此外,要考虑部分油气转向跨太平洋航线运输之后的相关问题。一方面,如何在航程缩短、运输时间减少之后,进行运力调度、运费开支方面的调整;另一方面,如何在航线多元化的同时,推进承运份额的均衡化。还可以考虑将经好望角的油气运输,完全或部分交给国外的航运公司,尤其是欧洲或南美国家的航运公司来完成。一方面可以通过引入多个利益相关方,分散风险;另一方面还可以加强与相关方的合作。

第二节　西向线路

西向线路,即以北美洲和南美洲太平洋沿岸部分国家为起点,自东向西跨越太平洋进入国内的海运线路。当前,该线路承运了来自厄瓜多尔和秘鲁的油气。今后,委内瑞拉、哥伦比亚和加拿大的石油;美国、特立尼达和多巴哥的LNG,都有望通过该线路运输。西向线路,将成为重要性仅次于北向线路的进口油气运输线路。

· 运输量及变动趋势

当前，西向线路承运进口油气的数量和比重几乎可以忽略不计。但2017 年以后，西向线路承运的份额将会得到大幅度的提升。届时，该线路将拥有来自不同源头的三条支线。北线起始于加拿大太平洋沿岸，主要运输加拿大出产的油砂油；中线起始于巴拿马，运输经巴拿马运河而来的美国及特立尼达和多巴哥的 LNG；南线起始于南美洲，运输厄瓜多尔、哥伦比亚和委内瑞拉的石油、秘鲁的 LNG。哥伦比亚太平洋输油管道开通之后，哥伦比亚和委内瑞拉的石油，将通过西向线路运输到中国，不必再绕道好望角。到 2020 年，西向线路有望每年承运石油 0.5 亿～0.8 亿吨，占我国总进口量的 12.5%～20%；天然气超过 150 亿立方米，可占总进口量的 10%以上。

（一）现有的油气运输量

当前我国只有进口自厄瓜多尔的石油，经这一线路运输。数量相对不多，占比也呈下降趋势。这与厄瓜多尔石油产量从 2006 年的 2900 万吨/年高点开始下降相一致。近年来，厄瓜多尔这一南美第三大石油探明储量国，净出口的石油量大约在 1400 万吨/年，其中的 75% 出口到美国，剩下的 350万吨出口到中国、智利和秘鲁。[1]但厄瓜多尔计划在 2013 年将石油产量提升到 3000 万吨/年以上，并在 2011 年开始了 11 个新区块的对外招标。中厄已进行过多次能源合作，中国也是厄瓜多尔准备重点开拓的市场。2014 年，中国进口自厄瓜多尔的石油为 74.6635 万吨，占总进口量的 0.24%，与2013 年基本一致。但关键的问题在于，厄瓜多尔自 2010 年开始，调整了《碳氢化合物法》，规定外国公司只能以签订"服务合同"的方式参与合作。这已经导致了一些西方公司的"出走"。2010 年，厄瓜多尔与联合国签署了一项为期 10 年的协议，每年接受联合国发展项目提供的 3.5 亿美元的援助，而厄瓜多尔将厉行环境保护，延缓自然保护区内的油气开发。

---

[1]　EIA, *Country Analysis Brief – Ecuador*, Last Updated：September, 2011.

表 3 - 22　经太平洋运输的来自厄瓜多尔的进口石油量

国　家	2013 年		2009～2013 年平均	
	数量(万吨)	占总进口量的比例(%)	数量(万吨)	占总进口量的比例(%)
厄瓜多尔	70.92	0.25	96.50	0.40

数据来源：中国海关总署。

秘鲁作为南美第四大天然气探明储量拥有国，其探明储量为 3500 亿立方米。近年秘鲁天然气的产量上升较快，2009 年又发现并开始了页岩气的生产。2010 年，秘鲁的南美第一家 LNG 工厂投入运营，中国开始从秘鲁进口 LNG。2011 年，我国进口自秘鲁的天然气数量实现了增长，但占比相对较少。但 2012、2013 和 2014 年，我国都未继续从秘鲁进口。目前秘鲁的 LNG 产能为 60 亿立方米/年，并准备在 2014～2015 年新建两条 LNG 生产线。但大多数的产品，将按已签署的协议出口墨西哥。[①] 中国要从该国增加进口量，在短时期内，估计将面临不小的竞争压力。

表 3 - 23　经太平洋运输的来自秘鲁的进口天然气量

单位：亿立方米，%

国　家	2010 年	2011 年	2012 年	2013 年	占 2013 年总进口量的比例
秘鲁	0.8	1.5	0	0	0

数据来源：英国石油公司（BP）。

（二）基础设施的修建为增加西向线路承运额提供了基础

第一，巴拿马运河的改造工程，原计划于 2014 年底完工，几经推迟后，终于在 2016 年 6 月 27 日正式通航。当前，巴拿马运河能通行 15 万吨级的船舶。部分进口自美洲国家的油气，可通过巴拿马运河，从西向线路运输。LNG 运输船舶大多在 15 万吨级或以下。进口自美国、特立尼达和多巴哥的 LNG，将可不再绕道好望角。西向线路承运的天然气可能将因此出现大幅度

————————

① EIA, *Country Analysis Brief - Peru*, Last Updated：May 1, 2012.

的增长。

第二，跨巴拿马管道的改造完工，也可以为跨越巴拿马地峡，通过西向线路直达中国提供支持。跨巴拿马管道是一条位于运河区之外，靠近巴拿马与哥斯达黎加边界，连接太平洋沿岸的巴拿马城和位于大西洋加勒比海的科隆市（巴拿马港）的输油管道。该管道建于1982年，最初是为了把美国产于阿拉斯加的石油，从太平洋沿岸运输到大西洋沿岸。但随着阿拉斯加石油产量的大幅下降，1996年，相关石油公司启用了其他的替代线路，该管道被关闭。2009年，该管道完成了改造，可以把石油从大西洋沿岸输送到太平洋沿岸。该管道的运力为30万桶/天（合1500万吨/年）。2012年，英国石油公司与巴拿马方面签署了一项为期7年的协议，使用该管道把石油输送到太平洋沿岸，供给美国西海岸的炼油厂。

第三，哥伦比亚通往太平洋港口的输油管道。哥伦比亚是同时拥有太平洋和大西洋沿岸港口的国家，其现有的石油出口终端，主要位于加勒比海沿岸的科韦尼亚斯（Covenas）和太平洋沿岸的图马科（Tumaco）。但后者仅出口了5%~8%的石油。一方面是因为港口条件不利，另一方面是因为连接港口的输油管道经常遭到游击队袭击。目前，哥伦比亚连接委内瑞拉，通往太平洋港口的输油管道计划于2017年完工。届时，两国的3000万吨石油，可通过太平洋的港口出口。中国已与哥伦比亚达成协议，未来哥伦比亚将把石油和煤炭的出口重心，从欧美转向亚洲。哥伦比亚总统桑托斯（Santos）也对媒体表示："哥伦比亚正在对依赖美欧市场的传统政策进行重新考虑。"[1] 但这一项目也存在一定的问题。首先，投资太大，而经济收益不明显。其次，存在改进后的巴拿马运河和跨巴拿马管道的竞争。再次，是石油的品质问题。哥伦比亚和委内瑞拉出产的超稠油，在管道内流速较慢，需要36天才能走完3000千米的路程，在时间上不具优势，而我国国内只有少数炼油厂可以处理超稠油。

第四，加拿大已在筹建太平洋沿岸的相关基础设施，为开拓亚太市场做

---

[1] 《中哥签署石油协议》，《中国海洋石油报》2012年6月8日。

准备。早在 2008 年，加拿大能源局（National Energy Board，NEB）就已经批准了扩建太平洋沿岸出口终端及配套管道工程的规划，计划自 2014 年，从不列颠哥伦比亚省维多利亚港向亚洲市场出口石油。但目前看来，进展并不顺利。扩建现有跨山管道（Trans Mountain Pipeline）的计划，如能通过审批，则在 2017 年开始动工。[①] 目前该管道是唯一向太平洋沿岸输送石油的管道，运力为 30 万桶/天，但只有大约 7.5 万桶/天被输送到温哥华，之后通过海运出口，且出口对象主要是美国。目前有计划将管道运力提升到 85 万桶/天，其中 45 万桶/天用于海运出口。2014 年 6 月 17 日，加拿大政府批准了设计运力为 52.5 万桶/天（合 2600 万吨/年）的"安桥北方门户"项目（Enbridge's Northern Gateway）。该项目计划通过管道将阿尔伯塔省的油砂油，运输到太平洋沿岸的基蒂马特（Kitimat），再通过海运向亚洲出口。目前，以上两个计划都面临来自环保组织、当地居民甚至加拿大不列颠哥伦比亚省政府的反对，存在相当的阻力。但这些阻力，应该不会产生实质性的影响。首先，项目事关巨大的收益，有助于解决就业和地方发展等问题，必然有具备相当实力的支持方。其次，加拿大太平洋沿岸具备建设深水港条件的地点相当充裕，在无人居住的区域新建出口运输终端，即可避免原地扩建引发的当地居民反对问题。再次，从环保的角度看，加拿大依靠现有的管道系统，纵贯美国，将石油输送到墨西哥湾，才是最大的能耗浪费。

加拿大也有大规模出口 LNG 的计划。2011 年 10 月，加拿大能源局签发了为期 20 年的许可证，批准在不列颠哥伦比亚省太平洋海岸港口基蒂马特，建设两个包括加工厂和码头的 LNG 出口终端，规划的总输出能力为 1200 万吨/年（133 亿立方米/年）。该项目由雪佛龙与加拿大阿帕奇公司（Apache Corporation）各出资 50%。[②] 2011 年，该项目开始实施，2014 年 1 月，完成了设备采购合同，截至 2014 年 8 月，仍处于前端工程设计（FEED）阶段。

---

① 见该管道的运营公司 Kinder Morgan 官网，*Trans Mountain Pipeline Expansion Project*，2014 年 8 月 15 日，http://www.kindermorgan.com/business/canada/tmx_expansion.cfm。

② 综合雪佛龙基蒂马特 LNG 项目网站相关内容，网址：http://www.chevron.ca/operations/kitimat。

另一个规划中的项目位于基蒂马特以北的鲁珀特王子岛（Prince Rupert Island），计划建设三条生产线，每条产能为 110 亿立方米/年。项目由英国天然气集团主导，计划分两个阶段实施，预计 2016 年动工，2021 年完成第一阶段两条生产线的建设。[①] 但 EIA 却称该项目由荷兰壳牌牵头，中石化参与了其中，另外两个股东是日本三菱和韩国天然气公司。[②] 当然，大规模进口加拿大的 LNG，仍然存在一些不确定因素。其一，2014 年 2 月，有消息称英国天然气集团将推迟一年做出决定。[③] 将中国—中亚天然气管道 D 线、中俄天然气管道和俄罗斯远东油气开发结合起来，就能看到英国天然气集团面临的挑战。其二，日本、荷兰和韩国已经和加拿大签订了备忘录，购买了基蒂马特项目出产的全部 LNG。其三，尽管美国天然气进口已经出现明显下降的趋势，但加拿大的油砂油项目，必将消耗大量的天然气。加拿大在规划 LNG 出口项目的同时，也在规划 LNG 进口项目。对此，中方应有相应的准备，未雨绸缪。

第五，尼加拉瓜运河计划的有力推动作用。尼加拉瓜宣布，也要开凿一条联通太平洋和大西洋的运河，与巴拿马运河进行竞争。尽管这一设想的实现还需要时间，但毕竟可以作为中国参与并介入跨越地峡运输的切入点，增加中国的选择空间。

（三）相关国家存在开拓亚太市场的需要

第一，拓展亚太市场，是加拿大必然而有利的选择。

首先，加拿大存在市场多元化的客观需求。加拿大的油气出口存在严重依赖美国市场的状况。2002 年以来，其出口石油的 95% 以上和天然气的全部，都输往美国。

其次，加拿大必须为新油气出产寻求市场。加拿大已经加大了对油砂油的开发力度。计划于 2012～2022 年，完成 10 个技改增产和 7 个新建项目。

---

① 该项目的工程 AECOM，*Project Description Prince Rupert LNG*，April 2013。

② EIA，*Country Analysis Brief - Canada*，Last Updated April 2011.

③ Jeff Lewis，"BG Group may delay final decision on Prince Rupert LNG project in B. C. "，*Financial Post*，February 27，2014，http：//business. financialpost. com/2014/02/27/ .

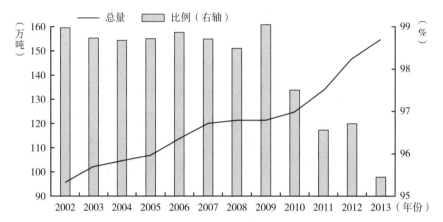

图 3 – 19　2002 ~ 2013 年加拿大出口美国的石油总量及其占总出口量的比例

数据来源：英国石油公司（BP）。

如果将项目最后完工时间，视为项目具备新增规划产能的时间（事实上很多项目是分阶段进行的，在全部完工之前，就具备了一定的产能），则可以绘制出图 3 – 20。从图 3 – 20 中可以看到，到 2018 年，加拿大每年新增的石油产量是 1.142 亿吨。到 2022 年，可再增加 4000 万吨。也就是说，到 2022年，加拿大要新增消费或销售上亿吨石油的能力。这对于任何一个国家来说，都不是一件轻松的任务。

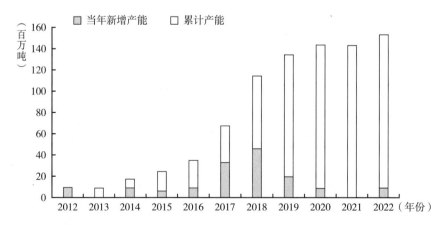

图 3 – 20　2012 ~ 2022 年加拿大各油砂项目当年新增产能和累计产能

数据来源：阿尔伯特政府油砂开发集团（Oil Sands Developers Group）。

当然，随着 2014 和 2015 年国际油价的大幅下跌，加拿大成本高昂的油砂项目，大多陷入困境。但加拿大寻求新的石油出口市场的诉求，从长期来看，应该不会发生根本性的变化。因为近年来美国和加拿大的石油消费量，都已越过了峰值。因此，这些新增的产量，只能寄希望于北美以外的市场。亚太这一新兴市场，是加拿大的必然选择。

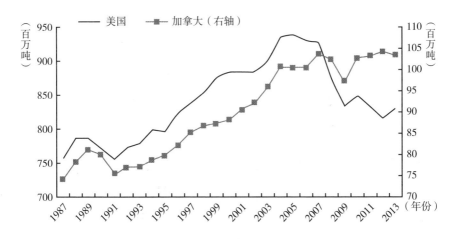

图 3－21　近年来美国和加拿大的石油消费量

数据来源：英国石油公司（BP）。

再次，严重依赖美国市场，对加拿大极其不利。一是经济收益，近年来美国市场的油气价格，明显低于其他市场。以 2013 年的数据为基础进行简单计算，如加拿大将当年出口的石油，全部出口到亚洲，则可多收入 110 亿美元；如将出口到美国的天然气转化为 LNG 并出口到亚洲，则可多收入 115 亿美元。二是过境美国的出口运输，面临美国环保主义者的反对，存在不利影响。在加拿大为了改扩"跨加拿大"管道（Trans Canada），从而增加对美出口的过程中，就出现了被迫改道和施工进度推后的情况。

第二，特立尼达和多巴哥需要开拓新的天然气销售市场。近年来，特立尼达和多巴哥成为世界排名第六的 LNG 出口国，过去的主要出口对象是美国，一度占据特立尼达和多巴哥出口量的 90% 以上。但是从2009～2013 年的数据来看，出口到美国的 LNG 已经呈下降趋势，2013 年仅占

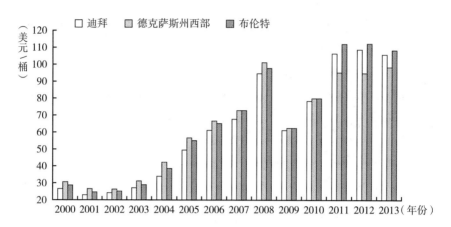

图 3 - 22   2000 ~ 2013 年三个石油市场的油价

数据来源：英国石油公司（BP）。

10.1%。2007 年，特立尼达和多巴哥出口到美国的天然气为 127.6 亿立方米，而 2013 年只有 20 亿立方米。① 这一方面是美国近年来非常规天然气产量大增，进口需求下降的结果；另一方面也说明特立尼达和多巴哥需要寻找新的销售市场。当前，特立尼达和多巴哥的 LNG 主要出口到南美，占 2013 年出口量的近 2/3。但南美近年的天然气开发也得到了长足发展。中国进一步增加进口，可以为特立尼达和多巴哥顺应这一转变提供宝贵的机遇。

第三，美国可能逐步放开国内的油气出口限制。2012 年，IEA 认为：到 2020 年，美国将成为 LNG 出口国，再加上加拿大西海岸的 LNG 出口，北美的 LNG 出口量将达到 350 亿立方米。② 伍德麦肯兹咨询公司称，美国拟建 8 个 LNG 项目，总出口能力达 1.2 亿吨/年。③ 这超过了当前世界第一出口国卡塔尔 7700 万吨的水平。而 2014 年，美国已实际向日本出口了 3.64 亿立方米天然气。当然，从美国天然气的出口趋势来看，尽管天然气出口的总量

---

① BP：*Statistical Review of World Energy*，June，2003 – 2013.

② IEA，*World Energy Outlook Special Report on Unconventional Gas Golden Rules for a Golden Age of Gas*，2012，p. 86.

③ 《英报称美国可能打破现行世界天然气贸易格局》，新华网，2012 年 5 月 18 日，http://world. xinhua08. com/a/20120518/958189. shtml。

在持续增长，但通过 LNG 的出口，一方面所占比例已经降到了 10% 以下，另一方面近两年还出现了直线下降。一些不确定因素仍然存在。

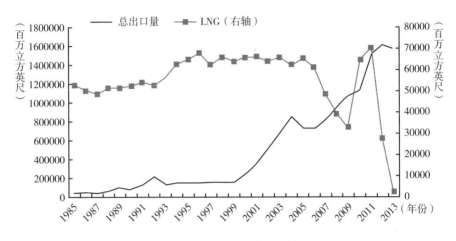

图 3-23　美国天然气出口情况

数据来源：美国能源信息署（EIA）。

美国能否成为 LNG 出口大国，一要看美国能源政策的发展，能否为大规模出口天然气提供通道。毕竟，这会引发美国天然气价格上涨，产生广泛影响。但美国国内天然气价格实际上已经与市场严重脱节。从近两年的情况来看，出口与国内销售之间的差价，已经接近 10 美元/百万英热单位（约 0.28~0.4 美元/立方米）。另外，环保人士也提出了反对意见，因为生产页岩气使用的水力压裂法，会造成地下水的污染。因此，尽管国会已进行过相关听证，却迟迟不见最终的决策。可见此问题的复杂性。

二要看美国和加拿大天然气消费的发展。当前，天然气在两国的一次能耗中，占据重要的位置。对于美国来说，是实现"能源独立"的需要；对于加拿大来说，是生产油砂油的需要。如果两国经济发展顺利，天然气消费重新增加，则出口就会受到限制。

三要看美国太平洋沿岸 LNG 项目的发展。当前美国的 LNG 项目基本集中在墨西哥湾。但如果大规模出口天然气，则需要在西海岸建设 LNG 项目，以争取东亚市场。2014 年，美国政府批准了在阿拉斯加新建 LNG 项目的计

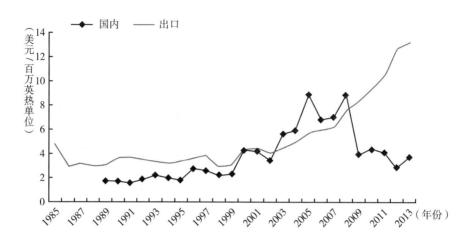

图 3 - 24　美国出口及国内市场天然气价格

数据来源：美国能源信息署（EIA）及英国石油公司（BP）。

划。该项目拟建在基奈半岛的尼基斯基（Nikiski），拥有 3 条生产线，设计产能为 1740 万吨，预计 2024 年 2 月投产。

美国要大规模出口石油，还面临着解除 1973 年以来的原油出口禁令问题。在美国，这一问题已热议多年，有大量的相关报告和研究成果问世。2014 年 5 月，《华尔街日报》的一篇报道称，美国能源部长欧内斯特·莫尼斯表示，政府已在考虑放松禁令的问题，理由是美国没有加工处理天然气、生产副产品天然气液的设备。[①] 这是一个政策松动的迹象。2014 年 7 月，美国以批准天然气凝析油出口的形式，完成了 40 年来的首次石油出口。美国大规模出口油气可能即将变成现实。

因此，从可以支持西线的基础设施建设状况、相关国家能源形势的发展进行保守的估计，五年之后，我国通过西向线路运输的进口 LNG，可能出现数量上的大幅增长，到 2020 年估计可以达到 150 亿立方米/年，占我国天然气总进口量的 10% 以上。从石油方面看，预计 2017 年之后，进口自哥伦

---

① Amy Harder and In - Soo Nam, *U. S. Oil - Export Ban Is Under Review：Administration Signals It Could Relax Decades - Old Rules Amid Growing Supply*, May 13, 2014, http：//online. wsj. com/ news/articles/SB10001424052702303851804579559173078617520.

比亚、委内瑞拉、加拿大、厄瓜多尔的石油，将陆续转为通过西向线路运输。到 2020 年，加拿大新建石油生产项目大部分投产之后，进口自加拿大的石油总量估计会上升到 5000 万吨。西向线路的承运额可能在 0.5 亿 ~0.8 亿吨/年，占 2020 年总进口量 4 亿吨的 12% ~20% 。

二　西向线路面临的形势与问题

西向线路运输量的增加，既有利于进口源头的多元化，也有利于运输线路的多元化和承运份额的均衡化，减少我国对形势不利的北向线路的依赖。但可能要增加对巴拿马运河的依赖，这对运输安全提出了新的问题；中美争端也可能因此凸显。

（一）对美协调

传统上，美国一直把南美视为其"后院"，中国在与南美加强能源合作的同时，需要协调好对美关系。有学者提出，当中国开始实施与南美的能源合作之时，关键的问题是避免对美形成直接挑战和冲突。此外，就是南美事务普遍存在美国插手和干预的问题。在此问题上，美国并非为了保住自己的"天然供应地"，而是"卧榻之侧，岂容他人酣睡"。美国对南美油气的需求减少，南美与其他国家的经济联系加强之后，美国对南美国家的影响或控制将通过何种方式实现？这将是影响中国与美洲国家能源合作、保障西向海运供给安全和线路安全的关键。

（二）委内瑞拉与哥伦比亚之间的管道疑问尚存

在查韦斯总统领导下的委内瑞拉，曾是世界的"反美急先锋"，是拉美左翼的"排头兵"。其继任者也基本延续了这一政策。与此相对，哥伦比亚却是南美洲最为亲美的国家之一。这两个存在严重分歧的国家，能否在能源合作上相安无事，还需要时间的检验。如果管道不能联通委内瑞拉，其价值显然要打折扣。此外，巴拿马运河改造完成之后，15 万吨级的大型油轮可以通过该运河。委内瑞拉与哥伦比亚之间的石油出口管道的作用和价值，也会因此大打折扣。

（三）哥伦比亚局势堪忧

以输油管道为袭击对象，并经常性地炸毁石油出口管道，是哥伦比亚反政府游击队的活动特征之一。据哥伦比亚军方报告，2013 年 1～9 月，就发生了 147 起针对管道的袭击。尽管此种行为对石油出口的影响不大，泄漏的石油还会对当地居民的生存造成威胁，但这些游击队仍然会经常性地去"巡视"管道，以此向政府表明："只要我们愿意，我们就能炸毁管线。"①

（四）跨越巴拿马地峡的问题

尽管巴拿马运河改造工程已于 2016 年 6 月完工，但其航行条件仍然不容乐观。首先，通行能力仍然有限，以 15 万吨级船舶为上限。石油运输行业普遍使用的 VLCC，仍然无法通过。其次，运河通行繁忙，近年来每年通过巴拿马运河的船只超过 14000 艘，且呈不断增长的趋势。其中，运往或运出美国的货物占总运量的 60%。再次，运河水位高出两大洋海平面 26 米，需要通过数座船闸来提升水位，导致通行费时耗力。复次，通过跨巴拿马管道运输，石油必须在地峡两端进行重复的卸载和装运，需要的时间和费用问题，目前还不清楚。最后，美国对巴拿马的影响较深，是否会形成不利影响，也是需要深入思考的问题。

三　维护西向线路安全的思考

当然，在以上问题的背后，是西向海运线路安全易于保障的一面。因为在这一线路上，美国要实施干扰，只能通过自身的行动来实现。正如之前所论述的，在运输这一包含了传统安全因素的问题上，只有依靠第三方的参与，美国才能安全地实施干扰。但加拿大和哥伦比亚这两个美国可以选择的潜在第三方，都已经成为中国的油气供给国，不会"搬起石头砸自己的脚"；日本的油气运输线路要经过中国的南海和台湾地区外海，完全在中国的控制范围之内；其他美洲国家，基本上都已经"左

① Paul Stevens, "Transit Troubles Pipelines as a Source of Conflict", *A Chatham House Report*, p. 11.

转"，与美国存在政治理念和价值观上的分歧，不可能投身美国麾下，充
当美国与他国博弈或竞争的马前卒。如此，中美之间在西向海运线路上
的博弈或斗争，将由于缺乏第三方的参与，而不易受到负面影响。但仍
然需要注意，美国可对相关国家的油气开采、销售等内政问题进行影响
和干涉。中国仍然需继续加强与拉美相关国家的全方位关系，抑制美方
可能造成的负面影响。

第三节　南向线路

南向海运线路，指从北向南进入中国沿海的航运线路。南向海运线路由
当前现实存在的中俄远东海运线路和待开发的跨北冰洋海运线路组成。中俄
远东海运线路已在承运部分产自俄罗斯远东、出口到中国的油气。同时，西
西伯利亚、北冰洋大陆架出产的油气，产自北美、南美和非洲的油气，也可
以通过该线路运输。

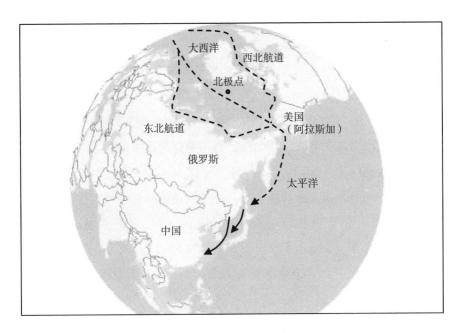

图 3-25　南向线路示意图

一 中国—俄罗斯海运

2009 年底，俄罗斯完成了科济米诺港和东西伯利亚—太平洋管道一期工程建设，开始通过管道和铁路联运的方式，向科济米诺港输送石油，通过海运向亚太国家出口石油；同年，库页岛 LNG 项目正式投产，中俄之间的油气运输增加了一条新的途径——海运线路。

（一）中国—俄罗斯南向海运线路概况

中俄南向海运线路指以俄罗斯远东地区港口为起点，经过日本海，穿越对马海峡进入东海，抵达中国沿海的海运线路。这一运输线路还可以绕开国内的运输瓶颈，分解陆地运输的压力，减少运费。现有的两个起点，纳霍德卡的科济米诺港和库页岛科尔萨科夫，可分别靠泊 10 万吨级油轮和 7 万吨级的 LNG 运输船舶。如俄罗斯通过铁路扩大出口，则远东的苏维埃港可成为第三个起点。该地已建有石油转运设施，油港码头水深 13.8 米，可靠泊 10 万吨级油轮，具备了较好的基础。2011 年 3 月 20 日，时任俄罗斯总理普京，在远东和东西伯利亚燃料能源设施发展会议上指出，未来几年将在远东和东西伯利亚地区建设新的能源基地，除了滨海边疆区的科济米诺石油装运港和在萨哈林州的液化天然气港外，未来还要发展德卡斯特里港（位于苏维埃港以北 150 海里）。[①]

2009 年 12 月 28 日，科济米诺港石油出口系统举行了投入使用的仪式。时任总理普京亲自出席并按下了电钮，为一艘将前往中国香港的油轮灌装石油。该码头长 300 米，每年可接纳 150 艘油轮，输送石油 1500 万吨。这标志着俄罗斯东向进入亚太地区新市场的海路石油出口通道正式建成。俄罗斯方面已在 2012 年第四季度启动了修建另外两个油码头的计划。完成之后，科济米诺港将拥有三个油码头，出口产能达到 5000 万吨/年。

在东西伯利亚—太平洋输油管道二期运营之前，科济米诺港的出口石

---

① 商务部欧洲司：《普京强调在远东建设石油和天然气深加工设施》，商务部网站，2011 年 4 月 21 日，http://ozs.mofcom.gov.cn/aarticle/ztxx/201104/20110407510157.html。

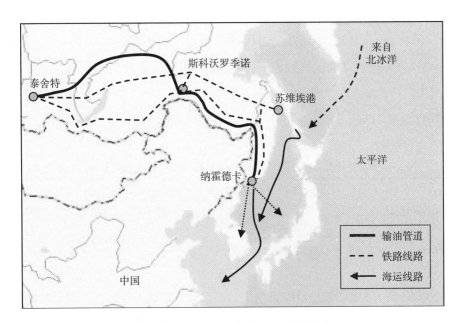

图 3 - 26　中俄海运线路示意图

油，要通过铁路从斯科沃罗季诺或更远的伊尔库茨克州运送，运力受限，运费高昂。管道二期工程已于 2012 年 12 月投产，比原计划的 2014 年提前两年完成。① 自此，东西伯利亚的大部分出口石油经该管道运输，但俄罗斯方面仍然保持了一定的铁路运输。2014 年上半年铁路运输量为 60 万吨，占该方向总出口量的 5.2%。

　　2013 年，通过科济米诺港出口的石油不到 3000 万吨；到 2020 年，将提高到 5000 万吨/年。此外，俄罗斯方面称：通过西伯利亚大铁路和贝阿大铁路，可分别将 2500 万吨和 1500 万吨东西伯利亚的石油输送到远东港口。② 也就是说，理论上俄罗斯每年可以通过远东港口出口 9000 万吨石油。当然，大规模长时间使用铁路运输的成本高昂，只是其潜力不可忽视。

---

① 商务部欧洲司：《俄"东—太"石油管道二期工程将提前两年竣工》，商务部网站，2011 年 4 月 21 日，http：//ozs. mofcom. gov. cn/aarticle/ztxx/201104/20110407510203. html。

② 俄新网上海 12 月 8 日电：《俄铁路每年可运输 4000 万吨原油》，俄新网，2006 年 12 月 8 日，http：//rusnews. cn/eguoxinwen/eluosi_ caijing/20061208/41599043. html。

（二）中国—俄罗斯南向海运输量及变动趋势

中俄南向海运线路承运了中俄天然气贸易中的全部和部分石油。承运石油的数量呈逐渐上升的趋势。美国国防部发表的《中华人民共和国年度军力报告》中的数据，2010 年是 2%[1]，2011 年是 1%[2]，2012 年注明是援引了 2011 年的数据，2013 年是 3%[3]，这些数据皆不准确。

表 3 - 24　2010～2014 年经科济米诺港出口到中国的石油

	2010 年	2011 年	2012 年	2013 年	2014 年
数量(百万吨)	122.4	399.4	450	489.9	590
占当年总进口量的比例(%)	0.51	1.58	1.66	1.74	1.91

数据来源：俄罗斯石油运输公司及笔者收集和推算。

但在经科济米诺港出口的石油中，出口到中国的石油份额一般只位居第二。2010 年，科济米诺港出口石油 1530 万吨，其中出口到中国的只占 8%。出口到其他国家和地区的情况见图 3 - 27。

2013 年，科济米诺港的出口量增加到了 2130 万吨，其中日本占 35.5%，中国占 23%，韩国占 10%。[4] 2014 年增加到 2490 万吨，其中中国占 23.9%，590 万吨。[5] 从发展的角度来看，该线路承运额估计可达 1500 万吨/年。原因如下。

一是，中俄推进能源合作的结果。2013 年 6 月，中俄达成石油贸易协议，俄将在未来的 25 年内，每年向中国供应 4600 万吨石油。最佳的运输方

---

[1]　Office of the Secretary of Defense, *Annual Report to Congress Military And Security Developments Involving the People's Republic Of China 2011*, May 2012, p. 21.

[2]　Office of the Secretary of Defense, *Annual Report to Congress Military And Security Developments Involving the People's Republic Of China 2012*, May 2013, p. 41.

[3]　Office of the Secretary of Defense, *Annual Report to Congress Military And Security Developments Involving the People's Republic Of China 2014*, Apr 2014, p. 82.

[4]　Transneft, *Spetsmornefteport "Kozmino" Intends to Export 22 Million Tons of Oil*, 24 January 2014, http://en. transneft. ru/pressReleases/view/id/10801.

[5]　Port News IAA, *Russian Oil Exports via Port Kozmino to Reach 24. 9 mln This Year*, December 29, 2014, https://www. tankterminals. com/news_ detail. php? id =2991.

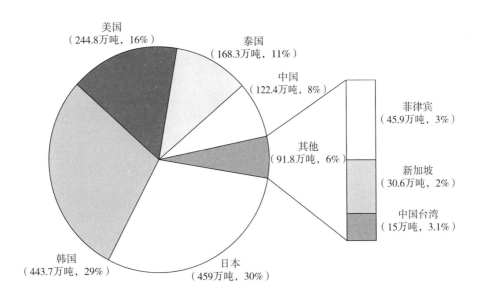

图 3 - 27　2010 年科济米诺港出口石油分布

数据来源：Platts Special Report, *Russian Crude Oil Exports to the Pacific Basin - An Espo Update*, February 2011, p. 3.

式，是中俄管道 3000 万吨/年，剩下的通过中俄南向海运完成。而之前的 2010 年，时任俄罗斯副总理谢钦与中国副总理王岐山在天津会谈，敲定中俄将在天津投资 50 亿美元，联合建立炼油项目。这一项目由中国石油天然气集团公司与俄罗斯石油工业公司（OAO Rosneft）合资兴建，中方与俄方分别占 51% 和 49% 的权益，建设地点在天津南港工业区，日加工能力为 26 万桶（1300 万吨/年，也有报道为 30 万桶/天，合 1500 万吨/年），其中的 18.3 万桶（915 万吨/年）将按现货市场价格从俄罗斯采购，其他的部分将来自中东。这一计划的出台，既强化了两国在能源方面的合作；也表明中俄之间，必然要对海路石油运输进行适当的安排。

二是，中国占据着亚太石油消费市场的主要部分。从亚太市场的变化来看，日本近年的石油消费，已经出现了逐步下降的趋势，只是因为 2011 年福岛地震，引发核电站暂时的关闭，才重新出现石油消费需求增加的情况。但只需 1200 万吨/年，即可补上空缺。且日本的核电站不可能永远关闭。

2012 年 9 月 13 日，日本首相提出了 2030 年实现"零核电"的计划，9 月 20 日便宣布推迟实施。因核电站停止运营而导致的电价上涨，也引发了产业界的强烈反对。① 近年来，韩国的石油消费情况也基本处于平稳状态。同时，在 2014 年 8 月 5 日，日本政府正式决定，就克里米亚问题，对俄罗斯实施追加经济制裁，冻结部分俄罗斯个人和团体在日本的资产。这必将影响到日俄的能源合作。

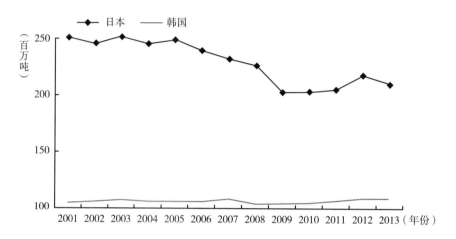

图 3-28　2001～2013 年日本、韩国的石油消费量

数据来源：英国石油公司（BP）。

其他国家进口俄罗斯远东石油的迫切性并不突出。美国从俄罗斯进口石油的关键原因，一是俄罗斯远东石油的质量较好，适宜美国西海岸按加工轻质原油标准设计建设的炼油厂；二是弥补阿拉斯加石油产量下降对太平洋沿岸炼油业的影响。对于东南亚国家来说，从科济米诺港与从中东进口石油，在运输路程上基本相当；科济米诺港油码头，目前只能靠泊 12 万吨级以下的油轮，且俄方还要收取为数不小的管道运输费和装运费用。2009 年 12 月，俄联邦税务局为俄罗斯石油运输公司（Transneft）设定了 1598 卢布/吨

---

① 驻福冈总领馆经商室：《东电上调企业用电价 17% 引起产业界强烈反对》，商务部网站，2012 年 1 月 18 日，http://www.mofcom.gov.cn/aarticle/i/jyjl/j/201201/20120107932988.html。

（合 52.68 美元/吨，7.21 美元/桶）的俄罗斯远东—太平洋管道的运输费率；2010 年调整为 1815 卢布/吨（合 60.1 美元/吨，8.21 美元/桶）；2011 年 11 月，进一步提高到了约合 67 美元/吨。[①] 2014 年，俄罗斯石油运输公司的总裁明确宣布，下调远东管道的运费是不合理的，将坚持原有的 32.24 卢布/100 吨千米的价格。这一费率，包括了俄境内的运输和装船费用。因此，从运费上看，中国自科济米诺港进口石油无利可图。另一方面，科济米诺港石油按俄罗斯远东原油价格计价，与布伦特油相比，存在 -1.6 ~ 3.62 美元/桶的差价，但高于布伦特油的趋势已经出现。以 2014 年 1 ~ 4 月的价格来看，高 3.5 ~ 4.4 美元/桶。因此，尽管东南亚的一些国家，包括俄罗斯石油运输公司未列出的越南，都加入了俄罗斯远东石油的购买者行列中，但都不具备大规模、长时间购买的动因。

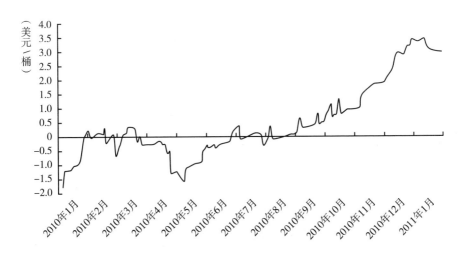

图 3 - 29　俄罗斯远东原油价格与布伦特油的差价

数据来源：Platts。

　　三是，俄罗斯的税收政策有利于刺激远东石油出口。2009 年 11 月，俄罗斯对远东石油实施了免除出口税的政策，以刺激投资，拉动这一地

[①]　驻俄罗斯使馆经商参处：《俄提高东西伯利亚—太平洋石油管道运费》，2011 年 9 月 7 日，http：//www.mofcom.gov.cn/aarticle/i/jyjl/m/201109/20110907727742.html。

区的油气产业发展。俄罗斯从远东石油的物理特质，包括密度、含水和含硫的比例[①]，来认定可以享受免税的石油，而不是根据出口的地点来确定。在这一标准之下，东西伯利亚的22块油田符合了上述标准。[②] 当时，这些油田多数还未开发，分属包括俄罗斯石油公司（Rosneft）、苏尔古特石油天然气股份公司（Surgutneftegaz）、秋明英国石油公司（TNK – BP）和俄气石油公司（Gazprom Neft）在内的企业。这些油田的产油，都要通过远东—太平洋输油管道输送。2010年1月1日，俄罗斯重新对东西伯利亚的石油征收出口税，但确定的税率只是69.9美元/吨（9.50美元/桶），只相当于俄罗斯主要出口石油——乌拉尔石油出口税的28%。从此，远东—太平洋输油管道的石油出口税开始以月为单位进行调整，到2011年2月，税率上升到了137.6美元/吨（18.72美元/桶），但仍然只相当于乌拉尔石油的40%。据俄罗斯财政部的数据，远东—太平洋输油管道的石油出口税，最终可能被固定在149～150美元/吨（20.41～20.54美元/桶)[③]，但这一税率也只相当于乌拉尔油的43.6%。在今后的数年里，东西伯利亚石油的出口税，在总体上保持一定优惠的基础上，将会根据各个油田的情况，进行具体的减免。2010年9月16日，俄财政部称，给予俄罗斯石油公司的万科尔（Vankor）油田（目前为远东管道供油的最大油田，2010年的产量为1270万吨，2015年产量上升到了2500万吨）出口税减免待遇。[④] 2012年10月，俄罗斯能源部长亚历山大·诺瓦克在接受媒体采访时再次表示："俄政府日前对东西伯利亚地区新油田的石油出口关税实行减半优惠政策，并延长了东西伯利亚油田的

---

① 根据俄总理普京签署的文件，其标准为：20℃时的密度在694.7～872.4千克/立方米（约相当于15.5℃时的API 30～70）；含硫量在0.1%～1%。

② 这22块油田位于以下区块：Vankor、Yurubcheno – Tokhomskoye、Talakan（含东部区块）、Alinskoye、Srednebotuobinskoye、Dulisminskoye、Verkhnechonskoye、Kuyumbinskoye、North Talakan、East Alinskoye、Verkhnepeleduyskoye、Pilyudinskoye 和 Stanakhskoye。

③ Platts, *Special Report：Russian Crude Oil Exports to the Pacific Basin – An Espo Update*, February 2011.

④ Platts, *Special Report：Russian Crude Oil Exports to the Pacific Basin – An Espo Update*, February 2011.

矿产资源开采税免征期限。"① 根据最新的政策,当出口均价低于 76 美元/桶时,东西伯利亚石油可免征出口税。

从天然气方面来看,当前俄罗斯出口到中国的天然气,来自库页岛Ⅱ的 LNG 项目。该项目原定于 2007 年投产,但经过多次推迟之后,于 2009 年投入运营。该项目同时向日本、韩国、印度、中国和科威特供应 LNG。2010 年底,该项目实现了 LNG 的最大产能 9.6 百万吨/年(合 130 亿立方米/年)。② 当前中俄天然气贸易量不大,该线路承运的数量有限,从 2009～2014 年的情况来看,数量并不稳定。

表 3 - 25　经中俄海运线路运输的进口天然气

单位:亿立方米,%

	2009 年	2010 年	2011 年	2012 年	2013 年	2014 年	占 2014 年总进口量的比例
运输量	6.7	5.1	3.3	5.31	0	1.76	0.3

数据来源:中国海关总署及英国石油公司(BP)。

(三)中国—俄罗斯南向海运面临的问题

通过这一线路运输天然气的发展情况,受诸多不确定因素的影响,具体如下。

首先,是日俄油气合作的走势与发展。当前中俄南向海运的天然气来自库页岛Ⅱ项目。日韩占据其主要股份,中方完全没有参与。日本作为项目的参与方,已经优先获得了库页岛Ⅱ项目 65%以上产品的收购权。同时,为了将产自库页岛和东西伯利亚的天然气输送到日本,日本也在积极与俄方协商修建日俄海底天然气管道的问题,并已经开始了正式的谈判。如日本实现了这一目标,我国扩大中俄南向天然气海运的目标,就将面临直接的挑战。目前看来,日俄协商进展不顺。但也有消息称,日本远东天然气公司计划在海参崴修建一个年产量为 1000 万吨的天然气液化工厂,其中的 700 万吨将供应日本,

---

① 《俄上调今年石油产量预期》,新华网,2012 年 10 月 19 日,http://news.xinhuanet.com/energy/2012 - 10/19/c_ 123843680. htm。

② EIA, *Country Analysis Brief - Sakhalin*, Last Updated:June 2011.

300 万吨供应韩国。[1] 这一计划与俄发展 LNG、争取更大主动权的政策更为合拍。但相信可能出现的结果，不会是日韩两家独占，而是中日韩三家利益共享。但中国能够得到多少稳定供给，现在还难以估计。

其次，尽管俄罗斯加大了对远东地区的油气开发力度，但中俄输油管道的运输量最多只是 3000 万吨/年，且近期内实现满负荷运营的可能性不大。一方面，正如上文提到的，俄罗斯方面已有明确表示。另一方面，库页岛石油开发暂时受挫，近期内不会有增加出口运输的需要。俄罗斯一直在积极推进萨哈林油气开发，已经制订出了 Ⅰ～Ⅵ 期开发规划，但因种种制约，目前基本完成并显现效益的，只有库页岛 Ⅱ 项目。中方只参与了萨哈林 Ⅲ 项目的开发。中石化与俄罗斯国家石油公司（Rosneft）合伙投资了萨哈林 Ⅲ 的基林斯科伊（Kirinskoye）和维尼斯科伊（Veninskoye）区块，估计两个区块的商业和技术储量为：石油 15 亿桶、天然气 764.56 万亿立方米。其中维尼斯科伊区块的石油储量估计为 14 亿桶。但截至 2011 年上半年，还只打出了 4 口探井。预计要到 2017 年，该区块才能开始生产。[2] 但在 2014 年、2015 年低油价的背景下，这些新项目的进展，必定要受到巨大影响。

再次，是中俄天然气管道的影响。目前，中俄天然气管道，已经选择了首先开通东线，继续海运 LNG 的必要性消失，海运将成为一条以应不时之需的后备运输线路。但如果中俄天然气管道不能按时实现规划的运输量，则中俄之间的海运液化天然气，就仍是完成两国天然气贸易的关键途径。

最后，是运输 LNG 的成本问题。有研究认为，运输距离在 5000 千米以上时，LNG 才更有成本优势。[3] 而俄远东的 LNG 项目，离目标市场都太近。对于中日韩来说，与从中东、东南亚或澳大利亚进口 LNG 的运输成本并没有太大区别。

从航线条件和航行安全方面来看，这一线路的通行安全基本不存在风险。但面临两个问题，一是油气供给的稳定性；二是运输代价的可预见性。

---

① EIA, *Country Analysis Brief - Sakhalin*, Last Updated：June 2011.

② EIA, *Country Analysis Brief - Sakhalin*, Last Updated：June 2011.

③ Paul Stevens, *Transit Troubles Pipelines as a Source of Conflict*, a *Chatham House Report*, p. 23.

毕竟，中俄南向海运，受到日韩的竞争和俄罗斯一石三鸟布局的牵制，且俄罗斯对运费的要价不低，需要综合全面考虑。解决这一问题的关键，是我国在签订油气销售合同时，要注意各方利益的平衡。同时，要充分评估国内非常规天然气的开发前景，在充分考虑国内和周边天然气市场发展变化的前提下，在合同条款的刚性和灵活性之间寻求平衡。

二 跨北冰洋航线

开拓跨北冰洋海运线路，具有以下益处：第一，缩短航程。经过北冰洋的航线，可比当前的线路节约数千海里的航程。具体而言，从北美洲经北冰洋的航线比当前线路近5000海里，从南美洲北部经北冰洋的航线比当前线路近2000海里，从非洲北部经北冰洋的航线比当前线路近1000海里。第二，沿途不存在非传统安全之虞。第三，在航行安全问题上，可与美国直接面对面。第四，油气资源充沛，沿途经过亚马尔半岛、西西伯利亚和东西伯利亚这三个陆上油气田；经过巴伦支海、喀拉海、拉普捷夫海、东西伯利亚海和鄂霍茨克海这几个海上油气储藏富集区。

（一）跨北冰洋航线概况

跨北冰洋航线，指起始于北大西洋，跨越北极地区进入太平洋的航线。当前，实际存在的北极航线有穿越加拿大的"西北航道"和沿俄罗斯西伯利亚北冰洋沿岸航行的"东北航道"。同时，根据形势的发展，还可以开发直接穿过北极点的航线。

跨北冰洋航线从大西洋北上进入挪威海之后，可依据形势的发展进行选择。第一，北极冰盖消融加速，极点附近也可安全航行通过，则沿正北从格陵兰海进入北冰洋，取捷径直线通过。第二，如北极冰盖消融有限，则可沿东北航道航行，迂回通过。第三，经格陵兰岛和加拿大之间的戴维斯海峡和巴芬湾，西向穿过加拿大北极群岛水域，通过美国阿拉斯加以北的波弗特海，经楚科奇海，进入太平洋。后两条航线的航行距离，要比第一条多1000海里左右。进入太平洋之后，沿白令海岸南下，进入鄂霍茨克海，从宗谷海峡进入日本海，与中俄南向海运线路相连接。

目前，这一航道在贸易运输方面的实际价值还不突出。一是受北极冰盖制约，航舶只能季节性通行，只有北极地区较温暖的 8 ~ 9 月，才适合普通船只航行；二是当前该航道每年的运输量不到 1000 万吨。因此，对北冰洋航线的探讨，更多应该从战略和长远的角度展开。

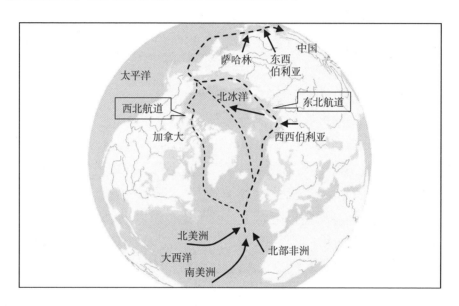

图 3 – 30　跨北冰洋航线路示意图

（二）跨北冰洋航行的现实可能性

气候变化导致北极冰盖消融，是该航线实现全年通航的客观基础。在过去的 30 年里，有 41% 的北极冰盖融化消失。但是仅在 2004 ~ 2005 年，随着全球气候变暖不断加速，有 14% 的冰盖消失。从最近的全面科考、2007 年的观察来看，又有超过 259 万平方千米的北极冰盖消融。据美国国家冰雪数据中心（National Snow and Ice Data Center）2012 年的观察，北冰洋的海冰覆盖率在 2012 年 9 月 16 日达到了 2012 年的最低值：342 万平方千米，只覆盖了北冰洋洋面的 24%。而上一次的最低点出现在 2007 年，当时的覆盖率为 29%。[①]

---

① Justin Gillis, "Ending Its Summer Melt, Arctic Sea Ice Sets a New Low That Leads to Warnings", *New York Times*, September 21, 2012.

2007 年，美国地球物理学协会（American Geophysical Union）运用最新的数学模型进行了测算，结果显示：只需到 2013 年，人类就将迎来一个即便是在冬季也没有浮冰的北冰洋！[①] 当然，事实已经证明这个测算是错误的，但冰盖加速消融的趋势仍然存在，这意味着北冰洋将可能变得像波罗的海一样，只有在冬季才出现厚厚的浮冰，并且不会影响全年的通航。

另外，这一航线已在开展商业航行。据俄罗斯估计，2011 年底北极航道的货运总量为 500 万～700 万吨，到 2015 年，将增至 1300 万～1500 万吨。[②] 早在 2009 年 9 月，两艘德国货船从韩国出发，"通过这条北极航道完成首次商业航行"[③]。俄罗斯也使用过这一航线输送石油，2010 年秋，俄罗斯首次实施了从北冰洋运输石油的试航。两艘满载油轮，在破冰船的护航下，从白海维季诺港出发前往东南亚国家。[④] 俄罗斯对开拓这一航线表现出了积极的姿态。2011 年 9 月，时任俄罗斯总理普京，高度评价了北方航线的价值。[⑤] 2011 年底，俄罗斯方面还表示，为了重新开通北海航线，将在 2015 年中期以前，在雅库特共和国北冰洋沿岸的季克西港、楚科奇自治区北极港口佩韦克、楚科奇自治区太平洋沿岸的阿纳德尔和普罗维杰尼亚湾，建立总编制为 210 人的 4 个救援中心。[⑥] 2013 年 2 月，俄罗斯政府公布了 2020 年前北极地带发展战略，将统一的北极交通系统和能源基础设施建设，作为政府的扶持重点。

---

① Scott G. Borgerson, "Arctic Meltdown: The Economic and Security Implications of Global Warming", *Foreign Affairs*, March/April 2008, p. 67.

② 孙英、凌胜银：《北极：资源争夺与军事角逐的新战场》，《红旗文稿》2012 年第 16 期。

③ 俄新网莫斯科 9 月 21 日电：《俄罗斯拟开北极航道，太平洋到欧洲缩短五千公里》，2009 年 9 月 21 日，俄新网，http://rusnews.cn/eguoxinwen/eluosi_ caijing/20090921/42590099.html。

④ 俄新网莫斯科 6 月 11 日电：《俄油轮今年秋天将首次沿北方海路向东南亚运输石油》，2010 年 6 月 11 日，俄新网，http://rusnews.cn/eguoxinwen/eluosi _ caijing/20100611/42807717.html。

⑤ 俄新网阿尔汉格尔斯克 9 月 22 日电：《普京：利用北海航线的国家和私人公司将是大赢家》，2011 年 9 月 22 日，俄新网，http://rusnews.cn/eguoxinwen/eluosi_ caijing/20110922/43156390.html。

⑥ 俄新网哈罗夫斯克 12 月 13 日电：《2015 年将在远东建成直到北海航线的救援中心》，2011 年 12 月 13 日，俄新网，http://rusnews.cn/eguoxinwen/eluosi _ anquan/20111213/43250500.html。

2013 年 8 月，中国远洋的永盛轮，从大连出发，经东北航道到达荷兰鹿特丹，航行耗时 35 天，完成了中国的第一次跨北冰洋航行，比经由传统航线用时少 13 天。

从当前的卫星照片看，除了通过北极点的航线仍然在冰盖的覆盖之下，"西北航道" 和 "东北航道" 上的大面积浮冰已经消失。这意味着，中国开通这一连接大西洋与太平洋捷径的客观制约将逐渐消失。

（三）航线周边的油气资源

该航线周边油气资源储藏丰富，已具备了一定的产能，并且相关国家也有意加大北极地区的油气开发力度，能够为该线路提供足够的资源保障。

早在 2000 年，EIA 就进行了一项题为 "北极滨海国家野生动物保护区石油生产潜力评估" 的研究，表明美国方面在积极推动北极油气开发。西方石油公司也陆续涉足北冰洋大陆架，英国和挪威的石油巨头就因鼎力支持北极科考，而被怀疑是在觊觎北极石油。

关于北极地区油气资源的总体最新数据，是 2008 年 7 月 27 日美国国家地质调查局公布的数据，其估计北极地区技术上可采的石油储量超过 900 亿桶、天然气 46.76 万亿立方米、天然气凝析液 440 亿桶。[①] 同时，调查认为，石油更多储藏在美国阿拉斯加，而天然气则更多储藏在俄罗斯。俄罗斯自然资源部认为，俄主张权力的北冰洋大陆架可能蕴藏着 5860 亿桶石油，而2011 年沙特阿拉伯的探明储量只是 2654 亿桶。

从生产的角度看，航线周边也有可观的油气产量。俄罗斯西伯利亚油田、美国阿拉斯加北坡油田的开发，表明人类已经能够在极端条件下开采和输送油气。据隶属北极理事会[②]的北极监测与评估工作组指出："北极地区

---

① Kenneth J. Bird, Ronald R. Charpentier, Donald L. Gautier, David W. Houseknecht, Timothy R. Klett, Janet K. Pitman, Thomas E. Moore, Christopher J. Schenk, Marilyn E. Tennyson, and Craig J. Wandrey. "Circum – Arctic Resource Appraisal: Estimates of Undiscovered Oil and Gas North of the Arctic Circle," *US Geological Survey* (2008), full text available at: https: //pubs. usgs. gov/fs/2008/3049/fs2008 – 3049. pdf.

② 该理事会于 1991 年成立，成员国包括加拿大、丹麦、芬兰、冰岛、挪威、俄罗斯、瑞典和美国。其目的是贯彻北极部分地区环境保护战略，为各国提供关于环境风险方面的信息，以及建议各国政府采取预防和补救措施。

已经产出全球大约 1/10 的原油和 1/4 的天然气，其中大约 80% 的石油和 99% 的天然气来自俄罗斯。"①

2014 年 8 月 9 日，美国埃克森美孚与俄罗斯石油公司开始了在喀拉海的勘探合作。这为北极地区的石油开发，奠定了更加坚实的基础。

（四）北冰洋航行面临的问题

首先，两个当事国对北极航道法律地位的认识，直接影响他国对这一航道的使用。加拿大和俄罗斯都拒绝按《海洋法》相关规定，给予他国航行的便利。从《海洋法》的角度看，"西北航道"的戴维斯海峡和巴芬湾段，属于"用于国际航行的海峡"；帕里水道（Parry Channel）和麦克卢尔海峡（M'clure Strait）属于加拿大的内水；波弗特海（Beaufort Sea）部分属于加拿大的领海。"东北航道"主要位于俄罗斯的领海或专属经济区。只需遵从《海洋法》规定的"无害通过"制度，就可自由航行通过。即"通过应继续不停和迅速进行"；"通过只要不损害沿海国的和平、良好秩序或安全，就是无害的"。

但俄罗斯把"东北航道"视为其国内交通线的一部分，认为《海洋法》规定的"过境通行"或"无害通过"均不适用于"东北航道"，并要求按俄罗斯法律对该航道进行管理。外国船舶要事先取得许可，使用俄罗斯的破冰和导航服务，并支付高额费用，才能通过"东北航道"。这种违背《海洋法》的行为，引起了他国的不满。目前，除了俄罗斯，其他国家很少使用这条航线。

"西北航道"对于美国来说，是一条重要的航道。冷战时期，美国核潜艇经此往返北冰洋。20 世纪 80 年代，阿拉斯加北坡油田投产之后，该航道成为把石油运输到美国东海岸的捷径。但长期以来，关于"西北航道"的国际地位问题，美国和加拿大一直存在分歧。加拿大坚持该航道属于加拿大的内水。而美国认为，"西北航道"是一条国际航道，各国均有权"过境通

---

① 祖蓼：《北极理事会发出警告，石油开采引发北极生态风险》，《中国环境报》2008 年 1 月 25 日。

行"。2008年8月27日，加拿大总理史蒂芬·哈珀宣布，必须首先在加拿大海岸警卫队登记备案，才能驶入"西北航道"，并指出加拿大已经着手加强海岸警卫队的力量，以增强拦截和扣押违规船只的能力。

其次，北冰洋周边六国对北冰洋权益的争夺，使相关权利、责任的划分面临诸多不确定因素。在这些争夺尘埃落定之前，北冰洋的法律地位就处于不明确的状态，这为跨北冰洋航行带来了不确定因素。

北冰洋周边的六个国家——俄罗斯、美国、冰岛、挪威、丹麦和加拿大，一直以来都存在海洋边界争议。但冰盖的阻碍，使这些国家都无意为了这片不可逾越的大洋发生直接冲突，划界问题处于搁置状态。随着能源需求增长和全球变暖加速带来的环境变化，以及相关科学技术的进步，周边国家已对北极展开了争夺。当前的争夺，一个是在《海洋法》约束范围内的争夺，一个是以实力为后盾的争夺。

第一，在《海洋法》约束范围内，以争取最有利的大陆架划界为焦点。一是，争取将大陆架延伸到350海里之外。《海洋法》第七十六条规定，提供科学依据证明本国的"大陆边的外缘"在200海里之外，则大陆架可以延伸到350海里。二是，争取将自己的权益区确定为大陆架。在大陆架与专属经济区重叠的情况下，大陆架所有国对地下资源享有排他性权益。《海洋法》第七十七条第二款规定："如果沿海国不勘探大陆架或开发其自然资源，任何人未经沿海国明示同意，均不得从事这种活动。"对专属经济区的规定则是"本条所载的关于海床和底土的权利，应按照第六部分的规定行使"。也就是说，对于争夺地下资源的"圈地"而言，在大陆架和专属经济区的重叠争议地区，只争到专属经济区是无利可图的。从立法的渊源来看，专属经济区的设立，最初只是为了解决海洋渔场纠纷问题。2001年，俄罗斯先行一步，已按《海洋法》规定的程序，向联合国大陆架界限委员会（Commission on the Limits of the Continental Shelf）提交了第一份申请，主张的大陆架面积达46万平方英里（合120万平方千米）。对于俄罗斯的申请，该委员会要求俄方在收集更完整的数据之后再继续申领程序。2006年，挪威也递交了申请；加拿大、丹麦和冰岛分别在2013年和2014年提交。丹麦宣称计划在 2004～2010 年投入 2000 万丹麦克朗（合 360 万美元），用于收集有关证据，合法申领北极大陆架。[①] 2008 年 8 月 26 日，加拿大总理史蒂芬·哈珀说，加拿大将发起大型北极测绘项目，为此，加拿大政府计划在五年内投资 1 亿美元。[②]

俄拥有北冰洋六个沿岸国家中最长的海岸线，且俄罗斯北冰洋沿岸的海水较浅，便于勘测，也符合《海洋法》的相关规定，顺利地把大陆架延伸到 350 海里。[③] 俄罗斯的法兰士约瑟夫地群岛、新地岛、北地群岛、新西伯利亚群岛和符兰格尔岛，使俄罗斯的领海深入北冰洋几百千米至上千千米，这对俄扩张大陆架极为有利。也就是说，按《海洋法》相关规定，俄罗斯应该可以相对顺利地把大陆架延伸到 350 海里。同时，俄对北极和北冰洋开发的行动和规划相对较早且系统、完善。2009 年 3 月，俄罗斯发布了《2020 年前俄联邦的北极政策及远景规划》，明确界定了俄罗斯在北极的各种利益。2010 年，俄罗斯又出台了《北极战略》，宣称将于 2016 年把北极建成俄罗斯的战略能源基地。之后，时任俄罗斯总理普京宣布，在今后 30 年里，俄政府将投资 10 万亿卢布（约合 3500 亿美元）开发北极地区。

第二，以实力为后盾的争夺将使问题复杂化。当前角逐的焦点在于实力的展示和积累。美国作为北冰洋的沿岸国，尽管其政府签署了《海洋法》，却没有得到国会的批准。一方面《海洋法》实际上限制了美国的行动，使其占据海权和科技制高点的优势受到了制约；另一方面，美国的通行观念，是美国政府和国会不受国际法和国际组织约束，即美国存在不遵循《海洋法》公约的可能性，这将加剧问题的复杂性。

---

① 舒源：《国际关系中的石油问题》，云南人民出版社，2010，第 288 页。

② 《加绘制北极宝藏图，计划五年内投资 1 亿美元》，《京华时报》2008 年 8 月 28 日第 22 版。

③ 《海洋法》规定，如果存在水深超过 2500 米的海沟阻隔，大陆架只能在 200 海里以外延伸 100 海里，即只能拥有总计为 300 海里的大陆架。《海洋法》第七十六条"大陆架的定义"之第五款规定："组成按照第四款（a）项（1）和（2）目划定的大陆架在海床上的外部界线的各定点，不应超过从测算领海宽度的基线量起 350 海里，或不应超过连接 2500 米深度各点的 2500 米等深线 100 海里。""第四款（a）项（1）和（2）"即是针对超过 200 海里大陆架的规定。因此，2500 米水深的问题，只是针对 200 海里以外的大陆架而言，而不是一般意义上的，大陆架均不能延伸到 2500 米水深的海底。

从当前的形势看，俄罗斯占有最大的优势：一方面是俄罗斯在北极的实力要更为强大。"美国发现，虽然它的海军力量是排名其后的 17 个国家的总和，却只有一艘 10 多年以前制造的、不适合远洋航行的、难当大任的破冰船。与此相对的是，俄罗斯拥有 18 艘远洋破冰船，就连中国也有 1 艘。"① 2007 年 8 月 2 日，俄罗斯深海潜水器在北极点 4000 多米深的洋底，插上俄罗斯国旗的事件，也有试图获取超越《海洋法》规定之外权益的嫌疑。2011 年 7 月，俄罗斯防长宣布，要在北极部署两个旅的部队，也引发了广泛关注。

从军事上看，早在冷战时期，美国军舰和核动力潜艇就经常出没北冰洋。世纪之交，美国开始强化在北极的军事存在，在阿拉斯加部署了反导系统，加强了北冰洋沿岸海岸警卫队的力量。2009 年，美国通过《国家安全和国土安全总统令》，明确宣布北极对美国的国家利益有着广泛而重要的影响。

2007 年 8 月 10 日，加拿大总理史蒂芬·哈珀宣布了 3 项旨在增强北极主权的决定：更新雷索卢特湾的一处军事设施；扩充该地武装巡逻部队并改善装备；准备建成一支 5000 人的北极陆军兵团；在巴芬岛建立主要为军事目的服务的深水港；准备在 2012 年前组建由 6~8 艘具有破冰能力的军舰组成的北极舰队，并将为此拨款 70 亿美元。哈珀强调，此举意在向全世界宣示："加拿大在北极的存在是真实的、不断增强的和长期的。"② 这预示着加拿大加强了在北极的军事存在，摆出了凭实力说话的架势。

丹麦也决定，2010~2014 年，在格陵兰岛设立军事基地，组建北极快速反应部队和北极联合指挥部。2009 年，丹麦、挪威和瑞典三国防长召开会议时提议，由三国组建联合快速反应部队，监视和威慑各国在北极地区的活动。

如果相关国家不按《海洋法》解决问题或权责不明，则意味着《海洋法》不能在北冰洋得到完全的实施，必须寻找其他机制保障航行权益。

---

① Scott G. Borgerson, "Arctic Meltdown: The Economic and Security Implications of Global Warming", *Foreign Affairs*, March/April 2008, p. 64.

② 李文政:《加拿大强化宣示北极主权》,《人民日报》2007 年 8 月 13 日第 3 版。

（五）中国利用北冰洋航线的思考

中国可以通过三种方式利用北冰洋航行。

第一，自主开通经过极点的航线。《海洋法》第七十八条明确规定："沿海国对大陆架的权利不影响上覆水域或水域上空的法律地位。""沿海国对大陆架权利的行使，绝不得对航行和本公约规定的其他国家的其他权利和自由有所侵害，或造成不当的干扰。"也就是说，只要相关国家寻求在《海洋法》框架内，通过合法认领大陆架扩张自身在北冰洋的权益，就必须给予他国通过这一海域的航行权益。因此，只要冰盖消融，通过北极点的航行就能成为现实，且不涉及他国的权益。

但中国通过这一方式参与北极事务，可能将面临相关国家的共同抵制。2008 年，北冰洋周边 5 国达成了"内部协商，外部排他"的共识，希望通过闭门双边和多边磋商，讨论和决定事关北冰洋的重大问题。中国应以得到广泛支持的《海洋法》为法律依据，以维护"航行自由"为切入点，参与北极事务，在西方惯用的话语体系之下，占据道义制高点，进而占据与西方博弈的有利位置。中国以此为切入点，可能达成的结果，不仅是可能获得通行的权利，还可以增加参与国际博弈的筹码。

第二，与俄罗斯合作，使用相对成熟、航行基础最好的"东北航道"。实现这一合作的方式有以下两种。一是，通过谈判和利益交换得到"东北航道"的使用权，使中国的油轮和其他船舶，可以自主通过"东北航道"。二是，购买俄罗斯提供的跨北冰洋运输服务。早在 2007 年 6 月初，俄罗斯的两家公司就提出了运输北极地区普里拉兹洛姆油田石油的方案。一周之后，"海军部造船厂"就举行了首艘北极油轮建设的开工仪式。[1] 俄罗斯计划在 2012 年建造 7 艘具有破冰能力的油轮，18 艘具有破冰能力的散装货船，以提高北极航道的使用效率。[2] 借助俄轮运输，可能需要多付出一些运费，但可以加强与俄方的经济联系，存在有利于中国的一面。

---

[1]　马克西姆·克兰斯：《俄罗斯很快将成为油轮运输的巨头之一》，俄新网，2007 年 6 月 25 日，http://rusnews.cn/xinwentoushi/20070625/41819546.html。

[2]　孙英、凌胜银：《北极：资源争夺与军事角逐的新战场》，《红旗文稿》2012 年第 16 期。

第三，与加拿大合作，使用"西北航道"。实现这一合作，也可以采取两种方式。第一种方式，与中俄之间的第一种方式一致，即借道。第二种方式，可以考虑推动加拿大建设通过哈德逊湾出口油气的设施，建立通过"西北航道"输出石油的基础，以此实现对"西北航道"的使用。具体原因如下：首先，加拿大 10 年内要新增 1.53 亿吨/年的石油出口，仅靠扩建和新建一条通往太平洋沿岸的管道，解决不了问题，还需开拓新的出口线路。其次，修建通往哈德逊湾的石油输出设施相对有利。从加拿大中部的石油产区修建通往太平洋沿岸的管道，需要穿越纵贯北美大陆的洛基山脉，施工、维护和运营相对不便，而通往哈德逊湾的管道，在距离上与通往太平洋沿岸相当，但通过区域是地质稳定的平原；随着气候变化，开发加拿大中部、北部地区的条件已经具备，修建哈德逊湾出口终端，有利于这一地区的开发；哈德逊湾出口终端，可以同时向亚太地区、美洲和欧洲市场出口，有利于市场多元化，且以哈德逊湾为起点到亚太地区的航程，与以加拿大太平洋沿岸为起点的航程相比，只多了 3500 千米①；哈德逊湾附近人烟稀少，可以最大限度地避免太平洋港口扩建过程中出现的社会问题。推动加拿大通过哈德逊湾出口油气，对中国有以下益处：从符合加拿大利益的方向，开展与加拿大的合作，可以顺理成章地探讨北极航行的问题。此外，通过与加拿大的合作，还有益于推进我国与俄罗斯的合作。但目前看来，北极地区冬季还无法航行的现实，限制了这一线路的实际开通。

因此，开通跨北冰洋航线，是中国参与北极事务的最佳切入点。不应只局限于运输安全，而要从国家利益、国家战略的层面思考问题。开通跨北冰洋航线，将使中国拥有更多参与国际博弈的筹码，而付出的代价，只是立场的选择。总之，应立足合作，达成开通航线和实现其他战略目标双丰收的结果。

---

① 海图作业结果。温哥华至上海航线为 9450 千米；哈德逊湾—西北航道—上海航距的海图作业距离为 7000 海里，合 13000 千米。通过这一航线，VLCC 将增加 5~7 天的航行时间，多支出 350 万元左右的航运成本。以 25 万吨运载量计，每吨运费增加 14 元人民币。

第四节　远洋运力建设问题

运力和承运方也是运输安全的一个重要环节。"国油国运"，即中国进口的石油，由中国的船舶进行运输，以确保或加强运输安全。"国油国运"一直是中国远洋进口石油运输行业关注的重点问题，也是当前大力发展远洋运力的关键政策动因。

早在 2004 年，运输部门官员发出的信息，就引发了国民的广泛关注。如中国油轮只承运了进口石油的 1/10、运力只能满足承运全部进口 1/3 的需求、"运力不足"问题严重等。之后，时任轮船招商局董事长秦晓撰文提出了几个关键的数据指标：2010 年、2015 年、2020 年，中国 VLCC 运力分别应达到 1111 万吨、1894 万吨和 2426 万吨。[①] 而理论基础为：中国进口石油海运量将分别达到 1.78 亿吨、3.02 亿吨和 4.5 亿吨；假定全部用 VLCC 运输，每艘 VLCC 年运输量为 200 万吨，且中国船东承担 50% 的运量。据船讯网报道，2012 年下半年，交通部的相关数据为："近海油轮增长仅为 2.7%，增加至 1125 艘，910 万吨。"由此可见，中国"运力不足"的问题仍未得到解决，甚至没有达到秦晓提出的 2010 年应达到 1111 万载重吨的运力建设要求。但从运输安全的角度看，这些指标需要商榷。

首先，讨论运输安全，不能仅从经济效益方面看问题。"假定全部用 VLCC 运输"，是把经济效益放在了排他的位置上。实际上，万吨级油轮就能胜任远洋运输任务。

其次，是如何定义"中国油轮"的问题。交通部的数据，一方面只是近海和内河航运的油轮，并不适用于远洋航运；另一方面应该只是船籍注册为中华人民共和国的油轮。2012 年 8 月，笔者在劳氏船社"全球船舶数据库"查到的 5 万吨以上中国籍油轮，总计为 5232144 载重吨。但从事国际原油运输的船舶，大部分选择了一个对经营有利的国家或地区注册船

---

① 秦晓：《中国能源运输业的发展与未来战略》，《中国能源》2008 年第 4 期。

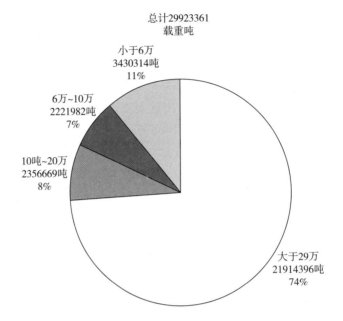

总计29923361
载重吨

小于6万
3430314吨
11%

6万~10万
2221982吨
7%

10吨~20万
2356669吨
8%

大于29万
21914396吨
74%

图3-31　相关海运公司不同级别油轮的运力结构

注：本图中仅包含四大航运企业：中远、招商、中海和中外运长航，以及大连海昌、南海海航和中国石油的油轮。目前10万吨以上油轮，大多数为这些公司所有。中国拥有10万吨以下油轮的实际情况，要高于图中的数据。

数据来源：据相关油运公司公布数据汇总。

籍，即悬挂"方便旗"的惯例。以2011年底的数据来看，招商局能源运输股份有限公司的油轮悉数注册为利比里亚籍，但这些油轮"全部为100%权益的自有船舶"①。中远28艘10万吨以上油轮中，注册巴拿马籍的为13艘，占46%，但载重吨却占53%，利比里亚籍2艘，中国香港籍5艘。注册中国籍8艘，数量占29%，但载重吨只占19%。具体数据见图3-32。从这一比例可以看出，适于远洋运输的大型油轮，更多选择了悬挂"方便旗"。其他国家也如此操作。如2007年，俄罗斯"控制"的1500艘

---

① 范建东：《招商轮船新造30万吨超级油轮"凯景"》，招商局网站，2011年7月25日，http：//www. cmenergyshipping. com/shownews. asp？id=951。

船舶中，只有170多艘悬挂俄罗斯国旗。[①] 因此，不能仅把注册为中国籍的油轮计入中国的远洋运力，而是要把所有中国可支配和调动的油轮计入其中。

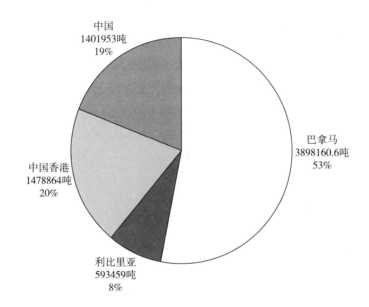

图3-32　中远油轮船籍注册地、载重吨及比例

数据来源：据中远公布数据汇总。

再次，2020年4.5亿吨的海运进口运输量值得商榷。能源研究界一般认可4亿吨的进口量。但刨除陆路和近海之后，远洋海运的数量实际上只剩3.2亿吨。

最后，要注意几个细节和即将发生的变动及其影响。第一，不是所有的海运进口石油运输都需要动用远洋油轮。如来自东南亚和大洋洲的石油、将占据重要地位的中俄海运，不动用远洋油轮也能完成任务。且当前俄罗斯远东的油运码头，还都只能靠泊12万吨以下的油轮。第二，

---

① 马克西姆·克兰斯：《俄罗斯很快将成为油轮运输的巨头之一》，俄新网，2007年6月25日，http://rusnews.cn/xinwentoushi/20070625/41819546.html。

运量和航程即将发生变化。随着中缅输油管道投入使用，我国很快将有2000万吨石油的运输，可以减少近4000千米航程；北美洲和南美洲太平洋港口建设的完工、巴拿马运河和管道的改造完工，也将使5000万～8000万吨的石油，陆续减少数千千米的航程。

从以上几个因素出发，探讨中国进口油气运输安全的运力建设问题，首先不能只涉及经济效益问题，而是要综合考虑其他因素。因此不能将注意力局限在VLCC上，而是应把能满足远洋运输需要的所有油轮包括进去。但为了兼顾一定的经济效益问题，在此仅将10万吨以上的油轮，纳入维护运输安全的运力建设范围；另一方面，要把中国公司所有或长期租用、能够调动的油轮全部计入，而不能只考虑中国籍的油轮。如此，就当前的形势来看，维护中国进口油气运输安全的海洋运力建设问题，主要涉及国内四大航运企业，即由中国国资委直接管理的中远、招商、中海和中外运长航。同时，大连海昌、海航、河北远洋和中油联的油轮，也应该计入其中。

三　中国远洋油气运力概况

中国10万载重吨以上的油轮，全部在2000年及以后才陆续投入运营。根据笔者掌握的并不全面的数据，可以绘制出图3－33。实际的运力，要大于图3－33中的数据。从图3－33中可以看到，2000年我国10万吨以上油轮的运力，仅为191万载重吨。但截至2011年底，运力已经增加到了2176万载重吨。2013年初，超过了2427万载重吨。

从增长幅度来看，最大的是2003年，增长了47.4%，其他年份的增幅也不低于10%。从数量的增长来看，2009～2011年最突出，每年新投入使用的远洋油轮，都在300万载重吨以上，其中2010年达到了483万吨。这既与2008年我国经济刺激计划出台、投资大幅增加的情况一致；也与金融危机后，经济滑坡，油轮造价与租金大幅下降有关。这为添置远洋油轮提供了难得的机遇。如2011年前后，VLCC的造价已不到1亿美元，而2008年需要1.3亿美元。中国石油天然气集团公司也借机介入了油轮运输业。有报

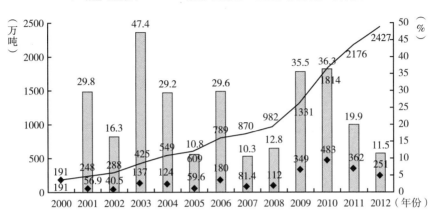

图 3 – 33　中国 10 万吨以上油轮运力发展历程

注：海航集团大新华油轮公司数据为"净吨"，其他为"载重吨"*；海昌没有具体数据，以 30 万整数计；因笔者未能获得具体数据，上图不包括河北远洋的油轮。据一些报道分析，河北远洋 10 万吨级以上油轮的总载重吨在 100 万以上。

*"载重吨"指船舶可以载重的总吨位；"净吨"指装载运输货物的重量。前者包括"净吨"及各种补给、燃油和船员等。"载重吨"与"净吨"之间，存在 1% ~ 2% 的差距。

数据来源：据相关油运公司公布数据汇总。

道称，中国石油天然气集团公司于 2011 年定制了两艘载重 32 万吨的超级油轮[①]，并在组建自己的油轮船队。中国石油天然气集团公司也宣称："海运业务规模不断扩大，2010 年运输量比上年同期增长 23%。与委内瑞拉、俄罗斯等国际石油船运公司开展合资造船业务，以'造船 + 期租'方式提升船队规模。"[②] 但未提供具体的数据。海航大新华也在 2010 年表示，已签下 6 艘 32 万吨油轮的订单，计划在 3 年后投入运营。

　　经过多年的持续增长，2010 年，中国的远洋石油运力已达到 1814 万载重吨，超过了 2010 年发展到 1111 万载重吨的非官方设想。同时，这一运力也超过了之前官方的规划。2003 年，交通部水运司人士指出，中国

①　《中国石油大建油轮船队打入国际原油运输市场》，中国海事服务网，2010 年 5 月 11 日，http：//www. cnss. com. cn/html/2010/domestic_ industry_ 0511/21974. html。

②　中国石油天然气集团公司：《2010 年度报告》，2010，第 41 页。

建立进口原油运输船队的远期目标，是 2010 年建成运输 7500 万吨进口原油的船队。[①] 而 2010 年的运力，具备了完成 1 亿吨以上进口石油运输的能力。从 2011 年拥有的运力来看，每年运输的石油可超过 1.5 亿吨。而从 2012 年可以达到的运力来看，已超过了前面提到的 2015 年应达到 1894 万载重吨的推算。

如果以各个进口源的具体进口量，对航程进行加权，以平均 11 节的经济航速（油轮正常航速一般为 10 ~ 18 节），以各 3 天的装运和卸载时间来计算，2011 年的运力可以完成进口运输需要的 62%。如果将平均航速提高至 15 节（当然，部分油轮的最高航速也只在 15 节），则可以完成 83% 的运输量。而"国际上一般以本国派船、对方派船和市场租船遵循 4∶4∶2 比例原则承运"[②]。也就是说，从商业运营的角度看，中国当前的远洋运力，已经能够满足需要了。

从理论上看，如 2012 年投入运营的油轮也计入，2013 年，中国将具备每年运输 2.5 亿吨进口石油的远洋运力，具备运输进口石油 90% 的运力。

天然气方面，就是中国远洋 LNG 运力的问题。与中国的天然气进口刚起步相一致，LNG 运力的发展也还处于起步阶段。截至 2012 年上半年，国内 5 万吨以上[③]液化气运输船舶，只有分属中国液化天然气运输（控股）有限公司（简称 CLNG）的 5 艘和中远的 7 艘，总计 12 艘，87.4 万载重吨。此外，还有 3 艘千吨级液化气体运输船舶。中国远洋 LNG 运力发展的历程，相对远洋石油运力简单得多。1999 年，中远有了第一艘 6 万吨级液化气体运输船舶，之后的 2005 年和 2006 年，中远分别新增了 3 艘 7 万吨级船舶。之后，CLNG 所有、容积 147210 立方米、73058 载重吨的 5 艘 LNG 运输船舶，于 2008 ~ 2009 年投入使用，共计 363590 万载重吨。

① 史宝华：《中国将建大型进口原油船队》，《船舶物资与市场》2003 年第 6 期。

② 孙晓蕾、王永锋：《浅析我国石油进口运输布局与运输安全》，《中国能源》2007 年第 5 期。

③ LNG 密度为 420 ~ 470 千克/立方米。5 万吨级的 LNG 运输船舶，与 10 万吨级的油轮，在外形尺寸上基本相同。

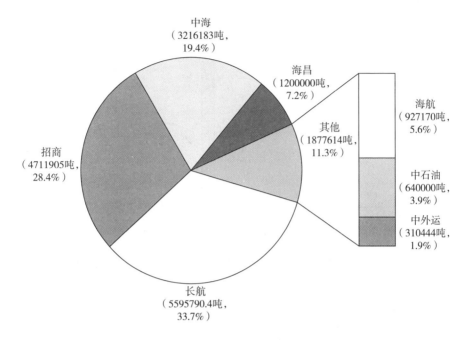

图 3 - 34　2012 年中国远洋石油运输运力构成

注：2008 年中外运与长航重组为中外运长航集团，但此处将两家公司的油轮数据分列。

数据来源：据相关数据汇总。

2010～2012 年，中国的 LNG 运力发展暂时处于停滞状态。

需要专门提及的是 CLNG 及其运营模式。2004 年 3 月，经国家商务部批准，由招商和中远各投资 50%，组建了 CLNG，并在香港登记成立。之后，又由 CLNG 和英国石油公司（BP）船务有限公司各出资 60% 和 40%，组建了中国液化天然气船务（国际）有限公司，简称 CLSICO。CLNG 负责 LNG 船舶项目的投资、LNG 船舶资产、LNG 运输经营、LNG 运输项目公司（单船公司）的管理和 LNG 运输项目投资的咨询服务。CLSICO 作为专业的船舶管理公司，负责 LNG 船舶的船员配置、技术管理和运行操作。CLNG 取得广东、福建和上海进口液化天然气运输项目的经营权之后，又采取了引入多个利益相关方的方式展开经营。在广东，CLNG 与澳大利亚液化天然气公司、广东粤电资产经营有限公司、深圳市航运总公司及能源运输集团公司（美国）四家公司合资，建造了"大鹏昊"和"大鹏月"两艘 LNG 运输船

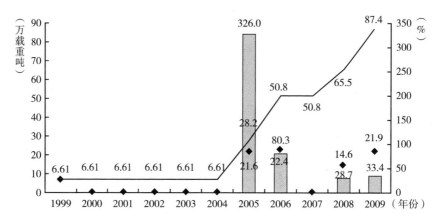

图 3 – 35　中国 5 万载重吨以上液化气体运输船舶运力发展历程

数据来源：据相关数据汇总。

舶，并注册了两个单船公司，CLNG 所占权益均为 51%。在福建，CLNG 公司与福建省福煤科技有限公司、能源运输集团公司（美国）共同投资建造了"闽榕"和"闽鹭"，CLNG 所占权益均为 61.5%。目前，这 4 艘 LNG 运输船舶，承担了进口澳大利亚和东南亚 LNG 的运输业务。

从理论上看，当前的这一运力，能够承运 2010 年 LNG 进口量（合 128 亿立方米、947 万吨 LNG）的 90% 以上；2011 年 166.2 亿立方米（合 1230 万吨 LNG）的 70%。[①] 随着中国天然气消费量的增加，2020 年需要进口 1250 亿 ~ 1430 亿立方米天然气。其中，通过管道进口的理论最大值为中国—中亚天然气管道 850 亿立方米/年、中缅 120 亿立方米/年、中俄 380 亿立方米/年，总计 1350 亿立方米/年。保守估计，2020 年中缅管道的实际运量可能会在 50 亿立方米左右，中俄天然气管道在 100 亿立方米左右，因此，仅需通过海运补充 350 亿立方米。

如此，估计到 2020 年，海运 LNG 的重要性将不再突出。保持海运进口，更多只是我国能源进口多元化的需要。因此，如何在新形势下，维持或

---

① 气态天然气与 LNG 的换算为 10 亿立方米约等于 74 万吨。推算过程与推算石油运力相同。

发展当前的 LNG 运力，需要进行充分的综合考虑。需要考虑资源地变动和航程变化，尤其是美国和俄罗斯 LNG 项目的建设情况；需要考虑国内非常规天然气的发展情况。涉及的问题更为复杂。

四　中国远洋油气运力发展的几点思考

2011 年以来，航运界一直在传言，出于"国油国运"、振兴造船和钢铁业的打算，中国将出巨资打造 60～80 艘 VLCC。2012 年初，为了吸引更多人士参加"第二届中国巨型油轮与液化天然气船技术峰会"，主办方就抛出了"2020 年前，国内主要运输集团将陆续投资 171 亿元建造 60 艘巨型油轮和 20 艘液化天然气船"的噱头。但相关说法的真实性，一直没有得到证实。直到 2012 年 9 月 28 日，《21 世纪经济报道》记者在采访相关企业负责人之后进行的报道，才从公开渠道，明确了相关的规划。据称，中海已确定新造 10 艘 VLCC，中远达 30 艘，加上招商已经公布的 10 艘，三大航运公司已经确定了 50 艘 VLCC 的订单。[①] 但这一报道，没有提到长航以及其他的相关企业。因此，"60 艘巨型油轮和 20 艘液化天然气船"的说法是可信的。如果以当前技术成熟的 30 万吨级油轮和 7 万吨级 LNG 运输船来计算，到 2020 年，中国油轮的运力将超过 4200 万载重吨、LNG 接近 230 万载重吨。届时，中国拥有的远洋油气运力，将能在完成新老更替的基础上，胜任"国油国运"的任务，而且还绰绰有余。

但是，如果结合主要油气消费国家、资源地分布和国际海运市场的变化，以及油气远洋运输安全中出现的新情况，中国油气运力建设应注意以下几个方面的问题。

（一）进口商与承运方之间的协调问题

在运力建设之前，首先需要解决的问题，是石油进口与承运企业之间的合作问题。"根据交通部统计……直到 2010 年仅有约 38% 的海上进口原油

---

① 高江虹：《三大航企抛 50 艘油轮订单，豪赌国油国运》，《21 世纪经济报道》2012 年 9 月 28 日，http://www.21cbh.com/HTML/2012 - 9 - 27/wONTQzXzUzMTUwOA.html。

由中国油轮船队承运，距离'十二五'政策目标规划的85%由国轮承运差距仍然相当大"①。而之前的分析，已经得出结论，2010年的运力，能够完成1亿吨以上进口石油运输量。而2010年的总进口量为2.3亿吨，刨除中俄、中哈和中蒙之间的运输，需要海运的石油为2亿吨，也就是说，2010年中国的远洋运力，已经可以完成50%的进口运输量。但"因为中石化、中国石油和中海油三大油企分配给国内航运企业的运量极为有限。广东油气商会油品部部长姚达明透露，大部分的原油进口运输是交给外资油轮公司完成"②。从2013年的海关统计数据来看，只有40%的进口石油由中国籍油轮承运。当然，导致这一情况的原因，还有石油出口方指定运输企业的因素，不能简单地把板子打到"三桶油"的身上。

（二）对运力的有效控制是关键

拥有更多的油轮、更大的运力，当然是好事，但从维护运输安全的角度看，对运力的有效控制才是关键。因为一旦运输安全出现问题，就有打乱普通商务安排的必要。能够令行禁止、服从大局、舍弃部分经济收益，才是解决问题的关键。

（三）超大型油轮存在不利于运输安全的一面

首先，要考虑分散风险的问题。大型油轮经济效益相对突出，但运载量大，不利于风险的分散。其次，要考虑大型油轮的航线问题。30万吨的满载VLCC吃水超过20米，一旦马六甲海峡主航道最浅区域发生船舶搁浅或沉没事故，这一级别的VLCC通过海峡的航行将受到严重影响，需要借道巽他海峡或龙目—望加锡海峡的可能性更大。如此，则必须经过印度尼西亚和菲律宾的内水。如此一来，相关方就有了与中国进行博弈的资本。相对而言，尽管马六甲海峡通航能力有限，却是国际航道，可以避免第三方有针对性的干扰。另外，巴拿马运河经过改造之后，也只能通行15万

① 高江虹：《三大航企抛50艘油轮订单，豪赌国油国运》，《21世纪经济报道》2012年9月28日，http：//www.21cbh.com/HTML/2012-9-27/wONTQzXzUzMTUwOA.html。

② 高江虹：《三大航企抛50艘油轮订单，豪赌国油国运》，《21世纪经济报道》2012年9月28日，http：//www.21cbh.com/HTML/2012-9-27/wONTQzXzUzMTUwOA.html。

吨级的船舶。需要认真计算绕道好望角和借助巴拿马运河捷径之间的经济效益问题。因此，在发展大型油轮的过程中，要考虑经济效益与政治风险之间的平衡问题。

（四）运力高速发展下的生产安全问题

远洋油气运输是一个生产安全风险较高的行业，这也是注册单船公司回避连带责任的原因。只有船员具备过硬的专业技能、心理、身体和语言素质，营运公司具有相应的管理水平，才能将风险降到最低。而这一水平的提高，关键在于人员的教育、培训和经验的积累。在运力高速发展、大量船舶在短时间内投入运营的背景下，能否解决好生产安全问题，也是必须注意的关键环节。

（五）运力建设要充分考虑国际形势动向

第一，石油需求增速减缓。尽管金融危机之后，全球经济开始复苏，但仍处于增长乏力的状态。受此影响，石油需求的增速减缓，对增加运力的需求相应减缓，且增长主要来自发展中国家，特别是拉丁美洲、中国和印度等国，西方国家的运输行业将因此面临挑战。如 2012 年 3 月，美国的第二大油轮公司通用海运（General Maritime），也因此申请了破产保护。中国的油气运输业，可以利用这一机遇。

第二，油轮运力供大于求。从克拉克森的研究来看，全球油轮运力的供需关系，自 2009 年起，就处于严重过剩的状况（见图 3 - 36）。具体到 VLCC，情况同样不容乐观。2011 年，全球交付的 VLCC 为 2640 万载重吨，导致 VLCC 运力骤升，对该船型市场运价造成了巨大的冲击。另据 Frontline 公司统计，2012 年上半年有 33 艘 VLCC 竣工，按计划下半年还有 37 艘竣工；当前全球 VLCC 船队规模为 610 艘，市场严重饱和。[①] 从克拉克森的统计来看，2011 年底至 2012 年初，是 VLCC 租金的低谷，不及 2008 年高峰时期的 1/10。2012 年上半年，VLCC 的日均租金只有 7627 美元，不及 2010 年 32006 美元的 1/4。短期内，国际油运市场供大于求的状况已成定局。

---

① 高江虹：《三大航企抛 50 艘油轮订单，豪赌国油国运》，《21 世纪经济报道》2012 年 9 月 28 日，http：//www.21cbh.com/HTML/2012 - 9 - 27/wONTQzXzUzMTUwOA.html。

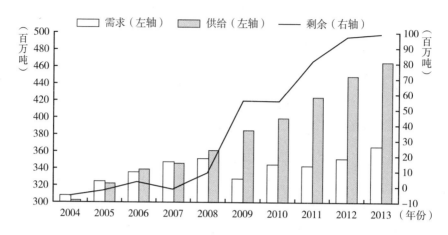

图 3－36　2004～2013 年全球油轮运力的需求、供给和剩余情况

注：包括运输原油的油轮和运输品油的油轮。

数据来源：Clarkson, *Oil and Tanker Trade Outlook*, May 2012。

第三，"国际上一般以本国派船、对方派船和市场租船遵循4：4：2 比例原则承运"[①]。中国目前的运力已经可以完成40%的油气进口运输量。如还要继续增加运力，则应该科学评估由本国承运的进口油气份额，才真正有利于运输安全。还要考虑能否在出口方指定承运方的问题上与对方展开有效的协商。

（六）船舶信息透明带来的新问题

2012 年，一艘接近投入运营的15 吨级远洋油轮，因与伊朗有关，而成为船籍不明的"神秘船舶"一事，凸显了船籍问题对运输安全的影响。

行业数据库 Equasis 显示，该油轮名为"安全号"，造价1 亿美元，由伊朗私人企业伊朗国家油轮公司（National Iranian Tanker Co., NITC）从上海外高桥造船厂订造。但中国企业否认与伊朗或 NITC 存在关系，说该船将会交给一家香港的航运公司 Parakou Group；伊朗方面也称与该艘油轮没有任何关系。美国方面却认为，NITC 试图通过"售后回租"或将所有权转让给避税天堂马耳他，隐瞒对该油轮的所有权。而之前伊朗在马耳他注册的公

[①]　孙晓蕾、王永锋：《浅析我国石油进口运输布局与运输安全》，《中国能源》2007 年第5 期。

司已被发现，并受到了欧盟的制裁。

其中的原因，一是自 2012 年 7 月 1 日起，欧盟将实施禁令，禁止进口和运输伊朗石油以及为运输伊朗石油提供保险。二是 NITC 的身份问题。美国认定 NITC 是伊朗革命卫队的"代理人或附属机构"。该公司及与之保持业务往来的任何企业，都将受到美国和西方的制裁。有西方的民间团体向政府施加压力，要求美国的机构和个人断绝与 NITC 的业务关系。美国方面也正在讨论一项议案，准备进一步挤压 NITC 的活动空间。

迫于西方压力，2012 年 5 月，伊朗石油的最大承运方利比亚国家海洋运输总公司（General National Maritime Transport）明确表示，将从 2012 年 7 月 1 日，欧盟制裁生效日起，停止将伊朗石油运往欧洲的业务。该公司在 2011 年利比亚内乱过程中，已经受到过美国的制裁。NITC 已承运了伊朗越来越多的出口石油，关系到伊朗的命运。但该公司仅有运输伊朗 1/3 出口石油的运力。在西方的制裁下，伊朗石油外运面临越来越严峻的挑战。

国际海运业是一个高度透明的行业，相关信息网络的建设和服务已经相当完善。以笔者个人为例，尽管笔者居住在昆明，一个内陆城市，但只需要一根网线、一台电脑、一定的资金（购买相关专业数据库的使用权）、必要的精力和时间投入，就能够通过相关的专业网站和数据库，掌握全球绝大部分 100 吨级以上商业船舶的基本信息，并跟踪其航行路线和航行状况。具体的过程为：先通过劳氏船社数据库筛选并查询相应船舶的 IMO 号①，再通过"船讯网"提供的专业服务，查询相关船舶的航行状况和基本信息，包括船型、船籍、载重吨、位置、航向、航迹、航速和目的地等。再加上克拉克森航运数据库和行业数据库 Equasis（欧洲优质船运信息系统）的专业服务，可以进一步查询到产权、运营和制造等相关信息。专业组织和机构能够获取的信息更为全面。伊朗面临的问题，表明了这种透明带来的挑战。传统上，通过部署封锁线影响海运运输的做法，在这一新的背景下，将发生改变。

因此，笔者认为石油贸易的灵活性，"使得美国无法甄别这些石油是否最

---

① 船舶的国际海事组织编号。

终流入中国港口"的观点①并不成立。首先，甄别油轮的目的地并不复杂。在外轮承运大部分中国进口石油的背景下，获取相关信息和情报尤为简单。其次，工作量不大。即便今后中国油轮承运了绝大部分的份额，但大部分的油轮仍然要通过马六甲海峡，而经过马六甲海峡到东亚的远洋大型油轮每天有60～80艘，即便全部甄别，又能有多大的工作量？再次，"方便旗"只是船东规避经营风险和事故责任的具体经营方法，既掩盖不了船东的身份，也掩饰不了真实的经营方。最后，中国进口石油的特许模式使得"甄别"尤为简单。尽管从装货港到目的港之间，油轮运载的石油可能已经被转手了几十次。但当前中国90%的进口石油，都由中国石油天然气集团公司下属的中国石油国际事业公司完成。只要抓住了最终的进口方，就能甄别某一油轮运载的石油是不是中国进口的石油。即便再退一步，中方通过注册虚拟公司或借助第三方开展进口业务，那么，只要其他国家和地区主动提供信息，通过排除法，即可确定哪些油轮的目的地是中国。而与中国使用同一航线的印度、东南亚和东亚国家，大多较为亲美。要求其提供信息，并非难事。无法甄别这一结论的得出，究其原因，不过是刻意掩饰和有意误导，或是研究能力的极度缺失。

之前的分析中已经提到，经过部分国家内水的航行、第三方有针对性的干扰是最可能出现的负面影响。通过第三方的参与，是避免这些直接干扰的最佳选择之一。如伊朗，在美国和西方的石油禁运面前，就正在通过将自己的船舶"售后回租"或变更登记为第三方国家船籍的办法，规避制裁。因此，引入第三方的运输船舶，也有益于中国的运输安全。首先，可以规避中国与相关国家的矛盾和竞争；其次，通过企业间的国际合作，可以规避国家和政府间的直接冲突，增加协商和妥协的空间；最后，可以建构更为复杂的利益关系，使相关方针对中国的作为，因为面临更为复杂的后果，而趋于克制。

---

① 2008年，美国海军战争学院的教授、中国问题专家加百利·科林斯（Gabriel B. Collins）及其伙伴出版了研究中国能源问题的论文集——《中国能源战略：对北京海洋政策的影响》（*China's Energy Strategy: The Impact on Beijing's Maritime Policies*, Naval Institute Press June 16, 2008）。其中，有观点质疑了"美国对华围堵"的能力和效果，但得出结论的论据，居然是无法判断哪些石油是输往中国的。

第四章　中国进口油气陆路运输
面临的形势与问题

陆路运输，是中国进口油气运输多元化的基础。尽管当前陆路承运进口石油的比例仅为海路的 1/9，且增长的空间相对海运有限，但陆路运输可以基本排除美国的影响，相对海运有特殊优势。缺点是运费高，面临的具体问题较多。从天然气来看，随着中国—中亚天然气管道 ABCD 线、中缅天然气管道、中俄天然气管道的建设，到 2020 年，陆路将可完成至少 80% 的进口运量。相对海运 LNG，陆路管道运输更具经济上的竞争力。

陆路运输，还能推进国家间的合作，从国际关系的角度看，比海路运输更为重要。正因如此，第三方的影响将更多体现在陆路运输上，国际关系和能源安全研究中，才有了"管道政治"这一概念。如果不能确保陆路进口运输安全，中国进口油气运输全局的安全就会失去重要的支撑。

第一节　西北线路

西北线路，指从新疆入境的进口油气运输线路，是海运之后首先得到广泛关注的陆地运输线路（见图 4-1）。西北线路是一条面临形势最有利、出现严重问题可能性最小的线路。从中亚油气出口国的角度看，中亚毗邻地区阿富汗和伊拉克的战乱状态、伊朗与西方国家关系的紧张、高加索地区的潜在动荡、乌克兰危机的加剧，都对中亚国家的西向能源运输形成了负面影响。但通往中国的东向运输，却可以避免这些风险。

一 背景简介

当前，西部陆路运输，由已经投入使用的中国—哈萨克斯坦输油管道、中国—中亚天然气管道和逐渐得到加强的中哈铁路成品油运输构成。中哈铁路曾是中哈、中俄石油贸易的重要通道，当前成为中国与哈萨克斯坦和乌兹别克斯坦成品油贸易的重要通道。2013 年和 2014 年，有极少量的进口天然气，由铁路和公路运输入境。管道已成为西北线路占据绝对主导地位的运输方式。

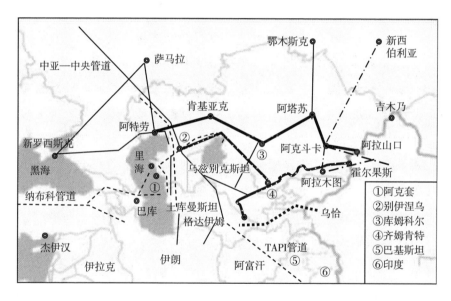

图 4 - 1　西北陆路运输线路

（一）中哈铁路运输

中哈之间的铁路，是贯通亚欧大陆两端、连接中国连云港与荷兰鹿特丹的"亚欧大陆桥"的一个组成部分。中哈铁路的石油运输，主要使用阿克斗卡—阿拉山口—独山子之间的路段。其中阿克斗卡—独山子之间，仅有318 千米路程。抵达阿克斗卡之后，就可以和苏联时期修建的西伯利亚—土库曼斯坦铁路连接，可进一步南下深入中亚或北上进入俄罗斯。同时，哈萨克斯坦也存在进一步建设跨哈萨克斯坦铁路运输系统的计划。

在中哈输油管道投入运营且运力得到充分调动之前，中哈铁路石油运输发挥了重要作用。具体而言，2006 年运输量为 158.24 万吨[①]；2007 年，受中哈输油管道投入运营影响，数量锐减至 57.6 万吨[②]；2008 年进一步下降到 40.7 万吨[③]。自 2009 年之后，中哈之间的石油运输基本全部转移到输油管道。

当前的中哈铁路，运输了一定数量的燃料油和润滑油。从乌鲁木齐海关数据看，2009~2011 年，这一贸易呈现持续增长势头，从每年 40 万吨增加到 80 万吨。2012 年之后，运输量有所下降。2010 年开始，铁路首次运送了 45 吨液化石油气[④]，并具备了液化石油气 30 万吨/年、各类油品 50 万吨/年的运力。因哈萨克斯坦成品油价格较低，进口企业有利可图。这一具有一定规模的油气运输方式将能够得以延续，有利于有效拓宽中国能源进口通道和运输方式。

从中哈铁路成品油运输的油源来看，绝大多数来自哈萨克斯坦，少部分来自乌兹别克斯坦和吉尔吉斯斯坦。哈萨克斯坦是中国—中亚天然气管道的过境国和部分气源的供应国，乌兹别克斯坦和吉尔吉斯斯坦不仅是中国—中亚天然气管道 D 线的过境国，也是发生了"玫瑰色革命"、最为亲美、曾建有美国在中亚最大空军基地的国家。但吉尔吉斯斯坦油气储量相对较少，在中亚的油气合作中没有得到足够的重视。因此，与之保持成品油贸易，还有加强国家关系的意义和价值，还有助于民间交往，营造友好气氛。自乌兹别克斯坦和吉尔吉斯斯坦的进口具有的两个特点是，边境小额贸易占进口的 80% 以上和民营企业进口占 20%。

中哈铁路运输，存在的问题是两国铁路轨距不同，中国为 1435 毫米，

---

① 根据乌鲁木齐海关"铁路运输进口原油 57.6 万吨，同比下降 63.6%"的数据推算。见《2007 年新疆口岸进口原油量价齐升，管道运输成为主要方式》，乌鲁木齐海关网站，2008 年 10 月 24 日，http://urumqi.customs.gov.cn/publish/portal166/tab7421/info131809.htm。

② 乌鲁木齐海关：《2007 年新疆口岸进口原油量价齐升，管道运输成为主要方式》，乌鲁木齐海关网站，2008 年 10 月 24 日，http://urumqi.customs.gov.cn/publish/portal166/tab7421/info131809.htm。

③ 乌鲁木齐海关：《2008 年新疆口岸原油进口稳步增长》，乌鲁木齐海关网站，2009 年 1 月 6 日，http://urumqi.customs.gov.cn/publish/portal166/tab7421/info211758.htm。

④ 《我国首次通过铁路进口哈萨克斯坦液化石油气》，新华网，2010 年 6 月 14 日，http://news.xinhuanet.com/fortune/2010 年 6 月/14/c_ 12222267.htm。

哈萨克斯坦为 1520 毫米，需要换装。中哈铁路运输 318 千米的路程，不到中俄铁路 1000 多千米路程的 1/3。维持这一运输路线和方式，不仅有利于线路运输方式的多元化，且费用相对较低。尤其管道作为一个庞大的系统，在运量不足时，难以发挥经济效益优势。因此在一定情况下，进行少量石油运输时，铁路运输的费用要低于管道。

再者，中哈两国都有意为进一步扩大铁路运输做准备。首先，2009 年 12 月 18 日，新疆第一条电气化铁路精河—伊宁—霍尔果斯铁路开通运营，增加了一条中哈之间的铁路运输线路。其次，哈萨克斯坦一直存在新建连接欧亚准轨铁路的设想。这既是出于联通中国与欧洲铁路运输的需要；也是哈萨克斯坦逐渐摆脱对俄罗斯依赖及美国影响，建构自己的地缘环境的需要。早在 2005 年，哈萨克斯坦官方就在海外提出建设"泛欧亚准轨干线"的设想。①

---

① 2005 年 3 月 12 日，在中国香港开展招商活动的哈萨克斯坦铁路股份总公司第一副总裁卡纳特·让卡斯金正式对外宣布，哈萨克斯坦政府已决定于当年动工修建一条连接中国与欧洲的新铁路："泛欧亚准轨铁路干线"。同年 4 月，哈萨克斯坦运输和通信部部长纳格马诺夫访华，向中方介绍了该方案，并希望得到中方的全力支持。该方案的主要内容如下：从中国东部沿海向西，经新疆阿拉山口进入哈萨克斯坦，再横穿哈全境向西至阿克套，然后南下进入土库曼斯坦，之后通过伊朗和土耳其，经东南欧和中欧，最后抵达比利时的布鲁塞尔。该线路全长 8000 多千米，但仅需新建经过中亚各国总长为 3943 千米的准轨铁路。其中哈萨克斯坦境内 3083 千米，土库曼斯坦境内 770 千米，伊朗境内 70 千米。（见《"泛欧亚铁路干线"背后有大国争夺的影子》，新华网，2004 年 8 月 9 日，www. news. xinhuanet. com/world/2004 - 08/09/content_ 1741146. htm。）

与此对应，欧盟早在 1993 年 5 月，就提出了致力于打通欧洲至黑海、高加索至里海的"欧洲—高加索欧亚运输走廊"计划（Transport Corridor Europe Caucasus – Asia）。从该计划出台至 2005 年，欧盟投资超过 1 亿美元，国际金融机构的累计投资近 10 亿美元。

2005 年 5 月，哈萨克斯坦总统纳扎尔巴耶夫访华时，哈萨克斯坦运输和通信部与中国铁道部在北京正式签署了《两国铁路运输合作协定》。在访华结束时，纳扎尔巴耶夫总统与胡锦涛主席签署了"两国联合声明"。联合声明再次强调了加强两国铁路合作的必要性，指出："中哈双方认为，修建从多斯特克站至阿克套港口的横跨哈萨克斯坦的铁路干线，对于提升连接亚太地区国家和欧洲国家的交通走廊作用、提高过境运输能力具有战略意义。中方支持这一方案，重视这条新干线给未来亚欧国家之间经贸关系带来的潜力。双方愿加强合作，发展泛亚铁路北部通道，提高阿拉山口—多斯特克口岸的过货能力。双方同意共同研究和协调运价政策，以提高交通通道的吸引力和竞争力。"这一表述说明，哈萨克斯坦的设想得到了中国完全的理解与支持。

从以上三个相关方的行动可以看出，这一计划对于三方都是一个十分有益的项目。如果计划实现，今后从欧洲开出的火车，无须更换车厢，就可直达中国，实现"欧亚直通车"的梦想。

目前，这一设想还未得到实施，但在建设"丝绸之路经济带"得到中亚国家支持的背景下，这一设想成为现实的可能性，无疑得到极大的提升。

中哈铁路油气运输，因为有了民营企业的参与及有利可图，不仅丰富了中国进口油气的运输方式和路线，还无须国家的额外投入支持。

（二）中国—哈萨克斯坦输油管道

中哈输油管道是中国的第一条跨国石油进口运输管道，是提高中国进口石油运输安全的首座里程碑。建设中哈输油管道的协议于1997年签署，拉开了中国—中亚油气合作的序幕。经过7年的酝酿和1年的建设，中哈输油管道于2006年7月正式运营，成为中哈之间主要的石油运输途径。

当前的中哈管道，由哈萨克斯坦阿特劳至中国独山子之间的管道构成。整条管道的建设和运营，分几个阶段完成。首先投入运营的是阿特劳—肯基亚克段，中国石油占49%的股份。该段长448.8千米，2002年5月23日开工建设，2003年3月28日投入运营，年输油能力600万吨。建成后一直向阿特劳—萨马拉输油管道以及里海管道财团（CPC）的田吉兹—阿特劳—新罗西斯克管道输送石油，即把哈油从东向西输送到黑海沿岸或俄罗斯。这解了哈萨克斯坦的燃眉之急，因为之前田吉兹75%的石油由铁路运输。① 中哈二期贯通之后，才改为从西向东，把哈油输送到中国。其次投入运营的，是阿塔苏—阿拉山口—独山子段。阿塔苏—阿拉山口段管道是哈萨克斯坦独立之后，修建的第一条跨境管道，又称中哈原油管道一期工程。该管道2004年9月28日开工建设，2005年12月15日贯通，2006年7月20日正式投入商业运行。该段长962千米，按2000万吨/年的输量设计建造。哈萨克斯坦石油运输公司627千米的库姆科尔—阿塔苏段管道（可能要重建新管道），也为阿塔苏—阿拉山口段管道供油。俄罗斯鄂木斯克—哈萨克斯坦管道也可以将俄罗斯的石油输送到阿塔苏，借道中哈管道出口中国。② 阿拉山口—独

① 古丽阿扎提·吐尔逊、阿地力江·阿布来提：《中国与哈萨克斯坦能源合作透视》，《俄罗斯中亚东欧市场》2004年第4期。

② Alexander Sukhanov, "Caspian Oil Exports Heading East", *Asian Times*, 2005 - 02 - 09, http：//atimes. com/atimes/Central_ Asia/GB09Ag02. html, Retrieved 2012 - 03 - 15.

山子段，2005 年 12 月 10 日完工，为中哈管道的国内段，长 246 千米，一期设计运输能力 1000 万吨/年。再次投入运营的，是肯基亚克—库姆科尔段。该段长 793 千米，2009 年 10 月 9 日开始商业运行，一期年输送能力 1000 万吨。目前，该段管道的主要石油发货方为：中国石油—阿克托别石油天然气公司。该段管道的建设和一期的改造，合称中哈管道二期工程。2013 年底，中哈原油管道完成全线改造，具备了 2000 万吨的年输油能力。自 2006 年投入运营以来，中哈管道承运额呈逐年增加态势（见图 4 - 2）。之前有预计认为，中哈管道有望于 2014 年实现 2000 万吨/年满负荷运营。[①] 但实际的结果令人失望，2014 年中哈管道的实际运量，只有 1205 万吨。而中哈石油贸易量相比上一年大幅下降 50% 以上，只剩 569 万吨。管道运输的其余份额为来自俄罗斯的石油。

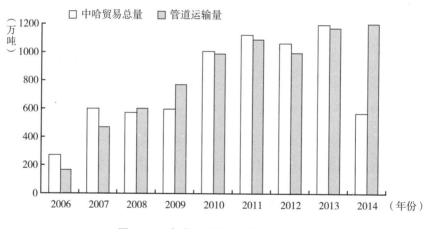

图 4 - 2　中哈石油贸易及管道运输量

数据来源：中国海关总署及笔者整理。

中哈管道还是俄罗斯向中国输送石油的重要途径之一。2007 年 11 月，中哈管道投入运营之后，哈萨克斯坦与俄罗斯签署了一份协议，允许俄罗斯

---

① 陈桂英：《中哈原油管道将于 2014 年满负荷运营》，商务部网站，2012 年 11 月 7 日，http：// kz. mofcom. gov. cn/aarticle/jmxw/201211/20121108423817. html。

经阿塔苏—阿拉山口管道，每年对华输油 500 万吨。[①] 而之前，尽管俄罗斯已经在实际地借道中哈管道，但并未明确过相关的流量。但该协议并未得到很好的实施。2008 年，借道中哈管道或铁路，俄罗斯运输到中国的石油为 93.7 万吨，占当年从哈萨克斯坦入境石油总量的 14.8%[②]；2009 年上半年为 75.2 万吨，占 23.3%[③]，2010～2013 年未再通过中哈管道运输。

2013 年 12 月 24 日，哈俄两国再次签署了政府间协定，"从 2014 年起，俄罗斯石油公司采取掉期交易方式通过阿塔苏—阿拉山口石油管道向中国每年输送 700 万吨原油"[④]。2014 年 1～5 月，已达 230.3 万吨，占同期管道运量的 44.9%。[⑤] 最终全年的运输量为 600 多万吨。

中哈管道除了对独山子石化供油之外，还对新建的彭州炼化厂提供能源保障。[⑥] 输送的石油进入独山子加工之后，成品油通过西部成品油管道，运输到兰州。之后，可以通过"兰成渝"和"兰州—郑州—长沙"成品油管道，进一步送往内地。

（三）中国—中亚天然气管道

中国—中亚天然气管道是中国首条陆上运输境外天然气的管道，起自土库曼斯坦的格达伊姆，分为 A 线、B 线、C 线、D 线四线。其中，A 线、B 线、C 线过境乌兹别克斯坦和哈萨克斯坦，干线总长度 1833 千米。两国也向管道供气，同时还向哈萨克斯坦南部地区供应部分天然气。土库曼斯坦境

---

① 《俄天然气工业石油公司获得经哈萨克斯坦对华输油权》，俄罗斯新闻网，2008 年 9 月 20 日，http：//rusnews. cn/ezhongguanxi/ezhong_ jingmao/20080920/42274662. html。

② 乌鲁木齐海关：《2008 年新疆口岸原油进口稳步增长》，乌鲁木齐海关网站，2009 年 1 月 6 日，http：//urumqi. customs. gov. cn/publish/portal166/tab7421/info211758. htm。

③ 乌鲁木齐海关：《2009 年上半年新疆口岸原油进口稳步增长》，乌鲁木齐海关网站，2009 年 10 月 16 日，http：//urumqi. customs. gov. cn/publish/portal166/tab7421/info211906. htm。

④ 驻哈萨克斯坦经商参处：《俄与哈签署通过哈过境向中国运输石油的协定》，商务部网站，2013 年 12 月 25 日，http：//ozs. mofcom. gov. cn/article/ztxx/201401/20140100462653. shtml。

⑤ 乌鲁木齐海关：《2014 年 1～5 月新疆口岸进口原油小幅增长，进口均价维持稳定》，2014 年 6 月 23 日，http：//urumqi. customs. gov. cn/publish/portal166/tab61950/info711317. htm。

⑥ 中国石油新闻中心：《中哈原油管道国内段阿独线二期工程投产》，中国石油网站，2013 年 3 月 6 日，http：//news. cnpc. com. cn/system/2013/03/06/001415759. shtml。

内利用"布哈拉—乌拉尔"输气管网的部分线路，乌兹别克斯坦境内新建529千米，哈萨克斯坦境内新建1300千米，中国境内新建4千米。因此，A线、B线、C线三线兼具了跨境和过境管道的性质。管道D线，预计2016年投入运营，过境塔吉克斯坦和吉尔吉斯斯坦，是完全意义上的过境管道。

2006年4月，中国政府与土库曼斯坦政府签署了《关于实施中土天然气管道项目和土库曼斯坦向中国出售天然气总协议》，中国石油与土库曼斯坦油气工业与矿产资源部签署了《关于建设中土两国天然气管道基本原则协议》。根据这些协议，土库曼斯坦方面承诺自2009年起的30年里，每年向中国出口300亿立方米天然气。2007年，中国、乌兹别克斯坦和哈萨克斯坦三国政府及相关企业签署了一系列管道建设、运营和过境协议，为管道的安全运营奠定了基础。

2009年12月14日，A线竣工投产。2010年10月26日，B线贯通，输气能力增至300亿立方米/年，但2012年6月之后，实际的运输量才提升至这一水平。气源来自土库曼斯坦评估储量为1.7万亿立方米的阿姆河右岸气田群。在规划的300亿立方米/年的输送量中，130亿立方米来自中国石油在阿姆河右岸区块为期35年的合同分成气，其余170亿立方米来自土库曼斯坦南部的气田，由土库曼斯坦向中国出售。

2010年12月21日，中哈天然气管道二期工程开工，修建始于哈萨克斯坦曼格斯套州别伊涅乌，在南哈萨克斯坦州奇姆肯特与中国—中亚天然气管道相连的支线。该支线全长1454千米，设计输气能力100亿立方米/年，可扩容至150亿立方米/年。管道气源来自中哈各出资一半联合勘探开发的乌里赫套气田，在满足哈萨克斯坦南部天然气需求的基础上，"还将阿克托别油田生产的天然气送入中哈天然气二期管道"，"每年再组织50亿~100亿立方米的天然气出口中国。"[①] 根据企业间协议，由哈萨克斯坦天然气运输股份公司和中国石油中亚天然气管道有限公司组建的合资公司负责建设和运营。2013年9月9日，1143千米的第一阶段巴佐伊至奇姆肯特段完工，

---

① 中国石油管道公司编《世界管道概览（2009）》，石油工业出版社，2010，第49页。

具备通气条件。第二阶段别伊涅乌至巴佐伊段311千米，计划2015年建成投产。

为了进一步加强中国与中亚国家的天然气合作，2011年中国、乌兹别克斯坦两国政府签署了一系列双边协议，为管道C线建设打下了基础。国家开发银行牵头为C线建设，筹措了总额14亿美元的银团贷款。2011年12月15日，工程造价22亿美元的C线乌兹别克斯坦段开工建设。C线设计输气能力为250亿立方米/年，其中土库曼斯坦和乌兹别克斯坦，各供应100亿立方米，50亿立方米由哈萨克斯坦供给。C线管道于2014年5月31日正式投入运营，比计划的2014年1月有所推迟。到2015年12月，A线、B线、C线三线的年输气能力已提升至550亿立方米。

2013年9月，国家主席习近平出访了土库曼斯坦。两国元首签署的《中土关于建立战略伙伴关系的联合宣言》为中国—中亚天然气管道D线的建设提供了保障。宣言提出，应确保D线在2016年建成通气。同时，中国石油与土库曼斯坦天然气康采恩签署了增供250亿立方米/年的天然气购销等协议。计划中的D线，选择了土库曼斯坦—乌兹别克斯坦—塔吉克斯坦—吉尔吉斯斯坦，从新疆南部（乌恰县）入境这一相对更短的线路。D线在乌恰计量站与西气东输五线连接，设计输量300亿立方米/年。2020年，土库曼斯坦对华天然气出口总量可达每年650亿立方米以上，中国—中亚天然气管道的运力也将因此提升到850亿立方米/年。

中国—中亚管道进入中国后，与同期建设的西气东输管道工程一、二、三线及五线连接（四线起于新疆伊宁、途经新疆、甘肃，止于宁夏中卫），将天然气送达中部、东部和沿海省市，向东抵达上海，向南抵达广州、香港。管道总长超过1万千米，是迄今为止世界上输送距离最长的天然气大动脉。

在管道的运营模式方面，运营中的A线、B线、C线三线，探索了一种全新的跨多国长距离管道运营模式：由多个法律主体分别建设和运营，没有成立单一的联合体。如中乌天然气管道合资公司负责乌兹别克斯坦段管道的投资、建设和运营；哈萨克斯坦天然气运输股份公司和中国石油中亚天然气管道有限公司组建的合资公司，负责哈萨克斯坦境内的管道。这一模式通过属地化管理，使中层管理人员中，当地人的比例达到了 60%①，确保了当地与管道整体的紧密利益连接。

在管道的运行协调机制上，运营中的 A 线、B 线、C 线三线，也开创了有益的经验。从管道的整体运行来看，涉及土库曼斯坦、乌兹别克斯坦、哈萨克斯坦、中国 4 国，涉及购气、供气、输气等 7 家法律实体企业，分别为：中石油中亚天然气管道有限公司、土库曼斯坦国家天然气康采恩、阿姆河天然气公司、乌兹别克斯坦亚洲输气公司、哈萨克斯坦亚洲天然气管道公司、中国石油国际事业有限公司和中国石油北京油气调控中心 7 家实体。在中石油中亚天然气管道有限公司的推动下，中亚天然气管道运行协调委员会得以建立，多国联合调度工作机制和统一的工作程序得以确立。D 线的运营模式，将借鉴之前的成功经验。

（四）中哈萨拉布雷克—吉木乃天然气管道

2013 年 7 月 15 日，中哈萨拉布雷克—吉木乃天然气管道开始运营。管道连接哈萨克斯坦斋桑泊油气项目与新疆阿勒泰吉木乃县 LNG 项目，全长 118.5 千米，输气能力为 150 万立方米/天（5.5 亿立方米/年），所有方为民营企业广汇能源股份有限公司。斋桑泊具有较为充足的油气储量。2009 年，中国石油大学（北京）出具的《TBM 公司斋桑项目收购技术经济可行性研究》显示，"斋桑区块 3P 原始天然气地质储量为 64 亿立方米、可采储量为 53 亿立方米，稠油资源量为 1 亿立方米左右"②。

该管道是国内首条由民营企业建设和营运的跨境管道。其 LNG 项目，日处理能力为 150 万立方米天然气。生产出的 LNG 主要通过槽车运输，供给新疆境内及河西走廊的天然气加注站点。目前看来，该管道输量有限，且只有公路交通可资使用，运输代价过高，还不具备重大的战略价值和意义。但该运输通道将进一步拉近中哈能源合作，为推进运输途径和运营主体进一步多元化，提供了可供借鉴的经验。

---

① 王晓晖：《中亚合作筑就能源新丝路，横贯四国的油气管廊带初步形成》，中国石油网站，2009 年 12 月 10 日，http://news.cnpc.com.cn/system/2009/12/15/001269162.shtml。
② 周鲁：《广汇能源中哈天然气管道贯通在即》，《上海证券报》2012 年 11 月 9 日。

（五）西北线路在中国进口油气格局中的地位与影响

西北线路的开通，开创了运输线路多元化的进程，为维护中国的石油安全奠定了更加坚实的基础，也为中亚国家油气出口多元化提供了有利条件。

第一，线路受美国的直接影响不大。2005年12月15日，阿塔苏—阿拉山口段管道贯通，但因技术问题，直到2006年7月20日才正式投入商业运行。这半年的闲置，就被渲染为"美国施压，中哈油管开闸无期"。香港一些媒体刊登了这一消息。这一事件，表现了外界对美国影响的高度关注。美国的确希望哈油向东输送，为BTC管道供油。毕竟美国已驻军中亚，对中亚国家存在事实上的影响，且BTC管道得到美国的支持。尽管如此，美国对内陆的影响，仍然不能与沿海等同。一方面，地理位置决定了美国给予的实物支持，都必须经过中国、伊朗或俄罗斯影响占据主导地位的高加索地区，才能抵达哈萨克斯坦、土库曼斯坦和乌兹别克斯坦。虽然可以借道巴基斯坦和阿富汗，但这一线路要更加漫长且安全形势堪忧。这限制了美国的影响。另一方面，中国作为传统的陆上军事强国，在陆上的影响，尤其是对大陆腹地的影响，并不亚于美国。此外，上海合作组织的存在，也为制衡美国影响的深入，提供了平台。

第二，为维护中国进口油气运输安全提供了坚实的支撑。西北油气进口线路，对于中亚国家拓展国际交往空间，平衡西方和俄罗斯的影响具有重大战略意义。中亚国家的地理位置，决定了中国是其天然的合作对象。有了这一线路，中亚国家才能达成油气出口多元化的战略目标。在中哈输油管道和中国—中亚天然气管道开通之前，中亚油气资源的外运线路只有"一条半"：一条通过俄罗斯转运至欧洲；另外"半条"借道伊朗进入国际市场。但美国对伊朗的封锁，使得这一线路处于不堪大用的境地。在这样的背景下，俄罗斯利用地利之便，控制了中亚的油气出口通道，进而控制了中亚国家的经济发展和对外交往空间，占据了中亚地缘政治制高点，并借此获益。俄罗斯曾压低价格从土库曼斯坦进口天然气，然后高价倒卖至欧洲，赚取了巨额差价。2010年2月中国—中亚天然气管道投入运营之后，土库曼斯坦天然气出口重新进入高速上升的阶段（见图4-3）。而之前，2009年4月中亚—中央管道的一次爆炸事故，致使管道被关闭了9个月，造成土库曼斯坦天然气出口量大幅下降，收入减少70亿~100亿美元，约占当年土库曼斯坦GDP的1/4。中国—中亚天然气管道的开通，破解了土库曼斯坦的困局。

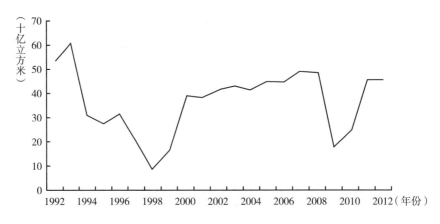

图4-3　土库曼斯坦天然气出口量

数据来源：EIA。

在修建中国—中亚天然气管道C线的过程中，乌兹别克斯坦的支持，也体现出中亚国家的这一迫切要求。2011年5月，乌兹别克斯坦总统颁布命令，免除了中亚天然气管道合资公司在偿清外国贷款之前，所得外汇收入强制卖给国家的义务。这对管道的建设是一个巨大支持。因此，对于一条实现了互利共赢的通道，中亚国家方面必然要给予足够的重视。此外，在上海合作组织的框架下，中国与中亚国家还有一套完整的反恐怖活动机制，可以震慑和打击潜在的非传统安全因素。

第三，改善了中国的对外油气合作环境。首先，中哈石油管道是推进中俄石油合作的重要催化剂之一。2002年下半年，中俄石油管道规划突生变化之后，中国加快了中哈石油管道建设进程。这极大地触动了俄罗斯，促成了对中国相对有利的中俄"第一次石油换贷款协议"。2012年又有消息称，哈萨克斯坦阿塔苏—中国阿拉山口输油管道的运营商有意从当年9月1日起，将输送费用下调一半，至每千米每吨11.3美元。此举有利于吸引俄新西伯利亚石油借助中哈管道出口中国，使管道满负荷运行，增加收益。这也有助于三方加强合作。其次，管道的建成，为中国参与哈萨克斯坦里海地区石油项目提供了基础条件。如果没有这一管道，中国在哈萨克斯坦的份额油就不便运回国内，中国就只能作为事实上的服务提供方参与哈萨克斯坦的石油合作。再次，管道的建成有利于降低油气长距离输送的费用。最后，中国—中亚天然气管道的建成，对中俄天然气管道也起到催化剂的作用，增加了中国在与俄罗斯油气合作中的筹码。

第四，有利于中国西部地区的经济社会发展。东西发展平衡，既是国内建构有利经济可持续发展环境的需要，也是重大的战略问题。这一线路，有助于加强新疆国家重要能源基地的地位，加速新疆经济社会发展。

二　中哈输油管道面临的形势与问题

从整体上看，中哈输油管道的安全形势无疑是最好的。尤其是 2012 年，美国停止了对哈油的进口，这是 2004 年以来的新动向。这将产生有利于中国的影响。但管道也存在一些具体的问题。

（一）运输线路漫长的不利影响

从哈萨克斯坦石油产地到国内石油消费市场的运输距离过长，运输成本较高。当前哈萨克斯坦正在开发的大油田均位于西部，到欧洲消费市场的距离约为 3000 千米，若通过黑海运输，则陆上距离更短。但运往中国，即便以靠近中国的东部油田计，3000 千米的路程，只能到达新疆的炼油厂，成品油还需再运输 2000 多千米，才能到达国内的主要消费市场。如到达四川彭州炼油厂，陆路管道运输距离将超过 6000 千米。

（二）中国进入中亚油气合作较晚的不利影响

1993 年 11 月，美国能源信息署在美国地质调查局的配合下，通过"海外石油供给评估项目"完成了对费尔干纳盆地（Fergana Basin，包括乌兹别克斯坦、塔吉克斯坦和吉尔吉斯斯坦）油气资源的研究。依靠这一优势，西方占据了中亚油气项目开发的先机。以 1993 年美国雪佛龙取得哈萨克斯坦田吉兹油田的开采权为起点，西方石油公司大规模地进入了中亚地区。有资料显示"美英两国已控制里海27%的石油资源和40%的天然气资源"[①]。而中国进入中亚的油气开发，是1997年。在当前争夺哈萨克斯坦油气资源的三方博弈中，俄罗斯拥有传统地缘优势，西方占据了合作时间、规模和运输距离较近的优势，中国方面的优势并不突出。对哈萨克斯坦的油气开发项目进行具体分析[②]，就能看到这种不利。

哈萨克斯坦产量最大的油田，是位于西北的田吉兹。2009年，该油田产量为49.2万桶/天，2013年增加到54万桶/天。田吉兹油田是世界上开采深度最大的巨型油田之一，开采深度在地下3657米。运营方田吉兹雪佛龙公司[③]与哈萨克斯坦签署了协议，2016年将把产量提升到80万桶/天。据伍德－麦肯兹的研究，到2021年产量将增长到85.4万桶/天。田吉兹的石油主要通过CPC管道外运。

位于西北的卡拉恰克那克（Karachaganak），是哈萨克斯坦当前的另一个主要石油产区。2009年产量为23.1万桶/天，2013年的产量基本相同。该项目由卡拉恰克那克石油运营公司负责运营，其中阿吉普[④]和英国天然气集团各占32.5%的股份、雪佛龙占20%、俄罗斯卢克石油公司占15%，是哈萨克斯坦一个完全由海外公司控制的项目。该项目为CPC管道供油，进而出口欧洲。

投产时间不长的卡什甘（Kashagan）油田，被认为是中东以外的世界第五大油田，位于里海北部阿特劳附近。项目财团由多个公司组成，其中Total，Eni，ExxonMobil，Shell和KMG各占16.8%的股份，中国石油占8.4%（2013年自ConocoPhillips收购），Inpex占7.6%。2009年，哈萨克斯坦里海北方运营公司（the North Caspian Operating Company，NCOC）取代阿吉普哈萨克斯坦北里海营运公司（the Agip Kazakhstan North Caspian Operating Company，Agip KCO）加入了开发财团。后者还负责运营该地区的

---

① 秦放鸣：《里海地区油气资源竞争的矛盾冲突及中国的战略选择》，《新疆社会科学》2007年第1期。

② 以下数据主要来自EIA，Country Analysis Brief – Kazakhstan，Last Updated：November 2010.

③ 雪佛龙占50%，埃克森美孚占25%，哈萨克斯坦国家石油和天然气公司（KMG）占20%，俄罗斯卢克石油公司占5%。

④ 属于意大利埃尼。

另外三个油田（Aktote，Kairan，Kalamkas）。这一变动意味着西方在里海北部油田的开发上，进一步占据了主导地位。油田的开发协议早在 2005 年就已达成，但因开发环境的恶劣和费用的超支，被多次推迟。该油田的石油蕴藏在里海海底 3962 米之下，而海水深度仅为 3~5 米。这使得传统的固定或漂浮式平台，都难以开展作业，而是要首先建设人工岛屿。同时，还需要应对里海北部剧烈的气候变化和高硫含量、高压伴生气的问题。2008 年，各方又签署协议，将卡什甘油田的投产时间确定为 2012 年 12 月至 2013 年 6 月。在此过程中，哈方在项目中的份额由 8% 提高到 16.8%。① 实际上，直到 2013 年 9 月才开始生产，比最初的计划推迟了 8 年。2012 年春季时有消息称，工业开发阶段开始后，卡什甘的原油将通过东南线进行运输，即用油轮运至巴库，再通过"巴库—第比利斯—杰伊汉"管道运往地中海沿岸，因为卡什甘股东 Eni 和 Total 拥有通过该管道的运输配额。"里海管道"扩容后，大部分原油将转由该管线运输。卡什甘开发第二阶段开始后，将重新通过"巴库—第比利斯—杰伊汉"管道运输。但第二阶段何时开始，存在不确定性，只是宣称开采出第一批原油后，第一阶段即宣告结束。第一阶段的计划产量为 37 万~45 万桶，2019 年第二阶段将达到产量的顶峰 150 万桶。第二阶段的时间应在 2018~2019 年。但哈萨克斯坦石油天然气部部长门巴耶夫称，因第二阶段计划不可行，该部根本不打算予以批准。主要原因是，整个项目的投资持续增加，预算已由最初的 500 亿~600 亿美元增加到 1300 亿~1500 亿美元。因此，项目二期尚处于计划分析阶段，以在充分综合考虑各参与方利益的基础上，提高项目的经济效益。但已经确定，中国和俄罗斯只能购买第一阶段生产的石油。而第二阶段的具体产量，将决定于哈萨克斯坦相关的出口设施和炼化工程的建设，暂不能确定是否向中国出口。

乌津（Uzen）油田位于哈萨克斯坦西南部，自 1961 年以来，已持续开采 50 多年，2008 年的产量为 13.4 万桶/天。该油田由哈萨克斯坦国家石油

---

① 驻哈萨克斯坦使馆经商参处：《世界最大的油田之一（卡什甘油田）即将进行商业开发》，驻哈萨克斯坦使馆经商参处网站，2012 年 8 月 28 日，http://kz.mofcom.gov.cn/aarticle/ztdy/201208/20120808308290.html。

和天然气公司（KMG）100%运营。经技改之后，2013 年前 8 个月的产量维持在了 10.5 万桶/天。

曼格斯套（Mangistau）油田也位于哈萨克斯坦西南部，由中国石油与哈萨克斯坦国家石油和天然气公司（KMG）合资经营，2009 年产量为 11.5 万桶/天。

位于西北的阿克纠宾（Aktobe）油田，由哈萨克斯坦国家石油和天然气公司（KMG）与中国石油合资经营，中国石油占据的股份为 85.42%。2009 年的产量为 12 万桶/天，2011 年的目标是 20 万桶/天，但 2013 年的实际产量与 2009 年一致。该油田所生产石油出口中国。

库姆科尔（Kumkol）油田 2008 年的产量为 6.5 万桶/天。中国石油占南库姆科尔油田股份的 66.7%，KMG 占 33.3%；北库姆科尔油田股份由 Lukoil 和中石化各占 50%。

哈萨克斯坦中部阿克萨布拉克（Akshabulak）及其周边油田，2008 年的产量为 63 万桶/天，由 KMG 和哈萨克斯坦石油公司（Petro Kazakhstan）经营，所产石油输送到库姆科尔出口中国。

库尔曼加齐（Kurmangazy）油田位于哈萨克斯坦与俄罗斯交界处，由俄油（Rosneft）和 KMG 联合开发，是哈萨克斯坦最后得到开发的油田项目，但 2006 年的两口探井没有出油。2010 年的报道称，哈萨克斯坦与俄罗斯之间重新调整了勘探协议。

对以上哈萨克斯坦开发中的项目进行分析之后，可以发现中方在哈萨克斯坦的油气开发中，相对西方处于弱势地位。在修建中哈管道肯基亚克—阿塔苏管道的过程中，这一劣势得到充分体现。尽管中哈双方都有意修建这一管道，但一方面是哈萨克斯坦当时的石油产量难以确保管道营利性运转所需的 2000 万吨最低供应量；另一方面是建设成本太高，使工程有所延迟。直到 2004 年，中方决定提供修建管道所需的 8 亿美元之后，才出现了转机。而管道的油源，则主要依靠俄罗斯卢克石油公司和加拿大哈萨克斯坦石油公司在哈萨克斯坦南部开发的油田，约 1000 万~1200 万吨的年产量。中国石油在哈萨克斯坦西部开发的油田，年产约 800 万吨。中哈管道的油源，更多要依靠西方和俄罗斯的石油公司提供。

总之，受进入较晚的影响，中国在哈萨克斯坦的油气开发中，不占有利地位。这将削弱中国参与中亚油气出口流向博弈的实力。因此，尽管哈萨克斯坦有意在2014年使中哈输油管道满负荷运输，但笔者对此持谨慎态度。即便能够实现，也是补充俄罗斯石油的结果。2013年6月，中国石油公布的中俄石油贸易协议显示，从2014年1月1日开始，俄罗斯通过中哈输油管道向中国增供石油700万吨/年，合同期5年，可延长5年。[①]

（三）地缘政治斗争带来的平衡问题

中亚地区是美国和俄罗斯政治对抗和经济竞争的核心地区之一。2006年，美国能源部部长博德曼及副总统切尼访问哈萨克斯坦的主题，就是敦促哈萨克斯坦尽快加入巴库—第比利斯—杰伊汉管道项目，加强西方与哈萨克斯坦的合作。最终哈总统纳扎尔巴耶夫与阿塞拜疆总统阿里耶夫签署正式协议，同意哈萨克斯坦通过该管道每年出口原油750万吨，未来达到2000万吨。这一数量只是BTC管道运力的一半。这一结果表明，哈萨克斯坦在石油出口的问题上，不会完全倒向西方。在向中国出口的问题上，哈萨克斯坦只确定了2000万吨/年，而没有利用不存在过境第三国和中国市场需求潜力更为强劲的有利条件，大幅增加运量。这表明哈萨克斯坦也不会过多照顾东方。同样，哈萨克斯坦在跨里海管道的问题上，尽管面临里海"湖海之争"[②]、俄

---

① 《中俄原油贸易大单合同细节曝光》，《新华每日电讯》2013年6月25日，第8版。

② 俄罗斯一直坚持里海是"内陆湖"的利益诉求。如此，里海就是沿岸各国的共同财产，对其中资源的开发，应征得沿岸五国的一致同意之后，方可实际实施。这一方面可以限制西方的介入；另一方面，俄罗斯附近里海水域的油气资源较少，明确分割里海对俄罗斯不利。但如果里海被定位为"海洋"，则按《海洋法》相关的规定，沿岸各国将对里海水体及海底进行划界，明确各国的领海、大陆架和专属经济区范围。如此，西方国家通过哈萨克斯坦、土库曼斯坦或阿塞拜疆，就可以名正言顺地介入里海油气开发，不需要以取得俄罗斯和伊朗的同意为前提。2003年，俄罗斯、哈萨克斯坦和阿塞拜疆，签署了一个以中线划分为原则，划分里海北部水底边界的三边条约，对里海64%的水域进行了明确的分割。其中，哈萨克斯坦占据了最大的份额，为里海总面积的27%，俄罗斯占19%，阿塞拜疆占18%（见 EIA, Caspian Sea Energy Data, Statistics and Analysis-Oil, Gas, Electricity, Coal. January 2007, p.10.）。这似乎预示了俄罗斯有可能承认里海"海"的法律地位，但如何划分剩下34%的水域，至今尚无定论。这一纠纷，在事实上限制了跨里海管道项目的实施。

罗斯反对的问题，但没有完全放弃建设跨里海管道这一设想。

西方国家一直想拉拢中亚和高加索国家，在俄罗斯南部打造一个针对俄罗斯的包围圈。而俄罗斯积极加强了对中亚地区油气外运的影响和控制，通过保持对欧盟天然气供给的主导地位，来维护和提升自身的战略利益。随着中国的进入，中亚各国可选的合作对象增加，但大国博弈增加了哈萨克斯坦政策走向的均衡性。

哈萨克斯坦位于亚欧大陆中间地带，是全球最大的内陆国家。这一地理位置，既给哈萨克斯坦的石油外运带来了机遇，也提出了不小的挑战。机遇是：向东有蓬勃发展的中国及亚太市场，向南则只需 1500 千米就可到达海湾，向西可接欧洲大市场，向北有俄罗斯完善发达的运输管网可资利用。挑战是：作为一个没有出海口的内陆国，必须过境他国，依赖邻国的合作；作为一个中小国家，除了建构平衡，在大国的地缘角逐夹缝中求生存之外，别无他途。哈油外运必须适应这一形势。因此，哈油外运，必须建构四面出击的态势。中哈输油管道，只是其中的一条，此外还有北向、西向和南向跨里海至巴库和伊朗的运输。具体而言，以下管道对中哈输油管道运输量的增加，起到了事实上的分流作用。

首先，是阿特劳—萨马拉输油管道。通过该管道，可北上连接俄罗斯的石油管网。在 CPC 管道运营之前，哈萨克斯坦几乎完全依靠这一管道出口石油。该管道与 CPC 管道一样，是俄罗斯与中亚国家维持战略合作的关键和象征。哈萨克斯坦必须维持该管道一定的输送量。该管道最初设计的输送量为 31 万桶/天。技改之后，输送能力提升到近 60 万桶/天。2002 年 6 月，俄哈之间签署了一份为期 15 年的协议，规定哈萨克斯坦通过该管道出口的数量为 34 万桶/天。2009 年，该管道的实际输量为 35 万桶/天（1750 万吨/年）。而这一管道与中哈管道一起共享 Kashagan 和 Aktobe 油田的油源，形成了直接的竞争。

其次，是里海输油管道（CPC 管线）。该管道为哈油外运的干线之一，2001 年投入运营，由里海管道财团出资修建。该管道连接了哈萨克斯坦西部的田吉兹油田与俄罗斯黑海新罗西斯克港。最初设计年输送能力为 2800

万吨，2009 年的实际输送量为 74.3 万桶/天（3700 万吨/年），其中哈油为59.7 万桶/天（2970 万吨/年）。此外，该管道还在阿特劳卸载约 9000 桶/天，通过铁路运输。2012 年和 2013 年的输量有所下降，分别为 61.4 万桶/天和 58.1 万桶/天。2008 年，CPC 财团达成了将管道运力提升到 135 万桶/天（6700 万吨/年）的计划，但几经推迟之后，完工的时间定在了 2014 年中期①，之后又推迟到 2016 年。②

目前，通过该管道输送的石油，抵达新罗西斯克之后，主要通过油轮经黑海向外运输。近年来，由于对环保生态的关注、黑海海峡狭窄等原因，这一运输线路的瓶颈效应有日益凸显的趋势。当前，哈萨克斯坦已经规划了几条绕开黑海海峡的线路。包括：北向的敖德萨—布罗德管道，连接乌克兰黑海城市敖德萨和波兰南部边境城市布罗德；南向的萨姆松—杰伊汉管道，从新罗西斯克港至土耳其北部萨姆松，再经管道至地中海港口杰伊汉；西南向的布尔加斯—亚历山德鲁波利斯管道，连接保加利亚黑海沿岸和希腊地中海沿岸。

再次，是哈萨克斯坦跨里海输油系统。这也是哈萨克斯坦推进出口多元化的一个成功项目。该系统给中亚—里海国家提供了一个独立于俄罗斯之外的油气合作平台，是哈萨克斯坦平衡欧盟和美国利益诉求的表现。该系统包括陆地管道和跨里海运输两个部分。陆地部分包括叶斯科涅至库雷克（里海北部港口阿克套以南）的输油管道。管道全长 765 千米，年输油能力 54万桶/天，合 4000 万吨/年。跨里海运输部分包括运力为 76 万桶/天（3800万吨/年）的港口运输终端、4 艘 1.2 万吨级的油轮和 13 个海上支援船队。KMG 持有 51% 的股份，开发卡什甘油田的国际财团将持有 49% 的股份。③该系统把里海北部周边的石油，从阿克套港（或其分港巴乌季诺港）海运到阿塞拜疆的巴库，再通过巴库—第比利斯—杰伊汉管线运往国际市场。该系统能补充 BTC 的输油量，保证管道的持续赢利，减少哈油外运的距离，

---

①　EIA，*Country Analysis Brief - Kazakhstan*，Last Updated：November 2010.

②　EIA，*Country Analysis Brief - Kazakhstan*，Last Updated：October 2013.

③　EIA，*Country Analysis Brief - Kazakhstan*，Last Updated：November 2010.

降低运输成本。哈萨克斯坦有计划将该系统的运力增加到每年 5600 万吨。同时，还有计划修建跨里海输油管道，将石油通过海底管道，直接输送到巴库，免除管道与海运的转接。

跨里海海运，2008 年开始，由哈萨克斯坦国家石油和天然气公司的子公司"哈萨克海上船舶运输公司"运营。2009 年的运输量为 50 万吨。该公司已有计划进一步壮大油轮船队。里海的油轮运输，还可以到达伊朗的涅卡。新的跨里海运输系统，将由阿塞拜疆的 SOCAR 和 KMG 合资建设。2010 年 10 月的报道说，在卡什甘二期开发之前（2018～2019 年），暂时还不需要新建跨里海的运输系统。

建构四面出击的运输线路，只是建构平衡的第一步，增加出口量，维持平衡才是关键。2009 年，通过四条线路，哈萨克斯坦出口石油 6725 万吨，而当年生产了 6920 万吨。另外的 200 万吨估计通过成品油、铁路运输及至伊朗的里海航运出口。哈萨克斯坦维持了这一平衡。

然而从发展的角度看，自 2014 年起，哈油外运线路的改造和运力提升都将完成，哈油即将面临供不应求的问题。2000 年以来，哈油生产和出口保持了一定的增长，但增幅已逐渐下降（见图 4-4）。2009 年中哈管道运量的提升，除了因生产的增长，还有赖于 2008 年欧洲和哈萨克斯坦石油消费的下降。哈油出口的增加，要依赖新投产的卡什甘油田，但正如之前分析的，其开发并不顺利。哈萨克斯坦何时能够实现 1.1 亿吨以上的出口，满足各条线路运力的需要，仍然存在一些不确定因素。

进一步分析，哈油的产量可能在 2020 年达到顶点，出口量可超过 1 亿吨。[1] 而到 2020 年，哈油出口格局将出现新的变化。首先，据俄罗斯政府透露，2020 年前，哈萨克斯坦过境俄出口的石油将突破 6900 万吨。[2] 其次，哈萨克斯坦规划中的石油出口线路还有跨里海输油管道、哈萨克斯坦—土库曼斯坦—伊朗管道和哈萨克斯坦—土库曼斯坦—阿富汗—巴基斯坦输油管道

---

[1] 寇忠：《中亚油气资源出口新格局》，《国际石油经济》2010 年第 5 期。
[2] 寇忠：《中亚油气资源出口新格局》，《国际石油经济》2010 年第 5 期。

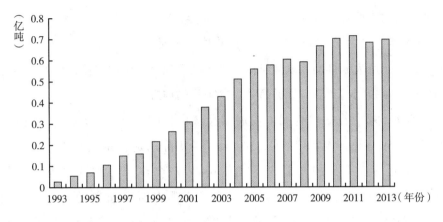

图4-4　哈萨克斯坦石油净出口量

数据来源：EIA。

（TAPI）等多条管道。如果这些线路都能够得到建设，则哈油将面临进一步的短缺问题。

继续扩大哈油开发项目，面临金融危机后资金短缺的困扰。这一问题，已经在中哈输气管线二期工程上得以显现。中哈输气管道二期工程的"别伊涅乌—巴佐伊—奇姆肯特"段管道项目，因哈萨克斯坦国家财政拨款的5亿美元未能及时到位，而一度延期启动。该管线项目总造价30亿美元，哈萨克斯坦财政预算拨款5亿美元、中国石油拨款5亿美元，其余20亿美元源自中国银行专项贷款。

（四）能源产业政策问题

中亚国家经济高度依赖油气工业。哈萨克斯坦的石油出口，占该国出口总额的60%以上；土库曼斯坦天然气出口占其外汇收入的70%。这些资源出口国，必须经常性地对能源政策进行调整，以适应世界油气市场的频繁变动。哈萨克斯坦已独立20年，苏联解体带给哈萨克斯坦的种种不利影响，已得到有效的抑制或随时间的流逝而消失。哈萨克斯坦独立之初急迫寻求投资的历史，已一去不复返。哈萨克斯坦的油气政策，已日渐向维护国家利益的方向转变。

首先，是征收石油出口税。2010年8月，哈萨克斯坦政府再次恢复了石油出口税，对企业的生产积极性必定会产生一定的影响。2013年，哈萨克斯坦政府将原油出口关税上调 50%，达到 60 美元/吨。该税种首次出现在 2008 年，之后于 2009 年 1 月暂停收取。这对在哈石油企业的生产积极性，是一个巨大的推动。毕竟哈萨克斯坦的石油生产条件欠佳，相关石油公司已多次因费用超预算，而暂缓了一些项目的推进。

其次，哈萨克斯坦有大力发展成品油项目的意向。2010 年，哈萨克斯坦的原油炼化产能为 34.5 万桶/天，但实际的加工量大约为 23.28 万桶/天，还有近 1/3 的产能未得到使用。[1] 一个位于西北的巴甫洛达尔（Pavlodar）的加工厂，主要加工从俄罗斯鄂木斯克输送的石油，产能 16.3 万桶/天，2011 年的实际产量只有 9.4 万桶/天。其改扩能[2]和现代化改造预计在 2014 年底完成。另一个加工厂位于阿特劳，主要加工里海附近的石油，2012 年的产量为 9 万桶/天。2009 年 10 月，阿特劳炼油厂与中石化签署了协议，计划 2013 年完成技改，提高产量、质量，增加种类。第三个加工厂位于奇姆肯特，主要加工库姆科尔的石油，2011 年的产量为 9.4 万桶/天。中国石油拥有该炼化项目运营公司——哈萨克斯坦石油公司（Petro Kazakhstan）67% 的股份。该公司是哈萨克斯坦最大的成品油生产和供应商，拥有运输和销售网络。

作为一个石油出口国，哈萨克斯坦存在区域性成品油短缺，部分依赖俄罗斯和乌兹别克斯坦的状况。这样的状况显然不是一个石油出口大国所能容忍的。但哈萨克斯坦发展成品油项目的计划进展不顺，因为其国内成品油价格较低，制约了外部投资的积极性。当前，哈萨克斯坦已在借助独山子炼油项目，为其加工一定数量的原油。KMG 已经在 2010 年 8 月宣布，要在 2014 年实现成品油的完全自给。还应注意的是，哈萨克斯坦通过铁路出口到中国的成品油，每年在 60 万吨左右。一旦哈萨克斯坦进一步发展石油炼化工业，其原油出口必将大幅减少，各条运输线路运能过剩的问题将更加突出，输量分配将有可能面临新一轮的调整。

---

[1] EIA, *Country Analysis Brief – Kazakhstan*, Last Updated: November 2010.

[2] 改扩能，是改造、扩建产能的简称。

三　中国—中亚天然气管道面临的形势与问题

中国—中亚天然气管道，运输了近年中国近一半的进口天然气，2014年运输了48.57%。这一管道的运行安全，对中国进口油气运输安全，抑或整个经济安全，都有着最为重要的影响。

（一）价格问题

即天然气进口价格与国内销售价格之间的平衡问题。如果此问题处理不好，则企业的积极性可能受到影响，进而影响到国际能源合作的顺利进行。

俄罗斯在控制中亚天然气输出方面的态度出现转变，改变了凭借垄断运输，对中亚天然气低进高出，获取利润的做法，而是转为按照合理的价格从中亚进口天然气。2009年12月底，"Gazprom购买土库曼斯坦天然气的年均价格为240～250美元/千立方米"[①]。这一价格与2009年欧盟天然气0.24美元/立方米的到岸价格（见图4-5）相比，几乎已经没有什么差价了。

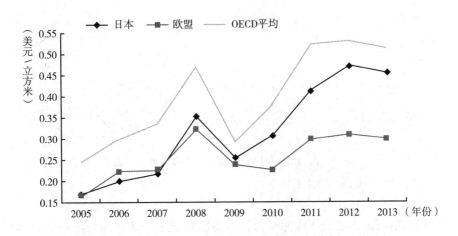

图4-5　2005年以来主要进口消费市场的天然气到岸价格

数据来源：英国石油公司（BP），原始数据为美元/Mbtu。

---

① 寇忠：《中亚油气资源出口新格局》，《国际石油经济》2010年第5期。

俄罗斯还与土库曼斯坦和乌兹别克斯坦达成了以"净值回推法"（Net back）原则确定天然气价格的协议。即以欧洲市场天然气价格为基准，减去加工、运输、分销成本和相应的利润之后，得出天然气的销售价格。这样的计价方式，充分照顾了资源国的利益。这既是中亚国家努力拓展市场多元化带来的结果，也限制了中国与中亚国家进行价格谈判的空间。中国只能按照欧洲通行的定价机制，确定进口天然气的价格。

中国进口中亚天然气的价格与原油等产品挂钩，以月度来调整。2012年以来，价格为2.65～2.01元/立方米（见图4-6），与国际天然气市场变化相一致，已经呈现一个下降的趋势。但加上国内段的管道运输费用后，国内终端市场的天然气成本相对较高。

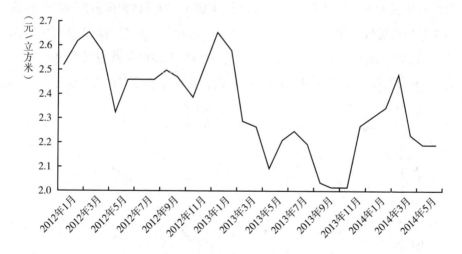

图4-6 2012年以来中国进口中亚天然气价格

数据来源：乌鲁木齐海关。

但目前国内多数民用天然气价格，仍然低于这一成本（见表4-1）。以北京为例，2012年上半年的民用天然气价格为2.05元/立方米。① 即便不计

---

① 天然气价格改革试点省份广东气门站销售价格为2.74元/立方米，广西2.57元/立方米，但两广消费的主要是LNG，成本要更高。深圳天然气价格则达到3.6元/立方米，比北京高出75.6%。

国内的管道运输和分销成本，每立方米的零售价格与成本之间的差距也是
0.4～0.6 元。当然，工业、公共服务业和交通运输业的用气价格，都要高
于民用价格。但笔者不掌握各个部类具体的用气量数据。

表 4-1　2011 年中国部分城市终端用户的天然气价格

单位：元/立方米

	住宅	公共服务业	工业	交通运输业
北京	2.05	2.83	2.83	4.71
上海	2.49	3.68	3.88	4.69
辽宁沈阳	3.13	3.70	3.70	3.70
湖北武汉	2.40	3.49	2.85	4.49
天津	2.19	3.14	3.14	3.94
广西南宁	4.36	5.71	5.71	4.93
安徽合肥	1.99	3.39	2.35	3.39
重庆	1.63	2.17	2.12	4.36

注：原数据为美元/Mbtu，经换算之后得出以上数据。
数据来源：中国石油研究院 2012 年调研数据。

中国石油已宣称出现了大幅亏损，"此前媒体援引中国石油内部人士
称，进口中亚天然气 1 立方米的亏损额在 1 元左右。如此计算，到今年底其
进口天然气亏损额约为 440 亿元"[1]。但需要注意的是，其中的 130 亿立方
米，是中国石油的份额气。这些份额气以进口天然气的价格进行计算，显然
是不对的。再结合不同的地区、不同终端用户的用气价格及其消费量，就可
实际算出成本和收益。其中的计算并不复杂。

因此，如何在确保企业积极性、保障国家能源安全和满足节能减排需要
的同时，兼顾民生问题，将成为考验决策者的重大难题。

（二）其他管道的竞争或影响

中国—中亚天然气管道的气源主要来自土库曼斯坦，乌兹别克斯坦和哈

---

[1] 《中国石油：中亚天然气管线达设计输气能力》，新华网，2012 年 10 月 23 日，http://
news. xinhuanet. com/fortune/2012 - 10/23/c_ 123857716. htm。

萨克斯坦也为管道提供气源。因此，该管道输量的保障，也面临着三国其他天然气管道的竞争。

1. 土库曼斯坦的其他管道及规划管道

独立之后，为了避免完全依赖过境俄罗斯出口天然气的弊端，土库曼斯坦积极推进了出口途径多元化的战略。当前，该国已经在过境俄罗斯的基础上，建成了两条与伊朗相连的管道和中国—中亚天然气管道，同时还在规划或考虑诸多新线路。截至 2010 年，土库曼斯坦的天然气外运管道运力为 980 亿立方米/年。

其中，中亚—中央天然气管道是土库曼斯坦主要的天然气出口线路。该管线的起点有两个，一个是土库曼斯坦，一个是乌兹别克斯坦。两条管线在土乌边境汇合之后，跨境哈萨克斯坦和俄罗斯，终点至乌克兰等欧洲国家。该管道 1974 年建成，设计输送能力为 600 亿立方米/年。[①] 但因为管道的老化和设计建设的缺陷，近年实际的输送能力仅为 100 亿立方米/年。中亚三国已对管道按 800 亿立方米/年的输送量进行了升级改造。[②]

通往伊朗的管道有两条。一条为科尔佩杰—库尔特—库伊天然气管道（Korpezhe – Kurt – Kui Pipeline）。该管道建于 1997 年，长 200 千米，连接了土库曼斯坦南部和伊朗的北部地区，运输能力 134 亿立方米/年，是土库曼斯坦绕开俄罗斯的第一条管道。2013 年，BP 数据显示，土库曼斯坦通过该管道，向伊朗出口 47 亿立方米天然气。该管道有助于缓解伊朗北部地区的能源需求，通过置换之后，可以使土气通过伊朗出口到其他国家和地区。但从两国之间的协议来看，存在不利于土库曼斯坦的一面。土伊两国签署的为期 25 年的销售协议，规定土库曼斯坦将 35% 的输送量作为偿还伊朗修建管道的代价。[③] 以 2011 年中国进口中亚天然气 0. 6147 美元/立方米的价格计算，土库曼斯坦付出的代价是近 13 亿美元/年。一条 200 千米的天然气管

---

① 寇忠：《中亚油气资源出口新格局》，《国际石油经济》2010 年第 5 期。EIA 的数据为"两条支线的设计输送能力为 990 亿立方米/年"。

② 中国石油管道公司编《世界管道概览（2009）》，石油工业出版社，2010，第 54 页。

③ EIA, *Country Analysis Brief – Turkmenistan*, Last Updated：January 2012.

道，建设的费用应该不会超过 10 亿美元。这是否会成为影响两国合作的一个因素？

另外一条为多夫列塔巴德—罕格兰天然气管道（Dauletabad – Khangiran Pipeline）。该管道 2010 年 1 月通气，长 30.5 千米，设计输量与前一条管道一致。2010 年开始，项目进入第二阶段，输送能力有望在原基础上提高一倍，达到 120 亿立方米/年。

土库曼斯坦的另外一条外运线路为借助布哈拉—乌拉尔输气管道（Bukhara – Urals Pipeline）。该管道从乌兹别克斯坦的布哈拉，过境哈萨克斯坦至俄罗斯乌拉尔地区，由两条并行管道构成，设计输量为 150 亿立方米/年，1965 年建成，1977～1979 年进行了大修。2001 年，因中亚—中央管道运力不足，土库曼斯坦开始重新启用该管道。当前，土库曼斯坦通过该管道出口产自道勒塔巴德（Dauletabad）的天然气已经日渐增加。该管道的设计输量为 150 亿立方米/年，但实际输送量仅为 50 亿立方米/年，面临的现代化改造问题已日渐迫切。

2010 年，土库曼斯坦开工建设东—西管道。该管道将连接土东南部的天然气田和里海沿岸，是潜在的跨里海天然气管道的前期工程。预计该管道将在 2015 年中期，具备 300 亿立方米/年的运力，与跨里海管道（Trans – Caspian Pipeline，TCGP）的设计运力一致。该管道准备为规划中的纳布科管道供气。但当前里海法律地位的争执和俄罗斯反对建设跨里海管道，是制约该管道建设的关键因素。

同时，在美国的积极推动下，相关国家还规划了一条联通土库曼斯坦、阿富汗、巴基斯坦和印度的天然气管道（TAPI）。该管道的运力规划为 336 亿立方米/年，起自土东南部天然气田，终点为靠近印巴边境、印度境内的法济尔加（Fazilka）。当前，几方之间存在天然气价格、过境费、资金不足和运输安全保障缺失等问题。巴基斯坦与印度的出价低于市场价格，是协议最终难以达成和实施的主要障碍。2010 年 12 月，四国之间签署了管道的框架协议和政府间协议。2011 年 11 月，土库曼斯坦与巴基斯坦签署了一个关于价格的框架性协议。尽管如此，建设该管道仍然面临着难以克服的安全无法保障和基础设施落后的挑战。

要满足以上扩建或规划管道的运力，及中国、土库曼斯坦达成的 650 亿立方米/年销售量的协议，土库曼斯坦需要将出口的能力提升到 2500 亿立方米/年。这是土库曼斯坦 2012 年产量 650 亿立方米/年的近 4 倍。达到这一目标，土库曼斯坦将成为仅次于俄罗斯和美国的世界第三大天然气生产国，而这并非易事。如达不到，则相关管道之间的运量分配和为了争取更多运量的博弈，将影响中国—中亚天然气管道的实际输量。

2. 乌兹别克斯坦的其他管道和规划管道

乌兹别克斯坦的地理位置更加不利于天然气外运。长久以来，该国只能依赖过境哈萨克斯坦和俄罗斯出口天然气。且乌兹别克斯坦国内的管道运输面临着需求增加与产能落后的矛盾，存在不小的压力。其中又以连接乌斯秋尔特（Ustyurt）和布哈拉—基瓦（Bukhara – Kiva）天然气产区的加兹利—科贡（Gazli – Kagan）管道为重。乌兹别克斯坦要提升出口能力，必须先完成国内管道的升级改造。

中央—中亚天然气管道的东部支线，是乌兹别克斯坦天然气出口的主要通道。2008 年底，乌兹别克斯坦与俄罗斯天然气工业股份公司（Gazprom）签署了改造该支线的协议，准备建设一条与之并行的新管道，增加 300 亿立方米/年的运力。而早在 2002 年，Gazprom 就与乌兹别克斯坦国家石油天然气公司（Uzbekneftegaz）签署了战略合作协议。俄罗斯因此可以长期购买乌兹别克斯坦的天然气，更多地参与勘探和生产项目。该项目中央—中亚天然气管道东部支线因此应该更易得到气源保障。

布哈拉—乌拉尔管道（Bukhara – Urals Pipeline）在 2001 年重新启用。尽管当前乌兹别克斯坦仅作为过境国，但未来是否会为管道供气还存在不确定的一面。

对于位于乌斯秋尔特（Ustyurt）高原北部和西部咸海附近区域的油气田，这些油气田已签署了 4 个勘探和产量分成合同。这 4 个合同由中国石油、卢克石油公司、韩国国家石油公司（KNOC）和 Uzbekneftegaz 合资组成的联合体获得。Uzbekneftegaz 计划通过布哈拉—乌拉尔或中央—中亚天然气管道系统，输送该地区的天然气。

塔什干—比什凯克—阿拉木图管道，是乌兹别克斯坦当前出口天然气的主要管道。该管道起自乌兹别克斯坦东部咸海的天然气田，穿越吉尔吉斯斯坦北部到达哈萨克斯坦南部。该管道的运输能力为 32 亿立方米/年。尽管该管道所输送的天然气是哈萨克斯坦南部和吉尔吉斯斯坦天然气的主要来源，但乌兹别克斯坦的稳定供给和三国之间就实际接收天然气输量的争论，曾经一度导致三国关系的紧张。

3. 哈萨克斯坦的其他管道和规划管道

中国—中亚天然气管道二期，联通别伊涅乌和奇姆肯特，使哈气能够出口中国及供给哈萨克斯坦南部工业区使用。该管道的设计输送量为 100 亿立方米/年。但该管道的气源，面临着其他管道的分流和竞争。

中亚—中央天然气管道的两条支线，在哈萨克斯坦西南部城市别伊涅乌汇合，进入俄境内之后，在亚历山德罗夫盖伊和俄天然气输送管道系统连接。东部支线连接了哈萨克斯坦与土库曼斯坦，运输能力为 600 亿立方米/年。西部支线，运输能力为 50 亿立方米/年，起点位于土库曼斯坦的里海海岸。西部支线已使用超过 35 年，且没有得到整体性的修整，经常出现问题。[①] 哈萨克斯坦国家石油和天然气公司（KMG）已将越来越多的资金投入西部支线的现代化改造之上。

2007 年 12 月，俄罗斯、哈萨克斯坦和土库曼斯坦宣布签署了一项关于更新和提升西部支线运力的协议，并新建一条与西部支线并行的新里海天然气管道，该管道运力为近 200 亿立方米/年。这条新的管道，原本预定于 2012 年完成，之后该线路的运力将从约 600 亿立方米/年提升到 1000 亿立方米/年。然而，2009 年新管道的建设被搁置，原因是土库曼斯坦寻求不依赖过境俄罗斯的多元化出口路径和欧洲市场需求的降低。

布哈拉—乌拉尔管线过境哈萨克斯坦，也可能分流哈萨克斯坦的天然气。

---

① EIA, *Country Analysis Brief - Kazakhstan*, Last Updated: November 2010.

（三）乌兹别克斯坦和哈萨克斯坦向管道供气的问题

中国—中亚天然气管道过境乌兹别克斯坦和哈萨克斯坦。确保两国对管道的气源供给，是加强管道安全运营的关键。

中国和乌兹别克斯坦已在 2011 年底达成协议，修建中国—中亚天然气管道 C 线，实现 2014 年通过中国—中亚天然气管道，向中国出口 250 亿立方米天然气的目标。为此，乌兹别克斯坦与俄罗斯和亚洲国家签署了数个新的天然气项目开发和提升老气田产量的产量分成协议（PSAs）。其中俄罗斯的卢克石油公司，得到坎德姆—哈乌扎克（Kandym‐Khauzak）和吉萨尔西南地区（the Southwest Gissar）的两个合同。卢克的目标是在 2017 年，使这两个气田的总产量超过 170 亿立方米/年，满足中国—中亚天然气管道运力提升的需要。

据乌兹别克斯坦媒体报道："乌兹别克斯坦已开始向中国持续供应天然气，到 2012 年末，供气量可达 40 亿～50 亿立方米。据预测，到 2016 年，乌兹别克斯坦向中国出口天然气有望达到每年 250 亿立方米。"[①] 但实际的数据与这一目标还有较大的差距（见表 4－2）。

表 4－2　中亚三国对中国的天然气出口量

单位：亿立方米

	2010 年	2011 年	2012 年	2013 年	2014 年
土库曼斯坦	35.5	142.5	213.3	240.8	254.9
哈萨克斯坦				1.53	3.96
乌兹别克斯坦			1.51	28.52	24.30

数据来源：中国海关总署。

乌兹别克斯坦天然气田集中在西南部。该地区的 Kokdumalak 和 Shurtan 气田早在 20 世纪 60～70 年代就得到了开发。为了扭转产量下降的趋势，乌兹别克斯坦宣布了一个计划，计划到 2020 年投资 10 亿美元，提升加兹利（Gazli）地区探明储量和改造基础设施。2011 年，乌兹别克斯坦国家天然气公

---

① 《乌兹别克斯坦开始向中国持续供应天然气》，商务部网站，2012 年 9 月 26 日，http://www.mofcom.gov.cn/aarticle/i/jyjl/m/201209/20120908360090.html。

司计划，未来 4 年投资 8 亿美元，提升南部卡拉恰克那克（Karachaganak）气田生产，增加出口。该气田 2011 年的产量为 476 亿立方米/年，约占乌兹别克斯坦天然气总产量的 3/4。[①] 尽管有了新开发或增产计划的支持，但乌兹别克斯坦的天然气出口仍然出现了下降趋势（见图 4 - 7）。

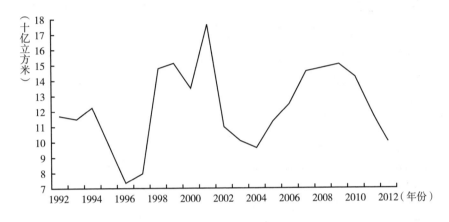

图 4 - 7　乌兹别克斯坦天然气净出口量

数据来源：EIA。

目前看来，提升伴生气的利用率，是快速提升出口量的可行途径。乌兹别克斯坦国家石油天然气公司（Uzbekneftegaz）估计，乌兹别克斯坦伴生气的利用率为 40%。世界银行委托美国国家海洋和大气管理局（National Oceanic and Atmospheric Administration）进行的一项研究显示，2010 年乌兹别克斯坦放空燃烧掉的天然气估计有 19 亿立方米，位列世界前 20 位，2013 年的数据是 1.68 亿立方米。[②] Uzbekneftegaz 的报告称，该公司将投资 1.23 亿美元，提高伴生气的利用率和商品化率。[③]

但总的来说，近年来乌兹别克斯坦的天然气出口量不多，最高仅在 150 亿立方米。而且随着 2008 年以来产量下降和消费增长，已出现明显的出口

---

① EIA, *Country Analysis Brief – Uzbekistan*, Last Updated: January 2012.

② EIA, *Country Analysis Brief – Uzbekistan*, Last Updated: July 2014.

③ EIA, *Country Analysis Brief – Uzbekistan*, Last Updated: January 2012.

下降趋势，2012 年的出口量下降到 100 亿立方米。但乌兹别克斯坦的天然气产量，甚至一度超过出口量最大的土库曼斯坦。因此，如何增加出口，保障对中国—中亚天然气管道的供给，不仅是乌兹别克斯坦如何增加收益的问题，也是确保管道安全运营的重要问题。

从哈萨克斯坦来看，其天然气探明储量为 1.9 万亿立方米，但其所生产天然气的 70% 被重新注入油田，以提高石油产量。EIA 数据显示，直到 2009 年，哈萨克斯坦出口了 37.4 亿立方米天然气，才由天然气净进口国转变为净出口国（见图 4 - 8）。[1]

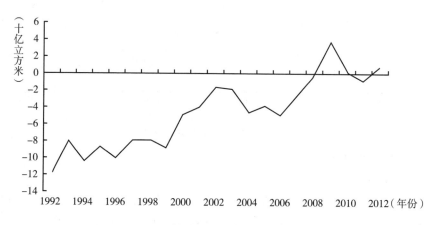

图 4 - 8　哈萨克斯坦的天然气净出口量

数据来源：EIA。

哈萨克斯坦计划到 2015 年，使天然气产量提高至 2000 亿立方米，出口量达到 392 亿～448 亿立方米。该国出产的天然气几乎全部属于伴生气，主要储藏在西部，其中一半以上位于卡拉恰克那克油气田。目前该油气田生产了哈萨克斯坦 30% 左右的天然气，预计到 2021 年产量将增加到 280 亿立方米。[2] 但截至 2013 年，该油气田还未与哈萨克斯坦的天然气管道网络联通，并且是一个完全由海外公司控制的油气田。其开发的进程和外运线路的安

---

[1]　EIA, *Country Analysis Brief - Kazakhstan*, Last Updated：November 2010.

[2]　EIA, *Country Analysis Brief - Kazakhstan*, Last Updated：October 2013.

排，都还不是哈萨克斯坦可以单方面决定的。另外，到2021年，田吉兹油田的伴生气产量有望达到150亿立方米，卡什甘和伊马舍夫斯科耶（Imashevskoye）项目的伴生气产量达到280亿立方米。但哈萨克斯坦天然气大多属于"酸气"，处理的费用较高①；从大陆腹地运输天然气的问题不易解决。这将哈萨克斯坦置于了"鱼和熊掌不可兼得"的境地。将天然气作为提高石油生产的原料，似乎更为划算。

当然，若继续大规模出口油气，哈萨克斯坦内部也面临着一定的压力。2012年1月，哈萨克斯坦总统发表国情咨文，责成政府完成卡拉恰克那克气田天然气加工厂设计工作，尽快开工建设，并指出："我们是石油、天然气生产国，无论花多大代价，我们有义务使全国都用上气化天然气。"②北卡什甘项目的购销协议也明确，2014年前气田开采天然气的83%，将由"哈萨克斯坦天然气运输公司"在哈萨克斯坦境内销售。③

开发阿曼格尔德（Amangeldy）油田，将加强哈萨克斯坦天然气的自给自足，对哈萨克斯坦的能源安全有着重要作用。该油田位于哈萨克斯坦南部，由KMG和西班牙的雷普索尔组成的合资企业负责开发。据报道，该油田2010年的产量为9.91亿立方米，估计可采储量为25亿立方米。另田吉兹油田的运营财团认为，到2015年，Amangeldy油田的天然气产量可以提高到22亿立方米。④

在一定的时期内，哈萨克斯坦也许还不能完成每年向中国出口50亿~100亿立方米天然气的计划，但其已通过中哈输油管道向中国出口石油，使中哈之间的合作已经得到加强。因此，这一问题导致严重后果的可能性不大，但是需要给予相应的关注和重视。

---

① IEA, *World Energy Outlook 2010*, p. 531.

② 赵彦军：《哈萨克石油产品短缺现象分析》，驻哈萨克斯坦使馆经商参处网站，2012年8月31日，http://kz. mofcom. gov. cn/aarticle/ztdy/201208/20120808314950. html.

③ 驻哈萨克斯坦使馆经商参处：《世界最大的油田之一（卡什甘油田）即将进行商业开发》，驻哈萨克斯坦使馆经商参处网站，2012年8月28日，http://kz. mofcom. gov. cn/aarticle/ztdy/201208/20120808308290. html.

④ EIA, *Country Analysis Brief - Kazakhstan*, Last Updated：November 2010.

（四）天然气销售政策变动的影响

尽管哈萨克斯坦已经明确，将通过别伊涅乌—齐姆肯特支线，每年向中国出口 50 亿～100 亿立方米天然气。但目前看来，还存在一定的问题。首先，哈萨克斯坦有加强对本国天然气控制的意图。如前所述，哈萨克斯坦面临的形势已与刚独立时大不相同。面对即将形成规模的天然气出口，哈萨克斯坦必然要加强控制，避免重蹈独立初期石油开发的覆辙。因此，哈萨克斯坦石油天然气部负责人称："哈萨克斯坦准备成立统一的天然气收购和出口公司，将天然气出口权全部集中到本国公司手中。"[①] 今后，所有的外国公司，都要先按批发价统一出售给哈萨克斯坦国有公司，再由该公司出口。这一统一天然气出口的法案，于 2011 年 5 月提交政府审议。无论哪家公司夺标成功，首要任务都是保障哈萨克斯坦国内的需求，其次才是供应出口。如此将带来两个方面的影响：一是价格的问题，因为中间多了一个环节；二是外国生产企业生产积极性的问题。

（五）D 线的过境问题

就目前的情势看，中国—中亚天然气管道 D 线，将是一条完全意义上的过境管道，存在过境塔吉克斯坦和吉尔吉斯斯坦的问题。一度的亲美政策，应该是两国没有成为 A 线、B 线、C 线三线过境国的重要原因。尽管 2014 年 6 月 3 日，美国在吉尔吉斯斯坦马纳斯国际机场的转运中心，已经举行了关闭仪式，表明吉尔吉斯斯坦与美国的关系出现了一定的疏离，但美国仍然是塔吉克斯坦的主要援助提供国，且其援助额一度占到塔吉克斯坦同期接受外国援助总额的1/4以上。同时，还一度存在过塔吉克斯坦与美国谈判建立军事基地的传言。在美军撤出吉尔吉斯斯坦之后，塔吉克斯坦成为美国积极争取的对象。而最为关键的，是两国天然气资源储量和生产量都极其有限，是两个净进口国。

EIA 数据显示，塔吉克斯坦近年的天然气产量在 0.17 亿立方米左右，

---

① 商务部欧洲司：《哈萨克斯坦拟组建国有天然气出口公司》，商务部网站，2011 年 4 月 21 日，http：//ozs. mofcom. gov. cn/aarticle/ztxx/201104/20110407510006. html。

与消费量相比微乎其微。从图 4－9 也可以看出，塔吉克斯坦天然气消费量
与进口量几乎同等，而其天然气探明储量仅为 56 亿立方米，同样微不足道。

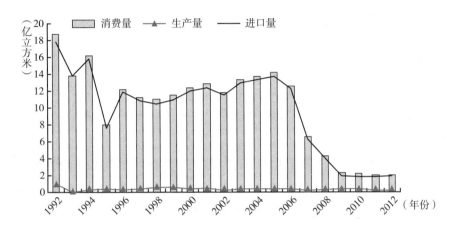

图 4－9　塔吉克斯坦天然气生产量、消费量与进口量

数据来源：EIA。

　　吉尔吉斯斯坦的情况，与塔吉克斯坦基本一致，只是吉的消费量稍高，
产量也只有塔的一半，进口量和进口量占消费量的比例，都比塔高一些
（见图 4－10）。

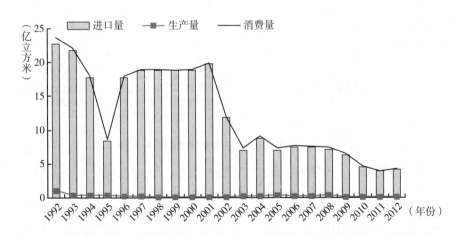

图 4－10　吉尔吉斯斯坦天然气生产量、消费量与进口量

数据来源：EIA。

因此，两国将成为完全意义上的过境国。如何建构两国关系，使其不能、不愿在 D 线的运行上制造麻烦，将是中方需要认真考虑的问题。

四 维护西北线路安全的思考

西北线路面临的问题，总的来说，就是中亚国家建构平衡而可能导致的供给不足。中国因为进入较晚，已在油气开发的主导权上，较西方先失一招。中国已不能或不应从当前的项目或产量中争取更多的份额，而应另辟蹊径。

这个"蹊径"，就是提升中亚国家的能效，间接增加中亚国家的油气输出。IEA 的研究显示，只要中亚国家的能效达到 OECD 国家的平均水平，则2008 年，就可以节约 8000 万吨油当量的能源消费（见图 4 - 11），这与2008 年这些国家的油气出口量相当。

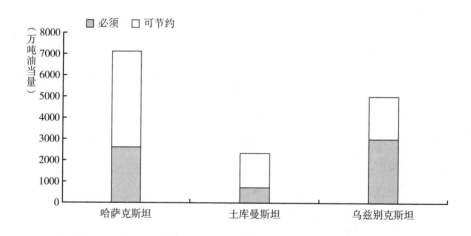

图 4 - 11　2008 年中亚三国能源效率提升潜能

数据来源：IEA，World Energy Investment Outlook 2010，p. 473。

以此为切入点，将对中国具有以下利益。第一，可以间接增加中亚国家对中国供给的保障力度；第二，可以使中国占据国际经济合作和国际舆论的制高点；第三，可以减少中国参与油气资源争夺的压力；第四，可以在中亚国家建构平衡的战略诉求框架内，推进和加强中国与中亚国家的油气合作关系；第五，应该可以使中国得到更高的经济收益。

对于 D 线的过境问题，中国一方面应利用上合机制，加强与吉尔吉斯斯坦和塔吉克斯坦的政治关系；另一面应以"建设丝绸之路经济带"为契机，推动全方位协作经济关系的建立。

第二节　中国—蒙古国铁路运输

中国、蒙古国之间的铁路运输线路，指从俄蒙边境口岸纳乌什基，自北向南穿越蒙古国国境，从二连浩特进入中国的铁路运输线路。这一线路既可以运输蒙古国出口到中国的石油，还可作为俄罗斯过境蒙古国进入中国的运输线路。2006 年秋季之前，尤科斯公司通过该线路向中国出口过一段时间的石油，运输量为 160 万吨。[①] 随着中哈输油管道的运营，俄罗斯转而借助相对廉价和高效的管道运输。2007 年上半年，仅有 5 万吨石油过境蒙古国运输到中国。[②] 但 2007 年，俄罗斯为了加大对中国的石油出口，曾计划过境蒙古国增加 250 万吨/年的运输量。俄罗斯联邦价格监督局理事会也做出了决定，给予通过纳乌什基过境、东西伯利亚铁路祖伊和苏霍夫斯卡亚车站出口中国的石油 22% 的运价折扣。但最终俄蒙相关方面没有达成一致，这一计划未能实现。2009 年以来，海关的统计数据显示，从二连浩特海关入境中国的石油，已经与中蒙石油贸易的数量基本一致。这说明俄罗斯已经不再过境蒙古国向中国运输石油。

2006 年以来，中蒙之间保持了一定数量的贸易，中国从蒙古国进口石油数量从 2006 年的 4.54 万吨增加到 2014 年的 103 万吨（见表 4 - 3）。

---

① 《俄经西伯利亚大铁路出口中国的石油继续增加》，俄罗斯新闻网，2007 年 2 月 26 日，http://rusnews.cn/ezhongguanxi/ezhong_jingmao/20070226/41706696 - print.html。

② 赵嘉麟：《俄罗斯上半年通过铁路向我出口石油 460 万吨》，《经济参考报》网站，2007 年 7 月 24 日，http://www.jjckb.cn/gjxw/2007 年 7 月/24/content_59092.htm。

表4-3 中国从蒙古国进口石油的数量

单位：万吨

	2009 年	2010 年	2011 年	2012 年	2013 年	2014 年
数量	25.61	28.70	28.99	45.79	61.31	103

数据来源：中国海关总署。

中蒙之间的运输，因蒙古国石油产量有限，而处于次要的地位。但蒙古国近年来经济发展迅速，加强了国内基础设施的建设。这对加快蒙古国经济发展和过境运输俄罗斯石油具有潜在价值。2010 年 4 月，蒙古国总理巴特包勒德，通过政府网站宣布，决定建设横贯国土东西的新铁路。[①] 该铁路始自蒙古国西部边界，经塔温陶勒盖、赛音山达、乔巴山至东部边界。这条新铁路干线的建成，不仅有利于蒙古国东部、中部和戈壁地区包括石油在内各种自然资源的运输，也有利于蒙古国与东北亚国家的经济合作。

2014 年 8 月 21 日，中蒙两国领导人在乌兰巴托签署联合宣言，宣布将两国关系提升为全面战略伙伴关系。这对中国借助蒙古国出海口和对外交通陆桥的特殊地位，加强与蒙古国的经济联系，起到巨大的推动作用。

维持这一线路的畅通，存在有利的基础。第一，蒙古国拥有较为丰富的石油储藏。初步预测，蒙古国的石油总储量在 60 亿桶左右，主要分布在与中国接壤的东方、东戈壁、南戈壁、巴音洪格尔、戈壁阿尔泰、科布多和肯特等省。[②] 第二，蒙古国油气开发具备了一定的基础。蒙古国划分的 28 个石油区块，大部分已有投资企业或意向企业。第三，中国早在 2004 年就进入了蒙古国的石油开发领域。2005 年 4 月，中国石油大庆塔木察格有限责任公司，与英国索克（SOCO）公司签署了购买第 19、21 和 22 区块勘探开

[①] 《蒙古国总理表示该国将建设新铁路》，新华网，2010 年 4 月 4 日，http://news.xinhuanet.com/fortune/2007 年 4 月/04/c_ 1217143. htm。

[②] 《与中国驻蒙古国大使馆经商参处赵清茂经济商务参赞访谈记录》，商务部网站，2007 年 4 月 14 日，http://www.mofcom.gov.cn/aarticle/subject/zhcjd/subjectd/201004/20100406866768.html。

发权的协议。① 2005～2006 年，中国石油大庆塔木察格有限责任公司完成了近 3000 平方千米的勘探，钻井 50 多口，总投资约 1 亿美元，预计生产原油 17 万～18 万桶。② 此外还有宗巴音石油勘探项目、中金海石油勘探项目、纵横油田石油勘探项目等。第四，除了有利于运输线路多元化之外，还可以就近在呼和浩特炼油厂③进行炼化，有利于国内炼油布局的平衡。

但该线路也存在几个不利的因素：第一，这一运输途径，存在铁路运力有限和运费较高的不利因素。第二，油源保障不易。蒙古国是一个事实上的石油净进口国，其 90% 以上的成品油进口自俄罗斯、中国和哈萨克斯坦。第三，中国与蒙古国的石油合作存在不深入的一面。由于对成品油形成进口依赖，近年来蒙古国将炼油厂建设放在了重要的地位。但 2008 年韩国 "ENF Mongolia Oil" 公司抓住机遇，进入了蒙古国的石油炼化行业。该公司计划在 2008～2012 年修建 3 座炼油厂，总加工能力达 120 万吨/年，可满足蒙古国石油产品需求的 50%。项目将以 BOT④ 方式实施，15～20 年后无偿移交蒙方，地点选择在交通便利的乔伊尔或巴嘎杭爱。⑤ 第四，第三方的不利影响。2006 年，为了深入亚欧大陆腹地，美国加强了与蒙古国的关系，称蒙古国为 "第三邻国"。同时，平衡中国和俄罗斯的影响，也是蒙古国必然的战略选择。中国在将蒙古国作为过境运输国时，需要注意该问题。第五，蒙古国对中国的经济影响存在警觉。这与西方宣扬中国推行所谓的 "新殖民主义" 有关。由此也可知，中国的对外经济合作存在需要改进的一

---

① 中国石油大庆油田：《国际合作》，中国石油网站，http：//www.cnpc.com.cn/dq/daqing/gjhzl/gjhz。

② 《中国大庆油田公司在蒙古国开采石油》，中国驻蒙古国使馆经商参处网站，2006 年 11 月 24 日，http：//mn.mofcom.gov.cn/aarticle/sqfb/200611/20061103840310.html。

③ 1992 年建成，是 20 世纪 90 年代投产的第一座百万吨级炼油厂，2012 年完成了 500 万吨改造。

④ BOT 是英文 Build - Operate - Transfer 的缩写，通常直译为 "建设—经营—转让"，是基础设施投资、建设和经营的一种方式，以政府和机构之间达成协议为前提，由政府向机构颁布特许，允许其在一定时期内筹集资金建设某一基础设施并管理和经营该设施及其相应的产品与服务。

⑤ 《韩国公司拟以 BOT 方式为蒙建设炼油厂》，商务部网站，2008 年 12 月 25 日，http：//mn.mofcom.gov.cn/aarticle/jmxw/200812/20081205974934.html。

面。中国企业更多将投资集中在了自然资源的开采上，与所在国的非官方交流不够。第六，需要第三方的参与才能使该线路具有战略意义。一方面需要俄罗斯提供足够的油源供给；另一方面需要俄罗斯在三国的合作中，采取配合的态度。第七，中蒙铁路的运输性质具有可变性。仅就中蒙之间的运输来看，中蒙铁路运输只是跨境运输，面临的问题相对简单，但因为运输量的限制而没有战略价值。可一旦有了俄罗斯的参与，中蒙铁路运输具有了战略价值之后，蒙古国将兼具过境国的角色，问题就将出现质变。

总的来说，中蒙铁路运输，是中国进口石油的一个可选线路。但要保障其畅通，并使其具有战略价值，还需要解决上面提到的几个问题。

第三节 东北线路

东北线路指通过中国东北地区进入中国的进口油气运输线路（见图4－12）。当前，东北线路由中国—俄罗斯输油管线、中俄海运线路、曾经使用的中俄铁路和建设中的中俄天然气管道构成。

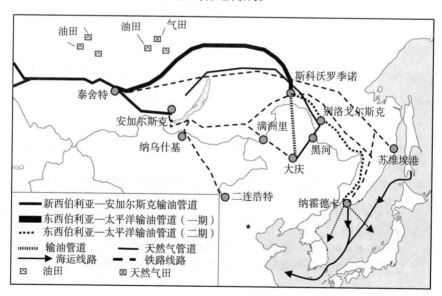

图4－12 东北线路示意图

一 背景简介

东北线路的主要相关方，只有俄罗斯。俄罗斯方面的能源政策、中国与俄罗斯的关系，是该线路能否顺利运营的关键。

（一）中俄铁路运输概况

曾在油气运输中发挥重大作用的中俄铁路，为安加尔斯克—满洲里—大庆的铁路线路。该线路输送的石油源自俄罗斯东西伯利亚油田，并通过新西伯利亚—安加尔斯克管道转运来自新西伯利亚油田的石油。

在中俄输油管道投入使用之前，中国进口俄罗斯的石油通过安加尔斯克—满洲里铁路、北向海运线路、借道纳乌什基—二连浩特铁路过境蒙古国、借助哈萨克斯坦至新疆的铁路和中哈管道，共计 5 条线路进行运输。可谓"陆海都有、东西并进、跨过境车管船不缺"，在展现中俄石油运输多样性的同时，也表现了中俄石油合作的艰难。2011 年以前，在这些运输方式中，中俄铁路运输一直占据着主要份额。中俄输油管道投入运营之后，这一运输途径才处于被弃用的状态。

中俄之间的石油铁路运输，延续至 2011 年。2004～2011 年，中俄铁路总计大约运输了 7000 万吨石油。具体的运量为："2004 年 570 万吨，2005年 760 万吨"①，2006 年 900 万吨，2007 年、2008 年与 2006 年基本一致。从海关数据看，2009 年达到 895 万吨，2010 年为 955 万吨，到 2011 年中俄石油管道投入运营之后迅速下降到 16 万吨。

这一线路存在两大缺陷。第一是运力有限，最高仅为 900 万吨/年。2006 年，在"中国俄罗斯年"活动的推动下，中俄双方约定自 2006 年起俄方每年通过铁路向中方供油不少于 1500 万吨。当然，这一协议的达成，还有俄罗斯因安大输油管线告吹，而安抚中国的意思。2006 年，中俄之间的

---

① 孙晓蕾、王永锋：《浅析我国石油进口运输布局与运输安全》，《中国能源》2007 年第 5 期。俄罗斯方面的数据是 797 万吨。见俄罗斯新闻网莫斯科 5 月 16 日电《中国拟将自俄罗斯进口石油量增加二倍》，俄罗斯新闻网，2007 年 05 月 16 日，http：//rusnews.cn/ezhongguanxi/ezhong_ jingmao/20070516/41775258 - print. html。

石油贸易，也因此达到中俄石油管道开通前的最高点 1596 万吨，但其中只有 900 万吨通过中俄铁路运输。[①] 一方面是因为铁路本身的运力有限；另一方面是因为中俄两国铁路轨距不同，需经满洲里换装，使得成本增加、运力受限。第二是运费高昂。美国的一份研究显示，中俄铁路运输费用为千千米 7.19 美元/桶，是管道运输费用的近 10 倍，是从沙特阿拉伯到中国东部沿海油轮运输费用的近 40 倍（见表 4-4）。而这一数字，是否包含为了铁路运输石油而专门建设的基础设施费用，笔者不得而知。但《中国日报》的一篇报道称：为了完成中俄石油贸易协议规定的运输量，俄方花费了 14 亿美元（400 亿卢布）升级铁路设施。[②] 而 2005 年中俄第一次"贷款换石油"协议中，俄方需出口到中国的石油为 4820 万~4860 万吨。若这些石油全部通过中俄铁路运输，用于每吨石油运输的基础设施投资将达到 28.93 美元。由此可见，通过铁路大规模运输石油成本高昂。还有研究称，2006 年初俄公司对华石油运费高达每吨 70 美元。[③]

表 4-4　几种运输方式的费用比较

运输方式	线路	距离(千米)	运费 （美元/桶）	千千米运费 （美元/桶）
油轮	拉斯坦努拉（Ras Tanura）—宁波	7000	1.25	0.18
管道	安加尔斯克（Angarsk）—大庆	3200	2.41	0.75
铁路	安加尔斯克—满洲里	1000	7.19	7.19

数据来源：Andrew S. Erickson and Gabriel B. Collins, "The Reality, and Strategic Consequences of Seaborne Imports: China's Oil Security Pipe Dream", *Naval War College Review*, Vol. 136, No. 2, February 2010, p. 92。

　　尽管中俄之间铁路运输的费用已经很高，但据俄罗斯媒体报道，受通胀影响，俄经济发展部向俄政府提出建议，要求在 2012 年将铁路货运运费调

① 俄罗斯新闻网伊尔库茨克 1 月 16 日电：《西伯利亚大铁路去年向中国输油量显著增加》，俄罗斯新闻网，2007 年 1 月 16 日，http://rusnews.cn/ezhongguanxi/ezhong _ jingmao/20070116/41681444.html。

② Mai Tian, "Contract Ensures More Oil Delivery to China", *China Daily*, March 29, 2004.

③ 闫午：《俄罗斯中亚东欧经贸动态》，《俄罗斯中亚东欧市场》2006 年第 5 期。

高6%。① 如果再加上国内满洲里—大庆的铁路运输费用，则通过安加尔斯克—满洲里—大庆铁路运输进口石油的运费，将接近600元人民币/吨。

尽管继续中俄之间的铁路运输，会为中国保留一个重要的石油进口运输途径，但随着中国—俄罗斯输油管道的投入使用，这一线路的重要性已日渐消失。在非特殊情况下，这一运输方式能否保持长期存在，还要受制于国际油价的走向。一旦油价大幅跌落，再次出现2009年30多美元/桶的低价，则中俄之间铁路运输的费用，将占据中俄石油贸易到岸价格的1/3。国内油品定价与国际油价的联动、运输费用的坚挺，将制约国内油品销售价格与国际油价的联动。如此形成不利的影响，将削弱中方开展对俄石油贸易的积极性。同时，中俄铁路运输的油源主要依靠西伯利亚，勘探和开发成本较高。而俄罗斯方面给予了远东石油项目较明显的税收优惠。除非俄东西伯利亚—太平洋管道反向输送，把远东石油输送到安加尔斯克，否则俄方继续通过这一途径运输的积极性将大打折扣（详见上一节，"中俄海运"部分）。如此，在低油价的情景下，中俄之间的铁路石油运输，将因缺失经济效益的支撑，而难以为继。这也是2009年中俄石油管道最终得以上马的重要原因之一。

（二）中国—俄罗斯输油管道简介

1. 管道概况

中俄输油管道是俄罗斯东西伯利亚—太平洋输油管道的支线，起自斯科沃罗季诺分输站，穿越中国边境，途经内蒙古自治区和黑龙江，终点到达黑龙江大庆。管道全长1000千米，俄境内约65.5千米，穿越两国界河黑龙江的管道长1.1千米，漠河至大庆末站932千米。管道设计年输油量1500万吨，最大年输量3000万吨。石油输送到大庆之后，进入东北的石油管道运输网络；所输送石油可在大庆就地加工，也可被进一步输送到大连、抚顺等地的炼油厂。2011年1月1日，管道开始正式运营。

---

① 商务部欧洲司：《俄拟于2012年提高铁路货运运费》，商务部网站，2011年8月19日，http://ozs.mofcom.gov.cn/aarticle/ztxx/201108/20110807716326.html。

给中俄输油管道供油的干线管道——俄东西伯利亚—太平洋输油管道，西起伊尔库茨克州的泰舍特，东至太平洋沿岸纳霍德卡的科济米诺湾，全长4000多千米。管道一期工程包括铺设从泰舍特至斯科沃罗季诺的管线，及科济米诺湾的石油出口终端。二期工程建设从斯科沃罗季诺至科济米诺湾的管道。

根据俄中政府间协议，以及俄罗斯国家石油公司（Rosneft）、俄罗斯石油管道运输公司和中国石油的三方合同，自2011年起，在20年以内，俄罗斯每年向中国输送1500万吨石油，而俄罗斯两家公司从中国获得250亿美元的贷款，即"第二次贷款换石油协议"。2013年6月，中俄达成了新的石油贸易协议，俄将在未来的25年里，每年向中国供应4600万吨石油。由此，管道的输量，将逐渐增加到3000万吨/年。

2. 管道的由来

中俄输油管道的由来，要追溯到1994年。从首倡到2009年开工，历经15年。其间，经历了"安大线"、"安纳线"和"东西伯利亚—太平洋管道"支线三个阶段的规划。其中颇费周折的原因，在于俄罗斯以石油为王牌，谋求利益最大化和俄罗斯国内的政局变动。

"安大线"规划阶段。"安大线"指从俄罗斯西伯利亚的安加尔斯克到中国大庆的跨境输油管线。1994年，俄石油企业首次向中方提出了修建该管道的倡议。经历多次协商之后，2001年9月，在朱镕基总理访俄期间，中俄两国总理正式签署了《中俄输油管道可行性研究工作总协议》。2002年12月初，俄罗斯总统普京访华，在中俄两国首脑发表的联合声明中，明确指出："保证已达成协议的中俄原油和天然气管道合作项目按期实施，并协调落实有前景的能源项目，对确保油气的长期稳定供应至关重要。"[①] 这表明修建"安大线"几成定局。中俄计划2005年完成第一期工程，之后的25年里，俄罗斯向中国输送原油7亿吨，合约价值1500亿美元。同时，俄罗

---

① 《中俄联合声明》，新华网，2002年12月2日，http：//news. xinhuanet. com/ziliao/2002 - 12/03/content_ 647349. htm。

斯还计划借助中国东北地区的管道网络，过境中国向日本和韩国等亚太国家出口。在中俄两国即将正式敲定"安大线"之际，负责"安大线"技术经济论证的俄罗斯石油运输公司，突然提出了新方案，表示要放弃"安大线"，转而修建终点为纳霍德卡的输油管道，即"安纳线"。日本利用了这一机会，乘机介入。

"安纳线"的插曲。2002 年 12 月，日本政府给俄罗斯政府写信，提议修建"安纳线"。2003 年 6 月，时任日本外相川口顺子在访问俄罗斯期间，正式向俄罗斯提出了修建"安纳线"的建议。其理由主要有：第一，"安纳线"全部位于俄罗斯境内，俄方拥有完全的控制权；第二，通过建设"安纳线"，可以促进俄罗斯远东地区的经济发展，形成管道沿线的"经济带"；第三，"安纳线"的终点是太平洋港口，可同时面向亚太各国出口石油。时任日本首相小泉纯一郎，还于 2003 年 1 月 10 日飞往莫斯科，与普京签署了《俄日能源合作计划》，亲自向俄罗斯提出"安纳线"计划，承诺每天从俄罗斯进口石油 100 万桶（5000 万吨/年），还准备提供 50 亿美元贷款，协助俄罗斯修建管道、开发东西伯利亚和远东油田。之后，日本不仅将贷款额进一步提高到 75 亿美元和 90 亿美元，还额外承诺了 120 多亿美元的综合性投资。一方面在日本的干扰下；另一方面由于 2003 年 10 月，力推"安大线"的尤科斯石油公司的拥有者霍多尔科夫斯基被捕，尤科斯石油公司被俄政府收购，"安大线"最终被放弃。但需注意的是，就"安大线"建设与否的问题，中俄政府之间没有签订过正式的书面文件。同时，俄罗斯强大的铁路集团，为了保住自身的利益，也反对建设管道，对中国形成了极其不利的影响。[①] 尽管俄罗斯接受了日本的建议，但日本却没有兑现之前的承诺。因此，俄罗斯又将注意力转回中国。2005 年 1 月 1 日，中俄达成了"第一次贷款换石油协议"。

---

① Andrew S. Erickson and Gabriel B. Collins, "China's Oil Security Pipe Dream", *Naval War College Review*, 136 (2010): 97.

客观地分析,"安大线"并不符合俄罗斯的长远利益。第一,"安大线"把中国作为唯一的供应国,不利于市场多元化;第二,俄罗斯石油寡头的趋利取向,忽视了国家利益的综合性;第三,如果通过"安大线"向日韩供油,则"安大线"将成为一条过境管道,中俄之间的博弈将出现有利于中国的倾斜,俄在东欧过境管道上面临的问题存在重演的可能;第四,俄罗斯早在1993年就提出过"西伯利亚—太平洋石油天然气管道工程",与"泰纳线"基本一致。之所以提出"安大线",与俄当时面临的一系列困境有关。而随着2002年新一轮石油价格的上涨,以及俄罗斯内部局势的稳定,俄罗斯向中国扩大出口的迫切性降低,修建管道的积极性自然降低。这不禁让人想起历史上苏俄政府的两个对华宣言。[①]

"泰纳线"支线阶段。2004年12月,俄罗斯总理签署命令,决定建设"东西伯利亚—太平洋"输油管线。管线起点为泰舍特,向东北经贝加尔湖以北,迂回至中俄边境阿穆尔州的斯科沃罗季诺,再沿中俄国境线最终到达滨海边疆区纳霍德卡附近的科济米诺港。该输油管线也被称为"泰纳线"。2005年5月,俄罗斯政府正式批准"泰纳线"方案,标志着俄罗斯在两种方案之间做出了抉择,"安大线"和"安纳线"之争终于尘埃落定。

"泰纳线"接近于日本的"安纳线",两者的终点都是纳霍德卡。因此,国际舆论认为,在中国与日本的能源竞争中,日本胜出,中国失利。但早在俄罗斯正式确定"泰纳线"之前,中俄两国已经达成了修建中国的支线、每年通过支线向中国输送3000万吨石油的协议。因此,"泰纳线"充其量是"中国优先+日本计划的原型"。当然,这一结果的出现,不能否认日本的影响,但问题的关键还是俄罗斯的抉择。

2006年4月28日,"泰纳线"动工,原计划2008年11月1日投入使

---

① 十月革命后不久,苏俄政府即向中国驻莫斯科公使提出,愿意与中国谈判,废除沙俄的在华特权和不平等条约,退赔沙俄侵占的150多万平方千米的中国国土,在新的基础之上发展两国关系,并于1919年7月和1920年10月两次发表宣言,正式表达了苏俄的意愿。

用。工程分两个阶段进行。一期工程包括泰舍特—斯科沃罗季诺 2694 千米的管道，7 个泵站，年输送能力为 3000 万吨，以及科济米诺 1500 万吨/年装运能力的油运港口。一期完工后，石油将通过管道运至斯科沃罗季诺，然后经过铁路运至纳霍德卡，再用油轮运输出口。但一期工程 2009 年 12 月 28 日才投入运营，延期了 1 年。

管道的二期工程，于 2010 年 1 月 14 日正式启动，计划将于 2014～2015 年完工。二期工程包括斯科沃罗季诺—科济米诺 2100 千米的管道、储油规模 30 万立方米的油库和 8 个泵站，同时把斯科沃罗季诺站和科济米诺站的储油规模分别扩大 15 万立方米。二期完工后，东西伯利亚—太平洋石油管道的年输油能力将达 8000 万吨/年，石油将通过管道直接从东西伯利亚输送至太平洋港口。其中，3000 万吨通过斯科沃罗季诺—大庆管道供应中国，5000 万吨输送到科济米诺。

尽管俄罗斯将中俄输油管道确定为"泰纳线"支线，并且"泰纳线"也早在 2006 年即正式动工，但是直到 2008 年下半年，中俄输油管道才明确动工时间。首先，金融危机影响日渐显现，西方石油消费萎缩，俄罗斯开发新市场的需要开始凸显。其次，2008 年 8 月，俄罗斯与格鲁吉亚爆发军事冲突，西方与俄罗斯的关系恶化，俄罗斯迫切需要中国的支持。

在此背景下，2008 年 10 月 27 日，中俄总理在莫斯科举行了第 13 次定期会晤，双方签署了 13 份经贸合作文件。其中包含了兴建东西伯利亚—太平洋石油管道中国支线的原则协议，而中方付出的代价是向俄提供 250 亿美元的贷款，即所谓的第二次"贷款换石油"。一天之后，中国石油与俄罗斯石油管道运输公司签署了"斯科沃罗季诺至中俄边境石油管道"的建设和运营协议，明确了中俄输油管道的建设日程。2009 年 2 月 17 日，双方签署了《从俄罗斯斯科沃罗季诺到中国边境的管道设计、建设和运营协议》，就管道的工程建设细节达成一致。2009 年 4 月 27 日，俄罗斯境内管道开工；5 月 18 日，中方境内漠河—大庆段开工。2010 年 9 月，工程全线竣工。2011 年 1 月 1 日，正式投入运营。

（三）中国—俄罗斯天然气管道东线①

1. 管道概况

中俄天然气管道东线西起东西伯利亚伊尔库茨克州的科维克金气田，绕过贝加尔湖北部联通萨哈共和国（雅库特）的恰扬金气田，往东南方向延伸到中俄边境的别洛戈尔斯克，经黑龙江黑河入境中国。2014 年 6 月，俄罗斯方面启动了管道的铺设工程。管道总长约 2680 千米，拟为北京和上海供气，并配套建设 5 座地下储气库。

根据中俄签署的协议，中俄东线供气项目合同期为 30 年，气源主要来自恰扬金气田和科维克金气田，计划 2018 年起供气，前 5 年的年输气量为 50 亿~300 亿立方米，并逐年渐增，第 6 年起实现合同输气量 380 亿立方米/年。

科维克金气田是世界最大的天然气田之一，已证实和可能的天然气蕴藏量共约为 2 万亿立方米。最初俄英合资 TNK－BP 的子公司鲁西阿石油公司获得了该气田的开采许可权。2007 年 6 月 25 日，俄罗斯天然气工业股份公司（Gazprom，简称俄气）斥资 10 亿美元收购了鲁西阿石油公司 62.7% 的股份，获得了气田的开采权。②2008 年 4 月，俄罗斯政府未通过竞标，直接将恰扬金石油天然气凝析田交给了俄气进行开发。因为俄罗斯法律规定，可以将战略油气田直接交给俄气开发。③ 有报道称恰扬金油气田的储量为：天然气 1.24 万亿立方米，石油 6840 万吨。

2. 管道由来

中俄天然气管道与输油管道一样，可谓好事多磨。中俄之间为此已经进

---

① 当前媒体和舆论都称 2014 年得以确定、自黑河入境的中俄天然气管道，为中俄天然气管道东线。但这一称呼存在一定的问题。按之前的规划，东线起自库页岛，自丹东入境，将库页岛和远东地区的天然气输入中国。实际上，因为俄罗斯已将库页岛项目出产的天然气销售给日本，所以东线已经不存在开通的可能。当前所谓的"东线"，实际上是计议之中的中线。

② 俄罗斯新闻网莫斯科 6 月 25 日电：《俄气 10 亿美元购得科维克塔气田》，2007 年 6 月 25 日，http：//rusnews. cn/eguoxinwen/eluosi_ caijing/20070625/41819530. html。

③ 俄罗斯新闻网莫斯科 4 月 14 日电：《天然气工业公司获得恰扬金气田开发许可》，2008 年 4 月 14 日，http：//rusnews. cn/eguoxinwen/eluosi_ caijing/20080414/42108082. html。

行了 10 年的谈判。早在 2004 年 9 月，温家宝总理访问俄罗斯，中俄之间在能源合作问题上达成了四点共识。其中的第四点是，双方决定尽快制定天然气合作开发计划。但长久以来，中俄在天然气销售价格上的分歧，致使该项目始终议而不决。直到在乌克兰危机的推动下，2014 年 5 月 21 日，俄气与中国石油，才最终签署了管道和供气协议。

2006 年，"俄乌斗气"表明，推进市场多元化和促成欧亚竞争关系，是俄罗斯加强国际地位的紧迫任务；在中国能源消费大幅增长、能源进口需求增加的背景下，俄气与中国石油签署了《关于从俄罗斯向中国供应天然气的谅解备忘录》，为项目的规划和可行性奠定了基础。

中俄天然气管道的规划线路有三条：西线，从西西伯利亚的乌连戈伊到新疆阿尔泰的"阿尔泰线"，总长 2700 千米；从东西伯利亚科维克京凝析气田，经黑龙江黑河进入中国的中线；从萨哈林经吉林丹东入境中国的东线。规划的输送总量为西线 300 亿立方米/年，东线 380 亿立方米/年。之前的规划是西线于 2011 年、东线从 2016 年开始投入运营。其中西线得到最多的关注，而中线和东线被认为得到建设的可能性相对不大。一方面俄罗斯远东地区将面向整个亚太国家供应天然气；另一方面东线的主要气源萨哈林项目，大多已被西方主导，且俄已规划在科济米诺再建一个 LNG 项目。

2006 年，时任总统普京宣布将实施"阿尔泰线"项目。[①] 这与中国—中亚天然气管道即将投入建设有关。毕竟中俄天然气管道只是一条跨境管道，需要面对的问题相对简单。一旦建成，俄罗斯不仅能解决中国的天然气进口问题，还能打消中国建设中亚天然气管道的念头。如此，中亚天然气就只能继续过境俄罗斯，俄罗斯就能继续控制中亚国家的天然气外运。同时，这一管道的建设，还有利于俄罗斯东西伯利亚的油气开发。东西伯利亚油田出产伴生气，建设管道可以起到推动天然气加工业发展、增加收益的作用。而且，管道建设存在有利的基础，从秋明州北部至阿尔泰边疆区的天然气输

---

① 俄罗斯新闻网莫斯科 12 月 16 日电：《俄中阿尔泰天然气管道项目造价 140 亿美元》，俄罗斯新闻网，2010 年 12 月 16 日，http://rusnews.cn/xinwentoushi/20101216/42950346.html。

送系统已经存在。另外，"阿尔泰线"项目还有分流对欧洲供气，以此威胁欧洲的意思。因为项目的气源——西西伯利亚气田，同时也是对欧供气的气源。而俄罗斯对欧输气的管道系统已经老旧，改造起来需要巨大的投资。如果这一规划能够令欧洲紧张并打动中国，则俄罗斯可在左右逢源的同时，为开发东西伯利亚奠定更有利的基础。

从俄罗斯地方层面看，这一规划得到积极的支持。俄罗斯萨哈（雅库特）共和国政府，早在 2006 年秋天就提出了铺设该输气管道的计划。萨哈共和国政府的一份报告指出，要想其境内的 29 个油气田得到有效开采，不仅需要建设输送设施，还需要建设天然气基础设施，否则就只能将石油开采过程中得到的伴生气放空燃烧。[①] 报告还进一步指出，未来 50 年内，萨哈境内每年可出产天然气 350 亿立方米，再加上东西伯利亚地区伊尔库茨克州的科维克金气田，以及油田伴生气，总年产量可达 800 亿立方米。同时，萨哈政府还建议在太平洋沿岸修建天然气液化设施，推动 LNG 的输出。从俄罗斯方面看，西线也曾得到充分的重视。"俄政府消息人士表示，目前所谈到的条件均为西线的'阿尔泰'管道，'东线管道是以后的事情'。"[②]

在 2008 年金融危机的影响下，中俄天然气合作得到了推进。首先是 2009 年 6 月 17 日，中俄签署了《关于天然气领域合作的谅解备忘录》。其次是 2009 年底，中俄合资在香港注册的俄罗斯能源投资集团子公司——中俄能源投资股份有限公司，出资收购了俄罗斯松塔儿石油天然气公司 51% 的股权，取得了俄罗斯东西伯利亚储量为 600 亿立方米的南别廖佐夫斯基和切连杰斯气田的勘探开采权。而此前没有任何一家合资公司实现过对俄罗斯天然气田的控股。这两个进展，为中俄天然气管道的建设奠定了坚实的基础。

---

① 俄罗斯工业与能源部的数据显示，俄罗斯每年在石油开采中得到的伴生气不少于 600 亿立方米，其中 150 亿~170 亿立方米被白白放空燃烧。另外约 450 亿立方米中，仅有 1/3 进入了加工环节。这不仅对环境造成了极大的破坏，还使俄罗斯蒙受巨大的经济损失。以 2012 年的价格看，损失超过 150 亿美元。

② 俄罗斯新闻网莫斯科 6 月 17 日电：《因价格问题俄中尚未达成天然气采购合同》，俄罗斯新闻网，2011 年 6 月 17 日，http://rusnews.cn/xinwentoushi/20110617/43076532.html。

2010 年底，俄罗斯方面传出消息，俄气决定重启 2008～2009 年冻结的俄中阿尔泰天然气管道项目。该公司总裁阿列克谢·米勒表示，"到 2011 年一季度末，将完成项目设计勘察、成套设备供应、管道建设运营和现有设施维护的时间表"。他还表示，如能在 2011 年中期与中方签署天然气供应的商业合同，则"供应将在 2015 年底开始"。[①] 当前，阿尔泰管道项目被纳入了"2030 年前俄罗斯天然气行业发展总纲要"，计划在 2015～2018 年实施。而随着乌克兰克里米亚危机的发展，欧俄关系进一步紧张，欧洲加速了天然气进口多元化的进程。俄方打通该线路的必要性，得以进一步凸显。该线路，即今天得到热议的中俄天然气管道西线。但从截至 2015 年底的情况来看，这一线路的开通还存在较大的问题。其中的关键，从中国方面看，是增加进口天然气的紧迫性已经相对不突出，与俄罗斯方面谈判的筹码增加；从俄罗斯方面来看，一旦开通了该线路，则在一定意义上，预示着俄罗斯将放弃对欧洲天然气市场的支配。因此，从当前的形势看，中俄双方都还会继续讨价还价，该管道的开通还存在变数。

（四）东北线路在中国进口油气格局中的地位

综合分析，东北线路在中国进口油气运输安全布局中的地位是最为重要的。

1. 协议保障明确

中俄输油管道协议的订立历经艰辛，中方在石油销售价格和运费方面，没有得到有利的结果。但协议也明确规定，通过管道出口中国的石油价格，按照科济米诺港出口年平均价格计算，还明确规定总量必须达到 1200 万吨/年以上。2013 年 6 月 24 日，中国石油公布的俄罗斯向中国增供原油长期合同显示：2018 年，中俄输油管道输量将增加到 3000 万吨/年；中俄合资天津炼厂投产后，俄罗斯供油 910 万吨/年。[②] 同时，中俄天然气管道 380 亿立方米/年输量的合同，也已经得到签署。

---

① 《俄中阿尔泰天然气管道项目造价 140 亿美元》，俄罗斯新闻网，2010 年 12 月 16 日，http://rusnews.cn/xinwentoushi/20101216/42950346.html。

② 《中俄原油贸易大单合同细节曝光》，《新华每日电讯》2013 年 6 月 25 日，第 8 版。

2. 油气源地政局稳定

一是俄罗斯是大国，受到的外部影响相对较小；二是俄罗斯内政稳定，可能引发运输问题的突发因素可预测性较高；三是国内研究俄罗斯问题的学者机构较多、较深入，对可能出现的问题，能够做出较为准确而及时的预测，有利于问题的解决。

3. 天然气协议价格较为有利

天然气的销售价格问题是长久困扰中俄双方的重大问题。俄方希望销往中国的天然气价格与输往欧洲的价格相一致，即 300～400 美元/千立方米。中俄天然气管道的建设，因为双方对销售价格难以达成一致而久拖不决。2010 年 6 月，俄气还表示，由于价格上的分歧，将无限期推迟计划。截至 2012 年 4 月，中俄双方已经就价格问题，进行了 14 轮谈判。

目前从公开渠道得到的可信消息看，中俄天然气东线销售框架协议包括以下关键信息：确定的合同价格为 4560 亿美元、合同时间 30 年、每年 380 亿立方米。如此，则天然气的销售价格为 2.5 元/立方米。这一价格与中国从中亚进口天然气的价格基本一致，与国内的市场价格也较为接近。同时，为了给合同的执行创造良好的外部环境，中俄双方还给出了有利的条件。俄方取消了输往中国天然气的开采税，而中方宣布准备取消进口税。

4. 油气源供给充足

东北线路的油气源，主要依靠东西伯利亚。东西伯利亚石油储量约有 175 亿吨，天然气约有 60 万亿立方米，约占全俄油气资源总量的 1/4。[①] 当前俄罗斯也加大了对东西伯利亚地区油气的开发力度。仅新开发的万科油田的年产量，就能达到 2500 万吨，再加上东西伯利亚其他油气田和来自西西伯利亚油田的供给，东北线路将拥有充足的油源。从天然气来看，仅拟为中俄天然气管道供气的两个气田，储量就达到了 3.3 万亿立方米。同时，远东

---

① 孙永祥：《缓慢的进程——俄东西伯利亚和远东地区能源开发前景及难题》，《国际贸易》2005 年第 10 期。

其他的油气田，也会参与到供气当中。从开发来看，2010 年，时任俄总理普京批准了《2025 年前远东和贝加尔地区社会经济发展战略》[1]，标志着俄政府对远东地区的新一轮开发已正式拉开序幕。在西方加大对俄制裁的背景下，俄罗斯"向东看"的意愿将更加迫切。这意味着，俄罗斯远东地区的油气开发，可以得到充分的重视。

5. 基础设施良好

从理论上看，东北线路的基础设施可以完成的运量为 5500 万～7000 万吨/年。从铁路方面来看，满洲里铁路原油换装能力达到了 1600 万吨/年，俄罗斯安加尔斯克的装运能力超过了 1000 万吨/年。并且经过多年的运作，双方都积累了完成 1000 万吨/年运量的丰富经验。从管道方面来看，中俄输油管道已具备 3000 万吨/年的运力。从海运方面来看，东西伯利亚—太平洋管道二期工程和 3 个油运码头皆已完工，具备了完成 5000 万吨/年的装运能力。苏维埃港的基础较好，也可开发。东线天然气管道 380 亿立方米的输量已基本确定。

因此，东北线路可完成的运输包括：铁路 1000 万吨/年、管道 3000 万吨/年、海运 1500 万～3000 万吨/年。[2] 这一方向的运输，理论上可以完成中国 2020 年 4 亿吨进口量的 14%～18%。当然，实际的运量可能在 4000 千万吨/年，即管道 3000 万吨/年，海运 1000 万吨/年。

6. 油源地靠近传统的炼油基地和主要终端消费区域

东北线路可连接东北和环渤海地区，这两个地区都是中国最主要的石油消费区域。同时，东北线路的油气源与消费地之间的运输距离，不过 3000～4000 千米，相比其他线路是最近的。海运动辄上万千米，西北线路则在 8000千米以上。在紧急状态下，这一距离的优势，可以节约不少的运输时间。

---

① 高际香：《俄罗斯〈2025 年前远东和贝加尔地区经济社会发展战略〉解读》，《俄罗斯中亚东欧市场》2011 年第 1 期。

② 仅以中日韩均分通过管道运抵科济米诺的石油计，则是 1500 万吨。但将其他因素考虑进去之后，海运的实际运输量应该是 0～5000 万吨。如再加上通过铁路运抵远东港口的 4000 万吨，中国再分 1/3，则中俄海运的承运额可再增加 1500 万吨。

7. 运输方式的多样化最为突出

东北线路包含了铁路、管道和海运三种方式，而且是可行、廉价和高效的方式。尽管铁路的重要性已经大幅下降，但作为一个重要的可选路线和途径，仍然具有战略价值。铁路运费较高的问题，也存在一定的转机。俄罗斯铁路私有化已于 2012 年启动①，这一举措可能有助于降低成本。

8. 运输安全能够得到俄罗斯方面的重视

能源"向东看"，是俄罗斯一直以来追求的重要战略目标，是建构销售市场多元化、重新调整能源流动走向的重要之举，符合俄罗斯东西方平衡的能源战略。东北线路的安全运营，不仅会明显增加贸易规模，有利于两国油气贸易多元化，还有助加强经济互信，巩固两国战略协作伙伴关系的基础。

二 中俄油气管道面临的形势与问题

尽管中俄油气管道，具有对中国极为有利的形势，但因其战略地位的重要性、承运额的重要地位，需要对其面临的形势和问题给予更多的关注。

（一）俄罗斯油气销售以欧洲为重心

俄罗斯以欧洲为油气重点销售市场的历史，可以追溯到苏联时期。从反映俄罗斯能源政策动向的文本《2030 年前的俄罗斯能源战略》当中，可以看到：俄罗斯 4/5 的出口石油，被输送到了欧洲，并占据欧洲石油进口量的30%，俄罗斯成品油也主要出口欧洲；俄罗斯供给的天然气占据了欧洲国家天然气消费量的30%（包括土耳其，但并不包括独联体国家）②，占据了欧洲市场的主导地位。

从《2030 年前的俄罗斯能源战略》中也可以看到，俄罗斯尽管已经明确了增加亚太的比重，但并不准备在增加亚太份额的同时，减少对欧洲的供给，而是"维持"（retaining）。也就是说，增加对亚太的供给，要通过增加

---

① 《俄罗斯铁路公司私有化将提前至 2012 年》，商务部网站，2011 年 8 月 19 日，http://ozs. mofcom. gov. cn/aarticle/ztxx/201108/20110807716314. html。

② Ministry of Energy of the Russian Federation, *Energy Strategy of Russia for the Period up to 2030*, Moscow, 2010, p. 21.

产量来实现。而实际也是如此。同时，俄罗斯推动市场多元化并非只有东向，而是要通过海运，全方位地推动（见表4-5）。

表4-5　俄罗斯能源出口市场多元化措施与指标

	第一阶段 （2013～2015年）	第二阶段 （2015～2022年）	第三阶段 （2022～2030年）
措施	评估能源市场多元化的前景与方向	在考虑区域出口市场和扩大俄罗斯参与区域能源联盟的基础上，使俄罗斯境内能源生产地理分布合理化	通过扩建将能源和燃料输送到新市场的基础设施、增加非固定线路（港口、超级油轮、LNG运输船等）基础设施出口份额的方式，使俄罗斯参与到全球能源基础设施的建构当中
指标	把亚太国家在俄罗斯能源出口市场中的份额，增加到15%～17%。增加对欧洲国家的天然气出口量	把亚太国家在俄罗斯能源出口市场中的份额，增加到21%～22%。维持（retaining）对欧洲国家的能源出口量	把亚太国家在俄罗斯能源出口市场中的份额，增加到26%～27%。维持对欧洲国家的能源出口量

数据来源：Ministry of Energy of the Russian Federation, *Energy Strategy of Russia for the Period up to 2030*, Moscow 2010, p.166。

俄能源部部长什马托克曾在政府会议上指出："《2030年前的俄罗斯能源战略》不在于其中的数字本身，而在于提出了能源部门长期发展方针的优势及优先方向。"[1]《2030年前的俄罗斯能源战略》还强调："新战略不是一份规定了行动方向的文本，而是其他文本的指导性文本（document for documents）。新战略不能代替某些具体领域、地区和能源公司的重点计划。新战略确定的优先权和指导方针，与现存的具体计划是一致的。"[2] 也就是说，俄罗斯有进一步开拓亚太的意向，却没有明确的目标；同时，这一表述也在暗示，俄罗斯传统的能源战略并没有被抛弃。那么，什么是俄罗斯传统的能源战略，出口规划又是什么呢？对此，俄罗斯的第一部能源外交专业教

---

[1]　孙永祥：《俄罗斯〈2030年前能源战略〉初探与启示》，《当代石油石化》2009年第9期。

[2]　Ministry of Energy of the Russian Federation, *Energy Strategy of Russia for the Period up to* 2030, Moscow, 2010, p.7.

科书早已明确指出，"与中东欧国家的关系应该成为俄罗斯外交的优先方面"，亚太地区只是"潜在的销售市场"①。

当然，《2030 年前的俄罗斯能源战略》本身更像一份"外宣材料"。从发展对外关系的艺术来看，这一表述虽给亚太抛出了"胡萝卜"，但潜台词也明白简单，"得再往前走一步"。

因此，俄以欧洲为重的现实，不会在短期内出现转变。近年，俄罗斯、阿塞拜疆和哈萨克斯坦成熟油气田产量衰减的速度，大约是 3.1%/年。维持对欧洲国家的能源出口量，本身就要客服不小的困难。届时是否需要以东部新油田的出产，弥补西部油田的衰减？庞大而积极进取的远东开发，能否按时取得预期成效？这些是必须关注的问题。

尽管克里米亚问题已经影响到俄欧的能源合作，但估计一时还不会促使俄罗斯对能源政策做出根本性的调整。一方面是受基础设施的限制，难以实现迅速调整；另一方面，能源制裁对欧洲和俄罗斯来说，是两败俱伤，双方都难以承受。从美国方面来看，俄罗斯采取的使用其他货币进行部分油气贸易结算的应对方式，也令美国面临两难境地。美国实施了严厉制裁，但在俄罗斯的反制下，美元地位将进一步被削弱，进而美国霸权地位将加速衰落；如制裁虎头蛇尾，则美国国际声誉受损，西方阵营溃散。俄罗斯显然也能够看到这样的形势。因此，如果俄罗斯认为制裁会被实际地、严厉地实施，那么俄罗斯应立即着手开通中俄西线油气管道。开通了中俄西线油气管道，就能把产自西西伯利亚、原先供给欧洲的油气，转而向中国出售。如此，俄罗斯的既有油气输出就可不受重大影响。但从俄罗斯方面来看，同样面临两难选择。开通西线，则意味着俄罗斯实际实施了开拓替代市场的举动，原先供给欧洲的油气将被大量分流。美国则可借机废除大规模出口油气的禁令，重新进入欧洲市场，乃至世界的油气市场，或推动沙特阿拉伯增加产量，弥补俄罗斯的空缺。如此背景下，得到能源安全保障的欧洲，大可放手一搏，对俄实施严厉的能源制裁。因此，开拓

---

① 〔俄〕斯·日兹宁：《国际能源政治与外交》，强晓云等译，华东师范大学出版社，2005，第 85、86 页。

西线，很可能成为压垮骆驼的"最后一根稻草"，促成西方的严厉制裁。但如不开拓西线，就不能营造准备给予欧洲能源安全致命一击的态势，既镇不住欧洲，也不能进一步拉住中国，更形不成应对世界油气供给重大变化的能力。

当然，这些两难，相信欧洲、美国和俄罗斯都能看到。因此，只要对抗不升级，升级制裁或应对措施，就缺乏相应的动力，最终的结果就是维持现状。实际上，当前的形势，正在往这一方向发展。危机只是促成了中俄已谈了10年之久的天然气管道东线得以最终确定。这一结果的达成，与其说是俄罗斯为了应对西方制裁而做的准备，不如说是俄罗斯为开发中的项目预先确定了一个销售市场。因为气源还在开发当中，正式的输气要等到2018年。俄罗斯的这一举动，并非改变了以欧洲为主要销售对象的传统，也并非针对西方的严厉应对措施。

（二）周边国家对俄罗斯能源的争夺

俄罗斯丰富的油气资源，自然是邻国竞相争取的对象。而日本在与中国的竞争当中，不只是为了更多的份额，还包含通过占据对俄能源合作先机，制衡中俄关系发展，求得更加有利于其国际地位的谋划。中日之间的"管道博弈"，就是日本这一诉求的最佳表现。

因此，中俄之间的能源合作，会受到日本方面的影响。如2011年初中国石油与俄方就中俄管道运费问题发生争议之后，俄罗斯石油公司就表示要同日本国家石油、天然气和金属公司（Japan Oil, Gas and Metals National Corporation, JOGMEC）协商成立合资公司，合作开展东西伯利亚11个油气田的地质勘探。同时，它们还要进一步联合开发位于鄂霍次克海大陆架的马加丹1、2和3号区块。有报道称这些油气田的可采储量为20亿吨石油和1.5万亿立方米天然气。[1] 而这些项目，原准备由中俄合资的东方能源公司（俄方占51%股权、中方持股49%）进行开发。援引俄自然资源部部长尤里・特鲁特涅夫的话说，"将在2011年底完成相关工作"[2]。

---

① 王红娟：《外媒：俄企因中企坚持修改输油费用合同加快与日本谈判》，人民网，2011年5月26日，http://mnc.people.com.cn/GB/14749002.html。

② 俄罗斯新闻网莫斯科5月25日电：《俄石油将同日本签署东西伯利亚油田开发协议》，2011年5月25日，http://rusnews.cn/xinwentoushi/20110525/43053885-print.html。

同时，日本还可能进一步争取从俄罗斯进口更多的油气资源。2012 年 5 月 5 日，在福岛核电站核泄漏事故之后的 1 年零 2 个月里，日本停止了全部 54 个核反应堆的运行。这表明日本的能源安全形势，甚至能源政策将出现重大转变。当前，日本的能源政策来自 2010 年 1 月完成的能源政策第二次重审。加大核电发展力度，是其中的重点内容。

随着核反应堆的停止运行，日本 1/4 的电力供应将因此缺失。而补充 2638 亿 kWh 的电力，需要增加 6000 万吨油当量的能源供应，多花费 120 亿 ~ 450 亿美元。① 当然，要弥补如此巨大的电力缺口，还必须对发电装机的产能结构进行调整。增加化石能源发电装机，不是短时间内可以解决的问题。有报道称，日本的化石能源电厂已超负荷运转，且已厉行能源节约政策、工业改为夜间用电与民用错峰，但日本仍将出现至少 1 成的电力短缺。

链接 1　日本 2010 年"能源政策第二次重审"关于核电的要点

2020 年以前新建的 9 座以上核电站，实际发电效率达到设计功率的 85%；2030 年以前新建的 14 座核电站，实际发电效率要达到设计能力的 90%；实现电站的长周期运行和缩短停机常规检修的耗时；提高对电站所在地的补贴，将输出电力的多少作为确定补贴数额的主要指标，有效促进核电站的建设和更替*；实现核燃料循环利用，发展"钚热"**和快中子增殖反应堆；加强核不扩散和核安全的国际协作。

＊意在以此交换当地居民对电站建设的许可。（笔者注）

＊＊"钚热"是指使用钚铀混合氧化物发电的反应堆。2009 年 11 月 5 日，日本开始

---

① 在现代化的电厂里，1 吨石油大约可以生产 4400kWh 电力。以此推算，2638 亿 kWh 的电力需要消耗 6000 万吨石油。国际能源网的一篇文章《日本进入"无核"状态，加大石油天然气进口量》（2012 年 5 月 7 日，http://www.in-en.com/article/html/energy_10381038181384498.html）称：日立公司董事长川村隆认为，如果重启核电站，则可以把用于从海外购买石油及天然气的 4 万亿日元（约合人民币 3158 亿元）投入其他方面。从中可以看出弥补核电缺失的费用。这一说法与笔者推算的最大花费基本一致。但如果全部以天然气或者煤炭推算，则花费分别是石油的 2/3 和 1/4。

利用钚发电。日本的反核人士称，日本从国外引进钚铀混合氧化物（简称 MOX 燃料），是以发电之名，行储存发展核武器原料之实。因为从 MOX 燃料中，可以提取钚用于制造核武器。虽然日本官方宣称，累积的钚只是反应堆级而非武器级（纯度更高），但加工提纯对于日本来说并非难事。据位于东京的日本反核组织"公民核信息中心"（Citizens' Nuclear Information Center，CNIC）网站公布的研究结果：如按每颗原子弹需要 8 千克钚计算，目前日本境内储存的钚可以制造 1000 枚原子弹；如再加上日本储存在国外的钚，那么足够造出 5000 枚原子弹。（笔者注）

如果按照日本当前电力生产结构（见表 4 - 6），通过 LNG、煤炭和石油三个可以进行较快反应的发电项目，来对需要弥补的电力进行分担，则今后日本每年大约需要增加 280 亿立方米天然气、1200 万吨石油和 4550 万吨煤炭的进口（见表 4 - 7）。从 BP 统计来看，2012 年与 2011 年相比，日本的石油消费增加了 1500 万吨。

表 4 - 6　2007 年日本发电的装机容量、发电量和结构及 2030 年展望

		可再生能源	核能	LNG	煤炭	石油	总计
2007 年	装机容量（10MW）	5014	4947	5761	3747	4692	24161
	比例（%）	20.8	20.5	23.8	15.5	19.4	
2030 年	装机容量（10MW）	11752	6780	4881	3003	4206	30622
	比例（%）	38.4	22.1	15.9	9.8	13.7	
2007 年	发电量（亿 kWh）	819	2638	2821	2605	1356	10239
	比例（%）	8.0	25.8	27.6	25.4	13.2	
2030 年	发电量（亿 kWh）	1855	5345	1249	1041	205	9695
	比例（%）	19.1	55.1	12.9	10.7	2.1	

数据来源：日本经济产业省。

表 4 - 7　日本弥补核电缺失需要增加的化石能源

	LNG	煤炭	石油
需要分担的份额（%）	41.67	38.33	20.00
需要分担的量（万吨油当量）	2500	2300	1200
需要增加的进口量	278 亿立方米	4550 万吨	1200 万吨

数据来源：笔者推算。

在此背景下，俄罗斯自然是争取的对象。此外，日本石油消费严重依赖中东，从中东进口的石油量长久占总进口量的85%以上。日本一直希冀通过增加从俄罗斯的进口，来减轻对中东的依赖。

（三）中俄关系对管道的影响

中俄管道问题，只是中俄关系的一个重要部分。2004年10月，普京访华前接受中国媒体采访时就曾强调："把输油管道修到哪里，是由俄罗斯的国家利益决定的。"① 中俄管道面临的形势和问题，不可避免地要受到中俄关系以下关键点的影响。

1. 俄罗斯对远东面临中国影响力辐射的担忧

当前，为了给中俄管道提供充足的油气源，俄罗斯必须加大对远东地区油气资源的开发。而加大油气开发，需要其他工业和服务业的必要支撑；同时油气业的发展，也必然会带动当地经济社会发展的飞跃。这两个因素都将促进人口向远东的流动。而远东地广人稀，地域面积占俄领土的40%，人口却只有670万②，并且居民数量日渐下降的趋势已不可避免。俄罗斯人口每年减少约70万的趋势，也不可逆转。③ 在远东人口减少、其他区域流入人口难以满足当地发展需要的背景下，中国移民开始大量涌入。有报道称，大量中国人非法滞留俄罗斯远东地区，数量甚至超过当地的俄罗斯人。开发远东，俄罗斯并非毫无顾虑。俄《2025年前远东和贝加尔地区社会经济发展战略》④，也将远东地区人口的稳定和吸引外地人口，作为一个主要的内容。

相对而言，中国的东北地区，包括东北三省和内蒙古自治区的一部分，

---

① 《俄输油管道优先修中国支线，专家称意在压制日本》，人民网，2005年4月21日，http://politics.people.com.cn/GB/1026/3337451.html。

② David Blair, *Why the Restless Chinese Are Warming to Russia's Frozen East*, http://www.telegraph.co.uk/comment/5845646/Why-the-restless-Chinese-are-warming-to-Russias-frozen-east.html.

③ 参见张健荣《中国和平崛起与俄罗斯民族复兴的互动关系》，《世界经济研究》2004年第5期。

④ 高际香：《俄罗斯〈2025年前远东和贝加尔地区经济社会发展战略〉解读》，《俄罗斯中亚东欧市场》2011年第1期。

却拥有 1.3 亿人口，人口密度远远高于俄罗斯远东地区；同时中俄在东北边境地区发展层次的差距，也构成了两国在该地区影响力上的巨大差距。2009年7月16日，英国《每日电讯报》题为《不安分的中国人为何对俄罗斯的东部冻土感兴趣?》（*Why the Restless Chinese Are Warming to Russia's Frozen East*）的文章认为："俄罗斯面临这样的前景：一点点地失去对位于东边三分之一国土的控制权。"甚至有极端的观点认为，中国威胁到了俄对远东的控制，对俄领土构成了"事实上的占领"。曾经到俄远东修建管道的中国工程人员的亲身经历，也表明了俄罗斯远东民众对油气开发的警觉。如这样的认识得不到改善，将形成不利于俄罗斯远东油气开发和管道安全运营的舆论氛围。

2. 中俄关系轻经济重政治的不利影响

当前的中俄战略协作伙伴关系，更多以共同的政治利益为纽带。而经济上的联系，以中国对俄罗斯能源资源的依赖为主要方面。而中方可以提供的，更多是市场需求和资金贷款。但日本也具备向俄罗斯提供巨额资金贷款的能力，也拥有巨大的消费需求，且给出的条件与中国相当。因此，中俄在远东的油气合作，仅靠"中俄战略协作伙伴关系"还难以避免问题的出现。2008~2009年，中俄两国首脑峰会前，俄罗斯方面就曾出现大量报道，称俄罗斯考虑过放弃中国，准备转而与日本合作。不可否认，这或许只是俄罗斯向中国施压的一种策略。但从经济的角度看，中国的确不是俄罗斯不可替换的合作对象，也不可能阻止俄罗斯选择其他合作对象。中国应逐渐加强与俄罗斯其他方面的经济合作，通过经济利益的相互依赖，夯实"中俄战略协作伙伴关系"。

3. 中俄关系不对等的不利影响

国际关系中，没有永久的朋友，也没有永久的敌人，这是常识。但存在相互依赖却不平衡、不对等的问题。中俄在能源合作问题上，便存在不对等的一面。即俄罗斯把欧洲作为主要的油气供应对象，而东向输出只是其"一旅偏师"。相应的，在俄罗斯的考虑当中，东向油气输出是可以依据利益权衡，进行加固或取舍的对象。但俄罗斯的油气供给，对中国来说，是唯一不受美国因素影响的源头，是争取对美博弈有利位置的关键。这一不对等，造成了在与俄罗斯的能源合作中，中国不得不做出相应的妥协。如在中俄原油管道的输油合同中，就采用了"照付不议合同"。即从合同规定日开始，如果因中方原因无法输油，仍将按日计费，损失均由中方承担。同时，俄罗斯还坚持按照泰舍特到科济米诺的全程运输，来收取中俄管道的运费，但实际上只使用泰舍特至斯科沃罗季诺之间的管道。另外，俄罗斯的石油资源不是无限的，西向输油与东向输油存在矛盾。而苏联解体以后的俄罗斯国力衰落，只有石油是可以使用的有效"武器"。只要中俄关系天平偏向俄罗斯的形势继续存在，中国在与俄罗斯的能源合作中，就只能面临在经济上相对不利的局面。

（四）费用问题

俄国家统计局数据显示，2010 年俄罗斯出口能源的收入占据了总出口收入的 67.6%，创汇 2300 亿美元。[1] 其中，原油、成品油和天然气占 63%，煤炭占 3.6%。严重依赖油气出口的现实，决定了俄罗斯在能源出口价格和收益问题上，可以灵活协商的空间极为有限。中俄输油管道涉及的费用问题，是中国所有进口油气运输线路和方式中，矛盾最为突出的。

1. 运费高昂

2011 年 9 月，俄罗斯决定，分两次提高西伯利亚—太平洋石油管道的运价。经东西伯利亚—太平洋石油管道运输石油的费用，从 2011 年 11 月 1 日开始，为 67 美元/吨，[2] 到科济米诺港和斯科沃罗季诺收取同样的运费。按这一收费方式，中国完全可以到科济米诺港接收石油，再通过海运，将石油运输回国内。这从经济上计算，也许对中国更为有利。

通过 2010 年数据对比可见，海运进口中东石油，运输到东部沿海的费用为 1.25 美元/桶，仅为中俄管道运输费用的 14%。2012 年以来，海运的

---

① 据商务部报道推算。见商务部欧洲司《俄公布 2010 年石油市场情况》，商务部网站，2011 年 4 月 21 日，http：//ozs. mofcom. gov. cn/aarticle/ztxx/201104/20110407510186. htm l。

② 驻俄罗斯使馆经商参处：《俄提高东西伯利亚—太平洋石油管道运费》，2011 年 9 月 7 日，http：//www. mofcom. gov. cn/aarticle/i/jyjl/m/201109/20110907727742. html。

费用受金融危机影响还处于下行态势，但中俄管道的运费却与之相反。再加上国内管道运输的费用，中俄管道运费大概比通过海运送到炼油厂多 8 美元/桶。折算为人民币，就是每吨汽柴油增加了 500 元的成本。

中俄在管道的运费方面已经出现过争议。俄罗斯坚持中国承担的运输费用应是在俄罗斯境内全程运输的费用；在原油运费校正系数的确定上，俄罗斯要求每桶加价 3 美元。这些要求都曾经遭到中方的抵制，甚至引发冲突，在两国的高层介入之后方得解决。

2. 俄罗斯石油销售价格的问题

2013 年，俄产乌拉尔油的月度均价较轻质低硫油高出 4～20 美元/桶；相对布伦特油，低 0.02～2.88 美元/桶（见图 4－13）。从俄罗斯买油，油价上没有便宜。

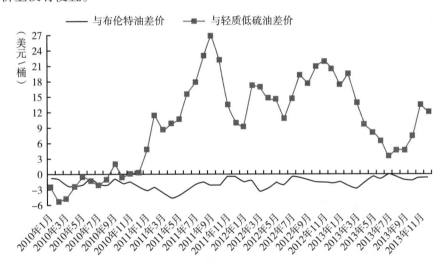

图 4－13　2010～2013 年乌拉尔油与其他石油的月度价格差

数据来源：重大石油新闻（Top Oil News）。

中俄管道输送石油的价格，按照在科济米诺港每年出口的东西伯利亚油（ESPO）平均价格计算。而俄罗斯远东石油的价格，还要稍高于布伦特油，以 2014 年 1～4 月的价格来看，高 3.5～4.4 美元/桶。当然，俄远东石油的油质较好。因此，从经济角度看，进口俄油需要付出更大的成本。在国内对油价涨跌极其敏感的今天，在维护石油供给安全的同时，也需要考虑市场承受力的问题。

3. 俄罗斯石油税收政策变动的不利影响

俄罗斯经济对油气出口的高度依赖，决定了俄罗斯近年的石油出口税收政策。2004年8月1日起，俄罗斯开始对出口原油实行"讨伐性"关税，每吨征收69.9美元的重税；对油品征收的出口税也上调了7.5美元，达45美元。同时，俄罗斯还要根据油价的变动，征收一定数量的溢价税。这剥夺了石油公司从国际原油价格飙升中，可以获得的额外利益。这一举措可为俄罗斯国库多征收25亿美元，但同时也将打击石油公司的积极性。

自2011年10月1日起，俄罗斯石油及石油制品出口税实施新"60/66/90"计算方法：石油出口税由65%降到60%，轻质和重质油品征收原油出口税的66%，汽油出口关税计算指数为90%。2012年9月1日起，石油出口税再次增长了17%。按2013年的油价，乌拉尔油的最高出口税将超过400美元/吨。目前，俄罗斯还对东西伯利亚油，实施出口税减免政策，当前的税率不到乌拉尔油的45%。但这一优惠能够延续多长时间？毕竟2009年对东西伯利亚实施的零税率政策，只延续了两个月时间。2011年5月1日，俄罗斯政府取消了东西伯利亚万科尔、上琼斯克和塔拉坎油田的税收优惠政策，出口税提高了44%。[①]

4. 国际油价的影响

以上的税收政策和运费因素决定了国际油价的高低，是俄罗斯保持向中国输出石油积极性的关键。2004年，中俄签署了"第一次贷款换石油"协议。协议一开始确定的价格，是在布伦特油价格的基础上减去3美元。但随着油价的飙升，俄罗斯履行该协议的积极性大打折扣，多次要求与中方重新签订石油出口价格协议。2007年上半年，俄方再次提出涨价要求之时，中方只同意提价0.675美元/桶，与俄方的期望相去甚远。俄罗斯声称，向中

---

① 徐小杰：《石油啊，石油——全球油气竞赛和中国的选择》，中国社会科学出版社，2011，第208页。

国销售比通过其他途径销售，损失的金额是 40 美元/桶。中俄石油价格谈判陷入了僵局。这一僵局直到 2008 年下半年，国际油价大幅下跌和金融危机导致欧洲进口石油量锐减，才得以缓解。

尽管"第一次贷款换石油"的油价只合 16.9 美元/桶，远远低于 2007年 72 美元/桶的国际油价，但俄罗斯方面因此得到中国的贷款，解决了收购尤甘斯克石油公司的燃眉之急。[①] 中方一次性预付了 60 亿美元货款，也是在"安大线"夭折之后，急于维持中俄能源合作，而做出的巨大妥协。这样的结果可谓双方各取所需，达成了双赢。俄方显然有意忽视贷款及一次性预付货款带来的收益。

因此，在这些费用因素的影响下，尽管从俄罗斯进口石油是推进中国石油进口多元化的重要方向，但中国进口俄罗斯石油的经济代价不低。俄新网就曾发布消息称，"中国石油高层发表的声明报道说明，公司（中国石油）不打算追加购买俄罗斯石油"[②]。

（五）天然气管道涉及的问题较为复杂

首先，还有后继事务需要解决。在克里米亚危机之后，俄罗斯急需中方的政治支持，再加上中国—中亚天然气管道 D 线协议的达成，才促使俄罗斯痛下决心，最终敲定东线。对于俄罗斯来说，出口 LNG，"一石多鸟"才是其最希望得到的结果。而《俄罗斯 2030 年前天然气行业发展总体纲要》

---

① 该项收购是普京重新推行油气行业国有化的关键一役。此前大部分的俄罗斯石油行业已被私有化、股份化和国际化。油气收益流入寡头腰包，进而流出俄罗斯，形成了极其不利的影响。重新国有化，面临着国际国内司法程序的制约、西方和寡头集团的联合抵制。尤甘斯克到美国申请破产保护，就是其中的极端表现。尤甘斯克石油公司是俄罗斯前石油寡头、首富霍多尔科夫斯基任总裁的私营尤科斯石油公司的最大子公司。俄政府以尤科斯偷税漏税案为切入点，迫使尤科斯进入了破产程序，开始了对尤科斯合乎司法程序的肢解和收购。2004 年 12 月，尤甘斯克公司的大部分股份被首先公开拍卖，新组建的贝加尔金融集团以 93.5 亿美元夺标。随后，国营的俄罗斯石油公司又收购了贝加尔金融集团，成为尤甘斯克公司股份的持有者。收购成功后，普京曾暗示，中国石油及欧洲的石油公司将参与经营，意图通过打中国牌、欧洲牌，抗衡美国可能的干涉。但实际上没有外国公司真正介入其中。

② 俄罗斯新闻网莫斯科 3 月 5 日电：《中国石油不打算追加购买俄罗斯石油》，俄罗斯新闻网，2012 年 3 月 5 日，http://rusnews.cn/ezhongguanxi/ezhong_jingmao/20120305/43361335.html。

明确提出了诸多东向输气管道建设的困难，否定了建设专门通往中国的天然气管道的可能性。这意味着俄罗斯并未把对中国的天然气供给，提到优先的位置。《2030 年前的俄罗斯能源战略》也没有把向中国输送天然气的管道列入"重大紧急"项目当中。[1]

当前，中俄达成的天然气管道东线协议，是一份全新的包括天然气开采和运输设施建设的合同，中国还要参与管道和气田的投资与开采。从管道建设来看，投资总额将为 550 亿美元，中方负责投资 220 亿美元。这一安排，可以追溯到 2012 年 4 月。当时，时任国务院副总理李克强访俄期间，借鉴 2006 年 3 月达成的"上游换下游"协议，提出了中俄天然气合作的"新思路"，即以俄方参股中国天然气管道建设，使俄罗斯方面可以得到相应的利润分成，增加收益；中方参与俄罗斯上游天然气开发，使俄罗斯得到中方的资金支持，减少投资成本。中方试图通过这一增一减，来破解天然气价格的难题。如此一来，管道的顺利运营，就还需要面对诸多的开发、建设、投资与合作问题。此外，中俄天然气销售价格的确定，包含了通胀、物价、成本、油价在内的多个参数，由一个复杂的价格公式计算得来。在具体的执行过程中，必定会出现不同的理解，引发矛盾与冲突。

其次，远东的液化天然气项目，也是负面因素。近年来，俄罗斯大力发展液化天然气项目，意在摆脱管道带来的限制。即便是在萨哈林项目这一日本已经占据巨大优势的项目上，俄罗斯也放弃了一度探讨过的、在萨哈林岛和北海道之间铺设管道的选择。"对日供应方式中，唯一被考虑的只有液化天然气。"[2] 而俄罗斯方面宣称的原因"在技术和经济上都不合理"，不过是欲盖弥彰。萨哈林与日本之间只有数百千米距离，而运输 LNG 的优势，要在 5000 千米以上才能得到凸显。2009 年，萨哈林的第一个液化天然气工厂开工，年加工能力为 960 万吨；滨海边疆区建设年产 1000 万吨液化石油气工厂的计

---

① *Energy Strategy of Russia for the Period up to 2030.* p. 81. 该文本列入的两条管道，一条是"北溪"，另一条是从中亚的秋明到 Torzhok，为"北溪"供气的管道。

② 《俄罗斯宣布放弃铺设向日本输送天然气管道》，中国新闻网，2012 年 6 月 30 日，http：//www.chinanews.com/gj/2012/06‐30/3998375.shtml。

划也在审议中。2014 年 4 月，俄罗斯宣布将在萨哈林与美国埃克森美孚公司合资再建立液化气工厂，计划投资 120 亿美元，年产 500 万～1000 万吨，气源主要依靠"萨哈林Ⅱ"。[①] 这意味着，一方面俄罗斯仍然坚持了市场多元化政策；另一方面需要新增 50 亿～100 亿立方米天然气的供给。但萨哈林项目进展得并不顺利，也许要分流部分远东的天然气，才能满足项目的需要。

最后，"远东和东西伯利亚的天然气应优先供应国内市场"[②]。在俄罗斯拟大力开发远东的背景下，保障远东地区天然气供给的问题，将日渐紧要。

（六）气候环境的制约

中俄管道的油源位于东西伯利亚，受恶劣的气候环境限制，一年之中，只有几个月适于野外作业；在大部分时间里，石油要经过加热才能运输。这对相关的建设和运营维护提出了更高要求。有专家做过计算，认为东西伯利亚石油的售价必须高于 55 美元/桶，才能有利可图。恶劣环境导致的费用及风险，可能导致油源和管道运营发生问题。

（七）中俄能源合作博弈态势的不利影响

合作难免博弈和斗争，也需要为了实现自身利益最大化而使用策略。但回顾中俄之间的能源合作，却能发现在中俄能源合作的过程中，博弈态势始终处于高度紧张的状态。双方基本都以对方的不利处境为筹码，以放弃合作为手段，来争取自身利益的最大化。

在建设中俄输油管道的博弈当中，中方利用了俄经济发展暂时处于低谷的机遇，俄则以选择日本、放弃中国为博弈手段。在"第一次贷款换石油"当中，中方以俄急需资金为机遇，与俄方签订了低于国际油价的合同，之后中方又拒绝做出价格让步。这两次博弈过程中的不妥协，已经给出了不好的先例，影响到了之后的合作。

早在 2011 年 1 月，中国方面就向俄提出了修改中俄管道合作条件的要

[①]　驻俄罗斯联邦经商参处：《俄罗斯石油公司拟在萨哈林建立液化天然气工厂》，商务部网站，2014 年 4 月 28 日，http://www.mofcom.gov.cn/article/i/jyjl/e/201404/20140400565404.shtml。

[②]　商务部欧洲司：《2020 年前俄远东将年产天然气近千亿立方米》，商务部网站，2011 年 4 月 21 日，http://ozs.mofcom.gov.cn/aarticle/ztxx/201104/20110407510195.html。

求，要求把原来支付的运费下调 7%，因为之前的运费是到科济米诺港的费用，而中俄管道的起点只是斯科沃洛季诺。但这是中俄双方 2009 年就已达成的合作条件。俄方的报道为："双方对确定俄石油运输公司物流费用的系数 T 评价不一。由于东西伯利亚—太平洋石油管道中国支线投入使用后，输油的距离变短，中国石油认为，价格应该每桶降低 13 美元。但俄方坚持要求每吨 1815 卢布（约 65 美元）的运费。如果按照中方的立场调整价格，那么俄方在整个合同有效期内或将少收入近 300 亿美元。"[1]

出现对合同文本理解的差异、审查上的纰漏，甚至执行过程中的争端，在企业的合作过程中都是正常现象。但中俄的这一争端，却包含了一些非正常的因素。第一，是博弈手段的极端性。在未经商谈的情况下，2011 年 1 月，中联油单方面减少支付 3840 万美元，相当于 7% 的应付款项；俄方 2011 年 5 月表示，有意放弃与中方合作而转向日本，而早在 2010 年底，中俄联合开发的相关谈判已趋于完成。第二，这一博弈僵局的破解，再次牵动并影响到两国高层。尽管俄罗斯方面已经表示，如双方协商不成，可以诉诸法律手段，但中国企业未敢接招，错失了在企业纠纷层面解决问题的机遇。实际上，即便最终的结果是解除合同，俄方也将面临提前归还 250 亿美元贷款的问题。两国政府为了维护"战略协作伙伴关系"，再次不惜以政治干预经济而出面调解。这再次为中俄合作的波折，提供了例证。第三，博弈结果的零和或趋零和性。这一争端只延续了不长的时间，到 2011 年 5 月底便有消息称中方已开始支付欠款，到 6 月 12 日，俄罗斯石油公司（Rosneft）总裁爱德华·胡代纳托夫表示"中方已向俄罗斯石油公司几乎支付了所拖欠的全部供油款"[2]。但也有报道称，直到 9 月，俄罗斯石油公司、俄罗斯石油管道运输公司和中国石油，还在计划 9 月 12～15 日，讨论拖欠的费用问

---

① 俄罗斯新闻网莫斯科 3 月 24 日电：《俄中石油价格争议解决，中国石油从俄方获得折扣》，俄罗斯新闻网，2012 年 2 月 26 日，http://rusnews.cn/xinwentoushi/20120228/43352374.html。

② 俄罗斯新闻网克拉斯诺达尔 6 月 13 日电：《俄石油公司总裁：中俄原油供应分歧已经全部解决》，俄罗斯新闻网，2011 年 6 月 13 日，http://rusnews.cn/ezhongguanxi/ezhong_jingmao/20110613/43070894.html。

题。7月初,俄石油管道运输公司总裁尼古拉·托卡列夫还说:"俄石油管道运输公司仍然不排除与中国公司打官司的可能。"① 2012年2月,俄《生意人报》报道,俄方面最终给予了1.5美元/桶的优惠,且追溯自2011年11月,但中国石油提出的要求是13.5美元/桶的折扣。② 也就是说,俄罗斯方面仅给予今后的输油以少量的优惠。第四,争议金额的庞大。如以67美元/吨的运费计,中方在20年的合同期里,要向俄罗斯给付的运费是200.1亿美元,争议金额的7%,则是14.007亿美元。在合同执行的初期,就出现金额如此庞大的争议,则是合同订立过程中,欠缺周全的结果;或有意放任或隐藏了这一明显的纰漏,留待问题严重之后高层介入。

再如中俄天然气管道东线的最终拍板,也离不开西方对俄经济政治制裁的压力。

通过以上分析可以看出,中俄能源合作基本上遵循了"博弈—困境—妥协"的模式。这样的合作模式,要求双方在博弈的过程中,有高超的技艺、勇气和能力,同时还要严重依赖外部"推手"的辅助。

(八)俄罗斯入世和官员占据企业管理岗位的影响

经过长达18年的讨价还价,2011年12月15日,俄罗斯最终签署了正式加入世界贸易组织的协议。入世后,俄罗斯必须履行承诺,降低关税,开放市场,接受国际贸易普遍规则的约束。这将有助于俄罗斯改善国内投资环境,进一步融入经济一体化进程。之后,俄罗斯市场会更加开放,关税总体水平将会从10%降至7.8%。这为中国产品进入俄罗斯市场,创造了更加有利的机遇。但与此同时,俄罗斯入世后,其内部市场面临的竞争将更为激烈。另外,俄罗斯对轻工、航空、农业等部分产业提出了保护,而这些产业恰恰是中国的长项。一旦俄罗斯采取反倾销、反补贴等贸易救济措施,中国

---

① 俄罗斯新闻网莫斯科9月2日电:《俄石油管道运输公司将与中方就付款问题进行谈判》,俄罗斯新闻网,2011年9月2日,http://rusnews.cn/ezhongguanxi/ezhong_jingmao/20110902/43139188.html。

② 俄罗斯新闻网莫斯科3月24日电:《俄中石油价格争议解决,中国石油从俄方获得折扣》,俄罗斯新闻网,2012年2月26日,http://rusnews.cn/xinwentoushi/20120228/43352374.html。

企业可能面临新的挑战，中俄关系可能出现新的争端。

俄罗斯高官占据国企管理岗位，影响企业经营已是一个长久的惯例。2011年，俄罗斯时任总统梅德韦杰夫签署了限制高官在国企任职的法令，要求3名副总理和5名部长，在2011年7月1日前，从17个大型国有企业的管理岗位"退出"。① 从此法令中，可以看到两点特殊情况：一是在企业任职的官员层次达到了副总理级；二是数量可观，到达了8人。此外，法令只涉及部长级及以上的官员，那么部长级以下的官员呢？即便实现了入世，俄罗斯国企经营体制的市场化还需时日。中俄之间与能源相关的合作，还不能实现完全市场化、按经济规律办事的层次。另外，随着官员逐渐退出企业，俄罗斯官方对企业的影响和控制力必然下降。这是否又会对中俄能源合作严重依赖政府参与的现实，形成不利的影响？

（九）可能出现的问题

1. 东亚国家争取远东—太平洋管道石油供给的博弈将以经济代价为主

不可否认，中日之间的竞争是难以避免的，但"管道博弈"这种激烈而明显的鹬蚌相争，却与日本保守派代表人物小泉纯一郎担任首相有直接的关系。日本的对外政策也会受到内政形势的影响。随着形势的发展，日本将逐渐受制于内部问题。首先，2009年8月，日本民主党上台，说明了日本国内受到国际金融危机影响，社会问题激化。再加上福岛大地震的影响，日本政府的注意力将会被国内问题所牵制。其次，是日本经济发展不景气的影响。近年数据显示，日本经济衰退明显，增长率屡创二战以来最低。2013年，随着日元的贬值，日本以美元计价的名义GDP，出现了相对上一年－17.5%的下降，减少的绝对数字是10622亿美元。这表明在一定时期内，日本对外投资能力将大幅下降，在对华博弈问题上不计经济代价的可能性不大，但占据对华博弈优势的诉求，随着中日争端的加剧将日趋迫切。尽管如此，中日双方都应该认识到，中日博弈的最大胜利者，既不是日本也不是中

---

① 《投资环境短期难有根本改善，俄罗斯引资牌不好打》，中国新闻网，2011年4月11日，http://www.chinanews.com/cj/2011/04-11/2964970.shtml。

国，而是俄罗斯和美国。东亚各国因内部矛盾而让美国获得的"渔人之利"，要大于其从内部斗争中可以获得的收益。

2. 增加从中俄管道进口份额存在矛盾

2018 年，中俄管道输送量将由 1500 万吨增至 3000 万吨。但即便实现了这一目标，结果也是有利有弊。从有利的方面看，管道可以有效排除第三方干扰，加强供给保障，提升中俄能源合作的层次。不利的方面，是国内运输负担和运费增加。石油在东北加工之后，还要运输到国内的主要消费区，这增加了出入东北交通系统的负担。而通过相对廉价的海运，从科济米诺进口石油，并直接运输到沿海，在经济上更为有利。同时，俄方也希望增加科济米诺港的出口。一方面俄希望把东西伯利亚—太平洋管道输送的石油，打造成面向亚太地区的"标准品牌"；另一方面也可以进一步营造中日韩三方为争取更多份额，而竞相拉拢俄罗斯的有利局面。

另外，如果中俄天然气管道东线、西线均得到建设，则中国从俄罗斯进口的天然气将达到 680 亿立方米/年，这一数量将接近 2025 年进口天然气总量的 40%。再加上中国—中亚和中缅天然气管道，将使海运 LNG 成为多余的部分。同时，还可能影响已成规模的中国西南地区非常规天然气开发。这既会浪费投资，也不利于供给和相关方多元化局面的建构。

3. 输量不足

一方面，是市场多元化政策带来的输量不足。市场多元化一直是俄罗斯能源政策的核心。尽管当前西方与俄罗斯存在制裁与反制裁的矛盾，但俄罗斯不会轻易放弃这一政策。一旦俄罗斯与西方的矛盾，得到一定程度的解决，中国就可能需要担忧供给分流的问题。另一方面，是天然气开发可能出现波折。中俄天然气管道的气源，目前还处于开发、建设的阶段，需要对可能出现的开发不利情形做出必要的准备。而来自俄罗斯的供给极其巨大，影响面广，难以及时调整。因此还得为此进行长远的规划与准备。

总之，中俄油气管道可能出现问题的关键，是俄在国际地缘政治斗争中拥有双重身份。俄罗斯既是参与的主角，也是被争夺的对象。俄罗斯既可以作为地缘政治斗争的主角主动出击；也可以消极被动，待价而沽。在当前和未来的地缘政治斗争中，相对于其他主角，俄罗斯拥有更多的选择余地。

三 维护东北线路安全的对策与思考

东北线路还有一个重要的综合效益，即有助于国内老石油工业区的平稳过渡。经过多年高产之后，应对东北老石油工业基地的衰落甚至转型问题，已是当务之急。通过东北线路进口俄罗斯石油，可以提供时间上的缓冲。因此，在计算东北运输线路的经济账时，需要把这一与石油安全没有直接关系，但与国计民生关系密切的因素考虑进去。

当前，俄罗斯在油气的开发上，还存在一定的资金缺乏问题。这限制了俄罗斯方面对华博弈的空间。如在远东管道的建设上，俄罗斯为了把"增加输油量"作为未来讨价还价的筹码而提升了管道的运力，却使投资增加了1倍多，甚至侵占了油气田开发的资金。因此在油气田的开发上，俄不得不求助于中国与日本的支持。而在一定时期以内，俄资金短缺的现状不会改变。俄罗斯石油运输公司（Transneft）总裁尼古拉·托卡列夫接受采访时曾说："预计'东西伯利亚—太平洋'石油管道可于2019～2020年开始赢利，波罗的海管道系统二期工程将于七八年后收回成本。"[①] 这表明在近期内，极易与中方发生运输纠纷的俄罗斯石油运输公司，正受制于俄罗斯为另觅油气出口途径，而大规模兴建基础设施的阶段。这也为中方提供了有利的机遇。尤其在俄罗斯深陷西方经济制裁、面临融资困难和急于开拓绕开乌克兰的运输路线，以及国际油价大幅下跌的背景下，俄罗斯的博弈资本进一步萎缩。

对于俄罗斯在地缘政治斗争中的双重身份、俄罗斯将油气出口与政治问题挂钩、中日韩争夺更多份额引发的问题，中方需要做全面的权衡。最主要的应对策略，应该是"斗而不破"，通过积极推进多元化，使各条线路、各个进口源和各个相关方之间相互牵制、补充和配合，在兼顾进口油气运输安

---

① 俄罗斯新闻网莫斯科4月10日电：《东线石油管道可于2019～2020年收回成本》，俄罗斯新闻网，2012年4月10日，http：//rusnews.cn/eguoxinwen/eluosi_caijing/20120410/43401718.html。

全的基础上，实现国家利益最大化。

最后，需要高度关注俄罗斯与西方关系的发展。不可否认，在欧俄、欧美关系紧张的背景之下，2014 年以来中俄油气合作取得了巨大的突破。但也要注意这一状态会延续多久。2014 年 8 月 9 日，埃克森美孚与俄罗斯石油公司实际开始了在喀拉海的勘探合作，已经给出了有力的例证。一旦冲突无以为继，则中俄的油气合作可能出现怎样的变化，是当前需要认真考虑并进行安排的问题。

第四节　西南线路

西南线路，指由位于西南的云南入境的油气运输线路。在该线路运输的油气中，石油依靠中东和非洲，天然气主要依靠缅甸，今后还可能需要补充部分来自中东或非洲的 LNG。

一　背景简介

具体来看，西南线路由已投入运营的中缅天然气管道、即将投入运营的输油管道和存在战略价值的西南内陆水运构成。当前，少量成品油从澜沧江—湄公河航运进入云南；伊洛瓦底江航运还未涉及石油，但存在开发的可能。

（一）中缅油气管道概况

中缅油气管道，由一条天然气管道和一条石油管道构成，分别始自缅甸西南若开邦近海的瑞区天然气田和皎漂马德岛油运码头，之后采取双线并行的方式，经缅甸若开邦、马圭省、曼德勒省和掸邦，从西南至东北穿越缅甸国境，自南坎出境缅甸，从中国瑞丽市弄岛乡边界入境中国（见图 4 - 14）。管道在缅甸境内全长 771 千米。

中国境内的管道工程分两期进行。一期建设，输油管道经云南瑞丽、保山、大理和楚雄，抵达昆明安宁炼油厂；天然气管道穿越云南东北部，抵达贵州安顺之后南下，最终到达广西贵港，与国内的天然气干线网络连接。二

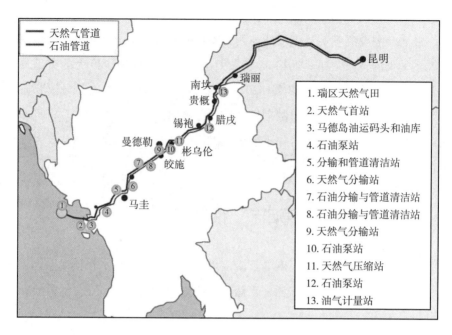

图4-14 中缅油气管道线路示意图

期工程，将把输油管道进一步从昆明经贵州安顺北上延伸到重庆。2012年2月，国家发改委发布的《西部大开发"十二五"规划》，再次明确昆明—重庆的管道为"陆路进口通道及配套干线工程"。

输油管道的油源，为中国从中东或非洲进口，通过海运送抵缅甸皎漂的石油。天然气主要依靠缅甸瑞区天然气田，同时考虑接收部分LNG，弥补缅甸天然气产量的不足。

包括管线和配套设施，整个项目的总投资，预计为800亿元人民币。当前规划的运力为石油管道2200万吨/年，天然气120亿立方米/年。输油管道一期，将完成石油1200万吨/年的运力建设，其中200万吨在缅甸境内的炼油厂下载，1000万吨运输到昆明；另外1000万吨/年，为二期工程。天然气管道一期规划42亿立方米/年，后续规划和可能出现的情况不明。

配套项目包括：马德岛30万吨级油运码头和30万立方米储油设施；缅甸境内200万吨/年和昆明安宁1000万吨/年炼油厂各1座；云南境内的油

气销售网络，包括500个加油（气）站、2500千米的成品油管道、天然气管道支线①和80万立方米成品油库。

2009年10月，缅甸境内油运码头开工，标志项目付诸实施。2013年9月，天然气管道开始输气。同时，石油管道也已基本完工，但受制于码头和炼油厂建设进度，预计2017年投产。

项目以BOT模式建设。中国石油专门组建了在香港上市的独资东南亚管道公司，作为合资公司的控股股东，负责项目的设计、建设、运营、扩建和维护。石油管道中方出资50.9%，缅甸石油天然气公司（MOGE）享有49.1%的股份。30年后，缅甸境内的管道及配套设施产权归缅甸所有。天然气管道的股份构成为"四国六方"，具体数据见图4-15。

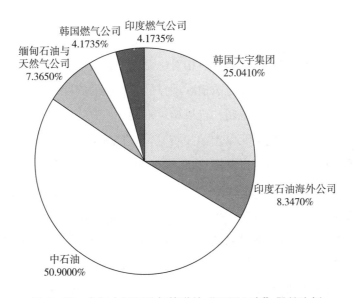

图4-15　参与中缅天然气管道的"四国六方"股份比例

（二）中缅油气管道由来

建设中缅输油管道的倡议，首发于2004年，背景是中国进口石油的大

---

① 云南境内大理—丽江、昆明—玉溪天然气支线，云南境内安宁—昆明—曲靖、安宁—玉溪—蒙自—文山、安宁—楚雄—大理—保山成品油运输管道。

幅增长和国际局势的动荡。

2002～2004 年，是中国自 1993 年成为石油净进口国之后，净进口总量超过 1 亿吨，且增幅较大的时期。2003 年，美国入侵伊拉克，引发世界石油市场剧烈动荡。美国为了控制石油而侵入中东，这一普遍共识的达成，使一度淡出人们视野的石油问题，再次成为一个重大而紧要的焦点问题。2004 年 11 月 29 日，中央经济工作会议上，中央也因此第一次提到石油和金融安全问题。在事关石油安全的具体问题当中，"马六甲困局"最为引人注目。

为了绕开马六甲海峡，逐渐形成了 4 个设想：穿越泰国克拉地峡、建设中缅输油管道、建设孟加拉吉大港到云南昆明的"泛亚石油大陆桥"、建设巴基斯坦卡拉奇港到新疆的"中巴能源走廊"。其中，前两个方案得到最多的关注。

由云南大学李晨阳、瞿健文和吴磊组成的课题组，经深入研究之后，论证了穿越克拉地峡的运河或管道，相对中缅输油管道而言，存在诸多弊端。

第一，性价比低。穿越克拉地峡项目能够解决的问题，只是避开了马六甲海峡的海盗和部分地理限制，价值相对不大。一方面，开凿运河，工程造价高，可能需要 200 亿美元以上的投资，但仅能缩短 1000 海里航程，不能与巴拿马和苏伊士运河可以缩短 5000～10000 海里航程相提并论，因此收益有限。有学者估算，可能需要 140 年才能收回投资。另一方面，运河工程庞大，可能需要 10～15 年的工期。从管道来看，需要在地峡两边各建至少 1 座油运码头，还要在地峡两边重复装卸石油，将导致投资和运费的大幅增加。而管道除了输油以外，没有其他的综合效益。

第二，对中国的意义和价值不大。首先，马六甲困局产生的根本原因，在于美国的军事威胁。而穿越地峡的方案，并不能解决这一威胁。因为美泰也存在军事合作关系。其次，运河方案需要多边合作，中国只会是参与者之一，中国的国家利益不可能得到充分的强调。特别是该方案得到日本的积极响应，而中日之间的利益协调并非易事。

第三，泰国南部动荡的不利影响。首先，修建运河，将把泰国南部穆斯林聚居区与北方主体部分隔开，影响泰国政府对泰南地区的控制。而泰南五府分裂势力的影响，已令泰国政府颇为忧虑。因此，泰国对修建运河，并不积极。其次，项目的巨大价值，还存在吸引泰南分离势力单独，或与其他恐怖分子合流，实施袭击的可能。项目安全，面临巨大威胁。

第四，修建运河对地区利益格局影响较大。新加坡、马来西亚和印度尼西亚都得益于马六甲海峡这一特殊的地利。一旦运河建成，马六甲海峡相关国家将失去这一地利，"甚至可能导致新加坡的整体衰退"。因此，运河计划将面临巨大的阻力。推行运河计划，需要深入分析东盟国家内部的利益争纷。这既费时耗力，又与中国一贯奉行的中立和不干涉内政对外立场相左。

三位专家的研究成果《中国破解"马六甲困局"的战略选择》发表在2004年8月5日的《参考消息》上。这一成果同时被新华社内参采编上报中央，并得到高层领导的重要批示。从此，建设中缅输油管道的倡议进入国家决策层的视野当中。但该倡议涉及国家发展的整体布局、跨国合作和国际战略平衡等问题，倡议的具体内容和中央政府的看法并未公开。直到2006年4月24日，云南省人大常委会办公厅对外发布了一份云南省代表团在当年全国"两会"期间关于修建管道的建议书，项目的初步设想才得到官方的完整披露。主要内容为：

线路：首先通过海运将石油运送到缅甸北部港口实兑，再通过900千米的输油管线经曼德勒和瑞丽，终点到达昆明。

建设规模与时间：2008年正式动工，建设一条直径813毫米的输油管道，2010年建成后，年输送能力为2000万吨。

配套设施：2010年在缅甸建成30万吨级原油码头和60万立方米油库；在云南建大型炼油厂，一期炼油能力2000万吨/年，配套100万吨/年乙烯化工。

投资：按2004年的规划概算，一期投资约需400亿元人民币。

油源：主要依靠中东和非洲。

远景：继续引进2000万~4000万吨原油。在云南生产的石化产品覆盖西南、湖南和湖北，甚至东南亚。

此后，坊间对中缅输油管道的设想进行了多方的报道。各种报道包含了以下几个要点：一是云南地方政府联合中国石油，积极向中央建言，助推项目实施；二是重庆方面与中石化向中央建议，将管道的终点定在重庆；三是相关机构已经开展了工程的前期勘探和论证工作；四是中缅双方就管道合作达成一致意见，工程即将上马。

但中缅管道建设与否这一根本性的问题，却一直没有官方的权威回应。其间，西方媒体还在此问题上，犯下了低级错误。2007年底，路透社将一些中缅管道的消息与四川石油管理局准备在万州建设成品油油库的意向，曲解为四川储备物资管理局将在"万州拟建西部首个国家战略石油储备库"的消息，并对外发布。顿时，一石激起千层浪。众多国外媒体对此进行了转载，并引发了西方丰富的联想与评论。万州方面不得不出面澄清。实际上犯下这一错误的关键，在于缺乏常识。"四川石油管理局"，虽名为局，却只是中国石油的一个下属企业。建设国家石油战略储备库的决策权，至少在国家发改委。即便捕风捉影，也应该是捕四川省发改委的"风"，捉国家发改委的"影"。

直到2009年3月26日，中缅双方签署《关于建设中缅原油和天然气管道的政府协议》之后，中缅管道建设与否的根本性问题，才有了最终定论。之后相关事务进展迅速。2009年6月16日，在时任国家副主席习近平和缅甸和平与发展委员会副主席貌埃的见证下，中缅签署了《关于开发、运营和管理中缅原油管道项目谅解备忘录》[1]，标志着中缅双方在与管道有关的权利义务上达成了共识。

回过头来看，中缅管道得以最终上马，是以下几个方面共同作用的结果。

第一，中国对进口石油运输安全的关切。马六甲困局和国际形势变动，

---

[1] 《中缅原油管道权利与义务协议》是中缅管道项目的一项具有里程碑意义的协议。协议明确了由中国石油作为控股方的东南亚原油管道有限公司所应承担的义务和缅甸联邦政府应赋予这个公司的权利。协议规定，缅甸联邦政府授予东南亚原油管道有限公司对中缅原油管道的特许经营权，并负责管道的建设及运营等。该公司还享有税收减免、原油过境、进出口清关和路权作业等相关权利。协议还规定，缅甸政府保证东南亚原油管道公司对管道的所有权和独家经营权，保障管道安全。

引发了从中央高层到普通民众的普遍关切。

第二，首倡设想具有可行性和科学性。云南大学的三位学者，从维护国家战略利益的角度出发，依据云南与缅甸接壤、临近印度洋的特殊区位提出倡议，具有可行性和科学性。

第三，地方政府和企业的积极争取。对云南地方而言，中缅管道及其炼化项目，带来的直接经济效益将是每年1500亿元的产值，数十亿元的税收，数千亿元关联产业的发展机遇。同时，还能完善云南的产业构成，提升产业发展层次。对企业来说，中国石油可以借助该项目，进一步拓展西南市场。而西南片区，长久以来由中石化占据优势地位。①

第四，金融危机带来的机遇。金融危机对整个世界经济的发展及石油消费、生产、勘探和投资格局形成了巨大冲击。这为中国拓展国际油气市场提供了难得的机遇。同时，在2008年底，中国政府4万亿元投资计划的实施，也令中缅管道这样耗资巨大的基础设施建设项目，因为有了资金的支持而成为现实。

（三）中缅天然气管道的特殊地位

中缅天然气管道具有两方面的重要性：一是有利于中国能源安全；二是有利于中缅油气管道安全。最初的倡议没有涉及天然气管道的问题。直到2009年，国家最终确定建设中缅管道之时，规划当中才包含了建设中缅天然气管道的内容。

中国面临的能源短缺问题，主要还是石油短缺。但如果仅建设输油管道，则缅甸方面能够得到的实际利益，将极为有限。按国际管道运输费率来看，2000万吨石油在缅甸境内的运输费用是3亿美元。缅甸按49.1%的股份参与分成，最大收益只是1.473亿美元/年，刨除投资和运营成本的情况下，实际收益约为1500万美元/年。其他收益包括每年1360万美元的管道

---

① 美国霍普金斯大学的亚洲能源问题专家 Bo Kong 就认为，中缅管道实际上是云南省地方政府和中国石油出于自身利益，推动国家决策的结果。见 Bo Kong, "The Geopolitics of the Myanmar – China Oil and Gas Pipelines", NBR Special Report #23, Seattle, Washington: The National Bureau of Asian Research, September 2010, pp. 55 – 65。

路权费、每吨 1 美元的过境费。① 这三项收入总计不到 5000 万美元/年。这显然不足以吸引一个国家或一个政府的注意力。管道的安全和顺利运营，就会因为缺乏缅方必要的配合，而面临更大的风险。

但是，若再建天然气管道，则缅甸方面获得的收益，将可以得到极大的提升。除了运费分成、过境费和路权费之外，还有可观的天然气销售收入。海关数据显示，2013 年中国进口缅甸天然气 1.1 亿立方米，货值 0.9495 亿美元，合 2.73 元/立方米。同比推算，如实现了满负荷 120 亿立方米，缅方可以获取的价款是 32 亿美元。缅甸政府可以提取的商业税和资源税，将在 5 亿美元以上。

32 亿美元相当于缅甸 2013 年 594.27 亿美元 GDP 的 5.38%。而经济学常识告诉我们，一个行业一旦占据 GDP 的 3%，其地位就将上升到战略层面。遑论只是一个项目。2013 财年，缅甸两级政府的财政收入为 50 亿美元，该项目带去的税收，可望相当于缅甸政府收入的 1/10。同时，缅甸政府还存在数目庞大的赤字，项目带来的收入，还有助于预算平衡。以 2011～2012 年财政为例，缅甸财政支出 79000 亿多缅元，预算赤字超过 22000 亿缅元。尽管各级政府削减了开支，但也只减少了 5530 亿缅元。因此，项目带去的直接收益，就已足够抓住缅政府的注意力。即便仅以第一期工程确定的 42 亿立方米/年计，也是 10 亿美元的收益，同样非常可观。同时，天然气管道运输量的 20%，将通过缅甸境内的 4 座分输站分流，服务于管道途经地方。也就是说，天然气管道不仅服务于中国，也服务于缅甸。

另外，由于天然气存储和运输不便，一旦通过建设管道的方式建立销售关系，则买卖双方将因此形成紧密的依赖关系。改换门庭寻找新的合作对

① 李新民：《中缅能源管道建设提速》，《经济参考报》2012 年 5 月 21 日。当然，还有消息称，缅甸收取的管道过境费用为"天然气管道过境费每年 690.5 万美元，石油管道过境费每年 690.5 万美元"，同时，"按比例截流部分石油、天然气供国内使用"。见《缅甸天然气出口泰国 6 年收入 160 亿美元》，商务部网站，2012 年 7 月 17 日，http://www. mofcom. gov. cn/aarticle/i/jyjl/j/201207/20120708235168. html。还有观点认为，按照国际惯例，经过中缅管道运输的石油，还要按到岸价格的 16% 向缅甸政府缴纳增值税。如果以管道建设期间（2009～2013 年）国际油价 100 美元/桶计，每年运输 2000 万吨，则每年将向缅甸政府缴纳 23. 456 亿美元的税收。但笔者认为这一税收上缴缅甸政府的可能性不大。

象，对双方来说，都将面临巨大的损失。因此，尽管对于中国来说，输油管道更为重要，但对于缅甸来说，天然气管道能够带来更大的收益。天然气管道和输油管道之间的关系，是天然气管道可以为输油管道保驾护航。只有天然气管道顺利运营，中缅之间的经济社会联系才会更加紧密。

缅甸国内存在一定规模、有组织的反对中缅管道的活动，如"瑞区天然气运动"和"若开地区河流保护网络"① 等。但是这些反对活动，基本都集中在了天然气管道之上。这间接证明了在中缅管道当中，天然气管道的重要性更为突出。

（四）西南内陆水运线路简介

西南内陆水运线路，包括澜沧江—湄公河线路和缅甸伊洛瓦底江航运线路。

澜沧江—湄公河流经中国、缅甸、老挝、泰国、柬埔寨和越南，全长4880 千米。随着中国—东盟自由贸易区的建立，澜沧江—湄公河国际航道，已经成为中国与东南亚国家贸易和旅游往来的"黄金水道"。自 2006 年末，中国开始利用澜沧江—湄公河从泰国进口成品油。当前运输起点为泰国北部清莱府的清盛港，终点为云南西双版纳勐腊县关累码头，整个航程 245 千米，往返航行大约需 40 小时。

截至 2012 年，仅有两艘载重量 150 吨的运油船，在从事澜沧江—湄公河的成品油运输，一年的运载量不到 4 万吨。因为比从内地运输每吨可以少200 元的运费、泰国成品油价格低于国内，局部地区可以受益，该线路运输才得以维持。

伊洛瓦底江航线，始自缅甸仰光附近的入海口，终点为缅甸北部的八莫。该航线可常年通行 500 吨级客货轮。从八莫进入中国的公路里程仅 100千米。当前中缅水陆联运的货航运量，在 20 万吨/年左右，但其中尚未包含大量的油品。随着缅甸石油产业的发展，这条线路作为应急运输线路，将拥

---

① The Arakan Rivers Network，由"若开全体学生和青年大会"（The All Arakan Students' and Youths' Congress）成立于 2009 年 7 月 1 日。其致力于让国际社会和当地居民认识到，跨国公司和军政府以趋利为目标的"发展项目"——资源开采，已经对当地居民的生计造成了负面影响。其主要目标是"维持水资源的利用，保护水边居民的生存条件"。

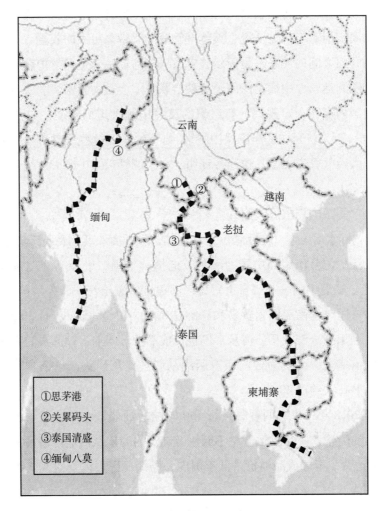

①思茅港
②关累码头
③泰国清盛
④缅甸八莫

图4－16　西南内陆水运线路示意图

有更加突出的战略意义。同时，随着泛亚铁路东南亚走廊的建设，可进行水铁联运，大幅扩大运量、降低运费。

（五）西南线路在中国进口油气格局中的地位与影响

从经济角度看，中缅输油管道不是一个有利可图的选择。首先，建设管道的机会成本太高。以两条管道投资25.4亿美元计，同样的投资，可建造25～30艘VLCC油轮。同样的运输距离，一年至少可以完成1.5亿吨的运输量，是中缅输油管道运力的 7~8 倍。其次，从运费来看，相同的输送距离，管道的费用是油轮的两倍以上。但从战略角度看，中缅管道却有着重要的战略价值。

第一，中缅管道是突破美国战略封锁的标志。美国对中国的战略包围，主要通过两条岛链来实现，而中缅管道另辟蹊径，在美国的战略包围圈之外，从西南方向打开了一个新的入口。而其他线路，都不具备这样的战略意义。建设中缅输油管道，可以表明，对于可能影响中国建设进程的障碍与困难，中国有能力也有决心解决；为了维护国家的安全和利益，中国将积极参与国际竞争与合作。

第二，进一步推动了中国油气进口源头及线路的多元化。中缅管道的开通，增加了一个新的西南通道，推动了中国油气进口运输线路和入境方向的多元化。同时，增加了缅甸这一重要的天然气进口源头。天然气管道，以规划的 120 亿立方米计，可占 2020 年总进口量的 8.4%；以实际能够完成的 42 亿立方米计，则占 2020 年总进口量的 3%。石油实际能够完成的可占 2020 年总进口量的 5%。

第三，中缅管道的油源相对另外两条陆上通道更有保障。中哈石油管道一直处于"吃不饱"的状态。一方面是哈萨克斯坦的石油产能有限；另一方面是为了平衡相关利益诉求而实行"五路分流"。2018 年之后，中俄管道运量将可能提升到 3000 万吨/年，但也面临着远东油田开发、俄罗斯推进油气销售市场多元化的挑战。而中缅管道的油源依托中东、非洲，无油源供给短缺之虞。

第四，增强了国家应对油气供给动荡的能力。西南线路的搭建，进一步均衡了国家的石油产业布局，改善了之前过度依赖东部和北部石油产业的局面。一方面是新增了一个石油产业基地；另一方面是对东部和北部的石油产业起到"减负"作用，从而增强了国家应对油气供给动荡的能力。

第五，两条内陆水运线路为紧急状态下的油气运输提供了难得的选择。伊洛瓦底江的潜在运能开发价值要高于澜沧江—湄公河，因其流量更为充沛、河道更为宽阔平直，还不存在跨越多国、协调困难复杂的问题。同时，还应该注意的是，美国的触角已经伸到了伊洛瓦底江上。据 2012 年 7 月 20

日美国今日（USA Today）报道，美国游艇公司（Grand Circle Cruises Line）计划于 2013 年开始，在缅甸伊洛瓦底江开展旅游客运业务。[①] 该公司给出的旅游行程计划是"一次组团人数为 34 人，包括缅甸蒲甘、曼德勒 7 晚、仰光 3 晚及泰国曼谷 4 晚等，费用为每人 3795 美元"，时间为 14 天，如再加上抵达和回程的时间，则需要至少 16 天时间。耗时如此漫长的旅游行程，能否获得市场的积极回应？但无论这项业务的前景如何，有一点可以确定，美国可以借此对伊洛瓦底江航运的发展变化做到了如指掌。这间接凸显了伊洛瓦底江的航运价值。

第六，改善了中国通过管道进口天然气的议价能力和合作空间。进口天然气有两个方式，一是通过管道进口天然气，二是进口液化天然气。液化天然气的价格，基本按照地区统一的市场价格结算，议价的空间不大。而管道天然气的价格，却由买卖双方谈判达成，存在较大的议价空间。中缅管道增加了中国进口天然气的数量、优化了进口格局，有利于改善国内天然气的供给状况，增加中国对外谈判的筹码。因此，中国—中亚、中俄天然气管道的有利进展，显然离不开中缅管道奠定的基础。

二　西南内陆水运面临的问题

孤立地看，这两条水运线路价值不大，因为存在陆路转运和陆路交通瓶颈的制约，尤其在云南这样的高原多山地带。但是，随着泛亚铁路网东南亚走廊的搭建，在伊洛瓦底江航运与昆明—瑞丽铁路、澜沧江—湄公河航运与昆明—磨憨铁路之间，实施水铁联运之后，费用可以锐减，运力可以上升到千万吨/年，战略价值即可得以显现。同时，昆明—景洪之间，已有高速公路连接，昆明—瑞丽高速已于 2014 年底全线通车，都将具备转运百万吨/年以上的基础。当然公路运输的成本要更高，但具有重要战略价值。当然，该线路仍然存在以下问题。

---

① 《美国游轮拟在缅甸伊洛瓦底江从事旅游客运》，商务部网站，2012 年 7 月 26 日，http：//www.mofcom.gov.cn/aarticle/i/jyjl/j/201207/20120708253231.html。

（一）运力有限

"2000 年到 2009 年，中国通过澜沧江—湄公河国际航运完成累计运输量达 300 万吨以上，累计进出口额和边民互市贸易超过 300 亿元。"① 尽管已经拥有一定的运输能力，但从维护国家石油安全的角度看，还显得微不足道。目前从事澜沧江—湄公河国际航运的船舶为 98 艘，共有 473 个客位，年货运量 40 万吨。② 据测算扩大运力之后，澜沧江—湄公河可实现成品油 20 多万吨/年的运量。伊洛瓦底江的航运还处于未得到充分开发的状态，当前的运输还不包括石油，总量也只有 20 万吨/年，而要具有战略价值，需将运力提升到千万吨年/以上。

（二）基础设施建设还需完善

这一线路，只有实现水运和铁路运输的无缝连接，才能凸显其战略价值。因此，首先要进一步改善两条河流的航行条件。近年来，澜沧江—湄公河的航行条件得到改善，安设了航行水尺和永久性航标，通航保证率达到 90%，航行船舶由 100 吨级提高到 300 吨级；伊洛瓦底江能够全年通行 500 吨级船只，但要使其完成千万吨级/年的运输量，还要进一步实施航道改善工程。其次，要完成大理—瑞丽和玉溪—景洪铁路建设。再次，需要建设瑞丽—八莫铁路支线，以及八莫和景洪的水运—铁路转运设施。最后，要完成水上安全监管救助体系、河流防污染和应急设备库等辅助项目建设。

（三）没有坚实的油源保障

西南内陆水运以运输成品油为宜。但就目前看来，缅甸国内成品油供给尚处于捉襟见肘的境地。2011 年 10 月 21 日，缅甸能源部部长吴丹田在回答议会提问时说："……民众仍然需要排队买油，甚至出现道德败坏、聚众闹事、排队也买不到成品油等诸多困难和问题。"③ 而笔者也曾亲眼见证过，缅甸曼德勒街头用 600 毫升矿泉水瓶售卖汽油的场景。

---

① 《澜沧江—湄公河航运发展简况》，《中国海事》2011 年第 11 期。

② 《澜沧江—湄公河航运发展简况》，《中国海事》2011 年第 11 期。

③ 云南大学缅甸研究中心：《〈缅甸信息月报〉特刊 2011 年缅甸信息汇编》，《缅甸新光报》2011 年 10 月 5 日，第 22 版。

当前，缅甸的石油产量为 10000 桶/天、天然气凝析液 12000 桶/天，也就是一共 1 百万吨/年。就算全部输往中国，也只够云南一省 1/6 的需求。即便中缅管道及其配套项目，能为缅甸新增 200 万吨/年的石油供给和炼油产能，也不过是云南一省需求的一半而已。从泰国来看，尽管近年来泰国的石油生产量在持续增长，但泰国仍是一个能源净进口国。再从炼油能力来看，泰国 73 万桶/天的处理能力，也只能自顾不暇。因此，如何在缅甸和泰国获得有保障而且可观的成品油油源，也是任重而道远。

（四）邦交基础还需要夯实

中缅之间、中泰之间的传统友谊源远流长。随着东盟自贸区的建立，尤其是随着中央政府 2011 年 5 月确定支持把云南建设成为向西南开放的重要桥头堡以来，中缅之间、中泰之间的关系得到进一步的加强。但要把缅甸和泰国作为中国的紧急油源供应地，则需要更为紧密的合作关系，或实质上的同盟关系。而泰国的对外政策，以中立为一贯支点。从 19 世纪英法入侵东南亚、20 世纪日本入侵东南亚和越南战争，到当前泰国平衡中美的政策取向来看，泰国并不是一个可以争取的对象。尽管中缅关系一直较为密切，但随着美国实施"重返亚太""亚太再平衡"，中国与缅甸之间的关系，也面临着外部的影响。

（五）湄公河航线安保机制还需进一步强化

湄公河航线要经过安保形势复杂地区"金三角"，难免受到当地土匪、毒贩和地方武装的袭扰。同时，湄公河是缅甸和老挝的界河，也是泰国和老挝的界河，在航线的安保问题上，存在一定的"两不管"地带或协调联动机制不力的情况。"湄公河惨案"之后，在中国的倡导下，确立了四国在湄公河开展联合巡逻执法的制度。但"金三角"地区还存在其他多个武装团体，相关的社会治理并非一蹴而就。

（六）可能出现的问题和对策

西南内陆水运线路，是一个从战略谋划角度出发，才具有必要性的选择。因此，最大的问题，是要找准西南内陆水运的战略定位。这一线路应该定位于国家成品油战略储备的配套运输线路，而不只是另一条普通的可选线路。应将西南内陆水运线路和内陆成品油战略储备基地，这两个保障石油安全的重大战略举措结合起来考虑。

第一，布局均衡和抗军事打击是战略储备需要考虑的两个基本问题。而当前的储备完全放在了沿海一带，既不均衡也不安全。西南的崇山峻岭，显然更隐蔽也更抗打击。

第二，线路的安全性较高。东部沿海被封锁的可能性太大，也难以突破。但要切断中国的内陆运输线路绝非易事，尤其是水路具有抗打击的特殊优势，不似管道、公路和铁路一样易遭破坏。开发水运线路，还可以得到其他的综合效益。

第三，是投入和收益的问题。解决成品油源头的问题，只需海运在缅甸多下载原油、多建一座 500 万吨级炼厂，投入 20 亿美元。[1] 通道建设，则包括航道和码头，需投入 20 亿美元[2]，八莫—瑞丽 80 千米铁路投入 4 亿美元[3]。运力建设则是新建 50 艘 500 吨级内河航运船只，需 5000 万元人民币，改造费用需 2500 万元人民币[4]。也就是说，最多 250 亿元人民币，就可为中国的石油安全再加上一道保险。而这一投资，在正常状态下，还是进一步促进中国与缅甸全方位合作的重要基础，还可以作为中国实施"环印度洋战略"的重要支点。可谓"一石三鸟"。

因此，将西南内陆水运作为紧急状态下的运输线路，以及西南成品油战略储备基地的配套运输线路，这一线路的重要价值就能够得到充分体现。

三 中缅输油管道面临的形势与问题

中缅输油管道是一条过境管道，其面临的安全形势和问题相对突出。

---

① 炼油产能为 1000 万吨/年的安宁炼厂，投资预算为 230 亿元人民币。
② 2012 年 1 月 11 日，《中国交通报》载文《2011 中国水运大步前行》称："'十二五'期间全国内河水运建设投资将超过 2000 亿元，到 2015 年全国将建成国家高等级航道 1.3 万千米，70% 的国家高等级航道达到规划标准。"以此推算，曼德勒至八莫基础良好的 800 米宽的 500 千米水路，最多只需 30 亿元。
③ 八莫至瑞丽直线距离 70 千米。西南铁路建设的投资为 3000 万元/千米。
④ 每艘造价 100 万元人民币。

（一）管道权益方的利益协调问题

中缅输油管道涉及投资 10 亿美元，中方拥有 50.9% 的股份，剩下的股份由缅甸石油天然气公司持有。因此，在运营过程中，内部协调是一个需要注意的问题。

（二）缅甸从输油管道上得到的收益有限

缅甸可以从中缅输油管道上得到的收益体现在以下方面。

第一，缅甸方面可以获取一定的收益。从新近的国际石油管道运输费用（每 100 千米每吨石油收取 1.845 美元）[①] 来看，则 2000 万吨石油过境缅甸的运输费用是 3 亿美元。另外，缅甸政府每年还可以收取管道路权费和过境费。这三项总计为近 5000 万美元/年。同时，按照缅甸的税收规定，在缅甸石油和天然气领域投资经营的公司，如是缅甸国内公司，须用缅元或外汇缴纳 10% 收入税；如是国外公司，须缴纳 40% 收入税。如此，政府的税收收入在 1200 万美元左右。

第二，30 年之后可以得到境内管道的产权。但这一基础设施除了继续租借或供中国使用之外，对缅甸本身的价值有限。而维护和运营费用，将因为设施的磨损和老化而增加。30 年后，缅甸从输油管道上可以得到的直接收益，可能将与当前基本一致，即 0.5 亿美元/年以内。

第三，管道运营方的捐助。按照国际惯例，管道运营方会为沿线社区和居民提供相应的捐助。这在缅甸已有先例可循。1998 年开始，在缅甸经营天然气项目的道达尔公司的经验值得关注。缅甸的一份刊物做过这样的报道："该公司每年拿出 300 万美元用于地方经济的发展。截至目前，共建设村级诊所 8 个，尚在建的小诊所有 14 个。"[②] 但笔者注意到，2010 年道达尔公司发布的 66 页篇幅的报告《道达尔在缅甸：一份持久的承诺》（*Total in*

---

① 参见孙萍《白俄罗斯将把俄石油过境运输费率提高 12.5%》，新华网，2011 年 1 月 11 日，http://energy.people.com.cn/GB/13703931.html。文中称："现行费率是每 100 千米对每吨石油收取 1.64 美元费用。"

② 云南大学缅甸研究中心：《〈缅甸信息月报〉特刊 2011 年缅甸信息汇编（续）》第 79 条，缅甸《七日新闻》2011 年 3 月 10 日。

Myanmar a Sustained Commitment），是这样说的：“1995～2006 年，已经有1410 万美元用于经济社会援助项目……当前的支出是 100 万美元/年（2006年为 140 万美元）。援助经费由天然气项目的共同投资方分担。”[①] 中国石油作为中缅管道的运营方，已经捐助缅甸的款项是 600 万美元，并承诺“每年从石油和天然气管道项目分别捐款 100 万美元”[②]。仅 2011 年，中国石油和东南亚管道公司共为缅方捐献 407 万美元，建 45 所学校、24 家医院或医疗站，使 80 万人的医疗环境得到了改善。中国石油等公司还同意考虑为缅甸若开邦输电网建设提供支持帮助，以缓解该地区民众用电紧张状况等等。

因此，仅从输油管道的角度来看，缅甸可以得到的全部收益，前 30 年和 BOT 期满移交之后，都为近 0.5 亿美元/年。这对一个国家来说，根本就无关大局。

（三）来自缅甸内部的不利因素

中缅管道要经过缅甸领土，缅甸的动荡或反对，会对安全运营造成重大的负面影响。

1. *履约主体变动的影响*

中缅双方在 2009 年 3 月和 6 月，分别签署了关于管道基本权益义务的两个协议。但签约之后，双方的履约主体，都已经发生了变化。从中方来看，由国家变成了企业；从缅甸方面来看，由军政府变成了民选政府。履约主体的变更，是所有跨境、过境管道安全面临的最主要问题。

2. *缅甸政局变动的影响*

第一，军人集团的内部裂变。缅甸的军人集团，是一个首脑领导下几大干将明争暗斗的团体。这既是个人和派系利益争斗的结果，也是所有独裁者为了巩固自身地位，而必须营造的态势。仅以缅甸的能源行业为例。缅甸的能源部主管石油和天然气，第一电力部主管电源建设，第二电力部主管电网

---

① Total，Total in Myanmar a Sustained Commitment，2010，p. 63. 可从以下网址下载该报告：http：//burma. total. com/en/publications/sustained_ commitment. pdf。

② 云南大学缅甸研究中心：《〈缅甸信息月报〉特刊 2011 年缅甸信息汇编（续）》第 407 条，《缅甸新光报》2011 年 12 月 20 日。

和电力输送，矿业部主管与煤炭有关的一切事务，环保部和农业部统管生物质能的开发，科技部主管可再生能源的发展。这种分割，既是军政府因人设事的安排，也有平衡利益的考虑。但条块分割的安排，制约了各个能源部门之间顺畅的沟通和协调。尤其是缅甸能源部与第二电力部之间协调的不畅，是关注缅甸能源行业人士所共知的问题。

但更为关键的问题在于，军人集团可能出现的分裂及其必然带来的动荡。经过2010年的大选之后，部分军人完成"华丽转身"，成为国家合法的统治者。部分军人进入政府之后，另外一部分军人，尽管仍然可以通过宪法赋予的特殊地位掌控国家的部分权力，但舞台却由过去的一个变成了两个，斗争也由一个集团的内部倾轧，变成了两个不同团体的斗争。这为军人集团的分裂，创造了直接的外部条件。这种倾向，已经在一些方面有所显露。一是2012年3月27日，缅军总司令敏昂来上将，在缅军建军67周年纪念日的演说中，为军方继续发挥政治作用进行了辩护，称军方有义务捍卫宪法，并将按照过去的做法继续参与政治。二是2012年5月，61岁的丁昂明吴以健康为由，辞去了副总统职务，标志着军方实力人物从政府的退出。

第二，反对派引发的政局变动。2012年4月1日，昂山素季领导的缅甸全国民主联盟在议会补选中，赢得45个补选席位中的43个，取得了压倒性的大胜。2015年大选中，全民盟再次获得胜利。这预示着缅甸国家的发展道路、方向和权力结构，都将发生某些变化。其中最主要的结果，是缅甸将日渐走上建构民族国家、通过民族主义凝聚人心的道路。一方面，昂山素季的影响力部分源自其父亲昂山将军，因此重拾其父亲民族平等、民族团结的政策，将是其主要的政治主张。另一方面，昂山素季将大力推行亲民政策，完善民主法制、保障人权和民生问题。这既是其政治主张的核心，也是在国内巩固合法性，在国外获取更多同情和支持的必然选择。

第三，缅甸政局变动可能的影响。现役军人、前军人、民主力量和民族地方武装（以下简称"民地武"），是缅甸当前主要的四派势力。战略价值巨大的中缅管道，必然成为各个派别实现政治目标的王牌。民主力量需要借助外部支持，才能获得更有利的地位，存在偏向西方的可能。民地武存在向中国或缅甸政府"邀功"或要挟的倾向，以维持现状的需要。前军人，存在维护国家利益、强化自身地位的需要。现役军人希冀维持 2008 年宪法，保持独立的军事法庭司法管辖权，继续在国家政治体制当中发挥特殊作用。

民主势力可能迎合西方封锁中国的战略部署，营造"联美抗中"态势。民地武和前军人可能借机以管道安全为筹码，希望从中国获取更多的利益。现役军人可能要求严格执行"既定方针"，进而维护自身地位。正如研究第三世界政治发展的权威之一塞缪尔·亨廷顿曾经指出：在后转型阶段，军方试图保留权力和特权。通过人事和经费上的独立，免受由选举产生的文人政府控制。① 军方的举措，有利于维护中国在中缅管道上的利益。但维持不变，明显是与其他三派利益相悖。

3. 部分团体的反对

近年来缅甸油气产业发展迅速，但持反对意见的团体也因此大量涌现。这种反对，一方面是资源民族主义兴起的结果；另一方面是因为当前的油气开发，直接或间接损害了部分居民的利益。当然，这种反对，不只针对中缅管道，法国的道达尔也曾饱受困扰。但需要注意的是，油气公司只是被反对的对象，而非招致反对的原因。

第一，资源民族主义驱使下的反对。在这一趋势的驱动之下，首先，是缅甸出口资源将招致更多的批评与反对。其次，缅甸有可能改变对外油气合作的模式，从区块转让、股份制合作开发，转向提供服务的模式。其结果，一是投资方的收益将受到更多因素的制约，二是投资的自由度和投资方的自主性将受到削弱，三是投资方的积极性可能遭到挫伤。

第二，部分居民因遭受项目导致的损失而反对。首先，是征地赔偿引发

---

① 参见〔美〕塞缪尔·亨廷顿《第三波——20 世纪后期民主化浪潮》，上海三联书店，1998，第三节"执政官式的难题：三心二意而又强大的军方"。

的问题。油气管道征地需求为单管宽 20 米，双管并行宽 30 米。同时，码头等相关附属设施也需要占用大量土地。具体的征地赔偿程序为：征地组和赔偿组分别由缅甸能源部、有关地区的行政管理部门、土地测量部门、管道经过地区的代表及项目公司代表参加，先开展详细的实地测量工作。之后，永久征地的赔偿，按照损失土地数量或青苗株数，以成品苗为基础按 5 年收益进行赔偿。临时征地，按照季节性作物 1 年收益赔偿，园林则按照 3 年收益赔偿。但在确定土地的肥沃程度、产量等因素上，难以进行完全合理、令被征土地居民满意的评估和计算。其次，是承担警戒任务的军人，粗暴对待当地居民的问题。军人划定了警戒区，却没有给予居民详细的通报，导致部分误入的居民被粗暴对待，甚至拘捕。随着管道建设的推进，越来越多的军人被部署到沿线承担警戒任务。随之而来的，一方面是军民冲突增加，如军队强征民力、土地建设军营等设施。另一方面，是军纪败坏而产生的盗窃、斗殴、抢劫和强奸等违法事件。早在 1996 年，在缅境内的耶德纳天然气项目的开发上，美国方面就曾因当地居民遭受粗暴对待，而起诉了耶德纳项目的股东，美国的优尼科也位列其中。这一旷日持久、耗费钱财且有损颜面的诉讼，一直持续到 2005 年，在优尼科付出数百万美元的赔偿之后，才告终结。2006 年优尼科被雪佛龙收购之后，雪佛龙又因此官司缠身。当然，笔者认为，其中的关键是美国公司擅自行动，没有遵守美国政府的对缅制裁。中缅管道要经过许许多多的村镇，中国石油面临着巨大的连带责任风险。最后，是部分居民的生计问题。皎漂当地人认为，建设油气项目导致房价猛涨，酒馆、卡拉 OK 厅和色情服务迅速增多，而部分当地人却要承受无田地和无工作的困境。随着瑞区天然气的开发，A-1 区块已经禁渔。这一区域的渔民，面临生计无着的问题。仰光环保人士吴翁接受采访时，也表示由于皎漂的发展计划，森林和大量水产可能会遭损害。[①]

第三，部分地方政党的反对。2012 年 7 月 24 日，以若开邦议会第一大

---

① 云南大学缅甸研究中心：《〈缅甸信息月报〉特刊 2011 年缅甸信息汇编（续）》，原载伊洛瓦底网站。

党若开民族发展党为首的政党联盟，再次向缅甸联邦国会提出议案，要求停止中缅油气管道项目建设，并声称"国会需要重新审议中缅油气管道项目"①，认为中缅油气管道对当地的负面影响，大于缅方获得的收益。这是缅甸政党以类似的理由，第三次提出重审管道项目的议案。前两次均被人民院议长杜雅瑞曼、民族院议长钦昂敏，以涉及国家重大战略而否决搁置。

这一方面是地方政党代表地方部分诉求而采取的行为，另一方面也是缅甸地方与联邦就天然气开发利益分成进行博弈的结果，另外也不能排除地方政党为了扩大影响而采取如此的行为。类似情形的出现，有一定的必然性和合理性，对局部地区的民意影响较大，但也仅代表了局部，不可能对项目的整体造成重大影响。

4. 缅甸内部动荡的不利影响

民地武与中央的军事对抗，是缅甸内部动荡的关键。在此问题上，中方坚持"三不政策"，即"政治上不承认、经济上不支持、军事上不渗透"。这一政策的实施，实际上是有利于缅甸政府的。以 2013 年上半年缅甸形势来看，管道要经过缅甸北部的四支少数民族地方武装控制区，这四支武装是克钦独立军、巴朗国家解放阵线、北掸邦军和南掸邦军。

当前，缅政府要求民地武首先接受停火并解除武装，再开始有关民族地位和权益的谈判。而民地武，则要求先确定民族的政治地位和权益，再谈解除武装的问题。缅政府一方面与民地武谈判和解，另一方面也从未停止军事进攻。

克钦独立军是中缅管道经过地区主要的民地武。其发言人曾表示：克钦独立军将会确保经过掸邦克钦专区的管道和国际通道畅通，但也宣称：对于缅邦政府以保护油气通道为由，在克钦专区的军事扩张，将给予一如既往的坚决反击。掸邦军发言人劳盛，也明确表示，掸邦军不会攻击中缅油气管道，但在当地军火泛滥的情况下，少数武装派别或个人可能会用攻击外资项目，来要挟缅甸政府。因为当地村民因管道建设而被迫搬迁，田地受损，而

---

① Reported by Staff Correspondent Translated by Soe Tint, *Myanmar - China Gas Pipeline Project Calls for Review*, Weekly Eleven News (Myanmar), July 22, 2012, Eleven Media Group.

补偿款遭层层盘剥。但缅甸油气开发带来的利益，与普通百姓关系不大。类似的破坏事件已经发生过。例如，2011年1月26日，一枚安放在天然气输送管道下的定时炸弹被群众举报，该炸弹装药为四块200克TNT，后被有关部门人员成功排除。[①]

此外，还存在民地武之间、民地武与缅甸政府之间，在管道经过区域爆发冲突，使管道受到"殃及池鱼"损失的可能。

（四）国际形势变动和第三方的不利影响

首先，管道可能成为美国制约中国的重要筹码。一方面，自2009年管道规划明确以来，美国积极拉拢缅甸，转变了既往的敌视和封锁态度，希冀通过加大与缅甸的政治经济合作，制衡中缅关系的发展。奥巴马连任总统之后，将出访首站定在了泰国和缅甸，进一步表明了"争取"缅甸的迫切态度。另一方面，美国通过营造负面舆论，阻碍管道的建设和运营。

2012年2月，美国将缅甸提升为伙伴国，对缅甸提出"行动换行动"战略。在全民盟取得补选的压倒性胜利之后，缅甸外长和昂山素季本人都已受邀访问了华盛顿。时任国务卿希拉里说："美国准备采取的措施包括：一、为向仰光派出特命全权大使寻求达成协议；二、在缅甸设立美国国际开发署的代表处，并支持联合国开发计划署在缅甸开展正常的国家级项目；三、促进美国的非官方组织在缅甸从事各种非营利活动，如民主建设、医疗、教育等；四、为某些缅甸政府官员和议员访问美国提供便利；五、着手放松美国对缅甸金融服务业出口与投资的禁令，但对仍拒不接受改革的个人与机构保持制裁与禁令。"[②] 2010年以来，美缅关系已实现了一定程度的靠拢。2011年，"缅美贸易额已达3亿美元，属10年来首次增长。"而受美国对缅甸制裁的影响，"2003～2011年，两国年均贸易额仅有1亿美元左右"[③]。此外，美国

① 云南大学缅甸研究中心：《2011年9月缅甸大事记》，载《〈缅甸信息月报〉特刊2011年缅甸信息汇编（续）》，原载《缅甸新光报》2011年1月28日。

② 人民网华盛顿4月4日电：《美国着手放松对缅制裁，激励改革派》，人民网，2012年4月5日，http://world.people.com.cn/GB/17579386.html。

③ 《缅美贸易10年来首次增长》，商务部网站，2012年6月18日，http://www.mofcom.gov.cn/aarticle/i/jyjl/j/201206/20120608184677.html。

的盟友，尤其是日本，积极宣布给予缅甸大量的援助和投资，进一步拓宽了缅甸的国际合作空间。

其次，美国、欧盟和中国香港都加强了对合同和资金往来透明度的要求。由中国石油全资控股在香港注册的东南亚管道公司，是中缅管道的运营方。如一些渠道报道的中国石油与缅甸石油天然气公司的幕后交易属实[①]，则其将面临相关违法处罚的风险。有消息称，缅甸石油天然气公司，要求其他公司在开发计划得到批准、实际实施、投产和达到一定的产量之后，都要给予其一定数目的"奖金"。[②]

再者，美国的制裁还未完全解除。尽管美缅关系已经出现了极大的改善，但当前美国只是部分解除了对缅甸的制裁，而不是彻底放弃制裁。2014年5月15日，奥巴马又致信国会，宣布恢复对缅制裁。制裁内容包括禁止美国公司和个人在缅甸投资。一些西方国家鼓噪的，也只是停止对缅制裁，而不是彻底废除制裁。美国对缅甸的制裁由5部议会法案、4份总统令构成，涵盖了对缅投资、金融结算、贸易、援助、高官访问禁令和冻结资产法令等。不少法令相互重叠。其中最主要的依据，是2003年通过的《缅甸自由与民主法案》。该法案不允许美国国内机构对缅甸提供贷款或技术援助。截至2015年，该法案仍未废除。有美国官员暗示，只有缅甸进一步释放政治犯并解决国内民族问题，美国才会完全解除对缅制裁。同时，东盟内部在解除对缅甸制裁的问题上，也还存在分歧，对缅甸的制裁可能还要持续一段时间。由制裁引发的问题，还不能完全避免。

（五）利益及应急问题

首先是费用增加的问题。每吨石油通过中缅输油管道运到中缅边境的费用是15美元，再进一步输送到昆明，成本将增加到20美元以上，如果进一步到重庆，则运费还要大幅增加。因此，通过中缅输油管道将石油运输到昆明炼厂的费用，是近200元/吨，到重庆则可能超过300元/吨。尽管中缅管

---

① Earth Rights International, *The Burma - China Pipelines*: *Human Rights Violations*, *Applicable Law*, *and Revenue Secrecy Situation*, Briefer No. 1, March 2011, p. 20.

② Confidential Production Sharing Contracts, Supra Note 1 at 31 ~ 33.

道及其配套项目，首先就近供应云南与重庆，成品油的运输路途与之前主要依靠广东茂名和甘肃兰州供应相比，路程缩短得几乎可以忽略不计。但是，相比之下，运输量却增长了近一倍。以云南为例，当前云南消费的成品油在600万吨/年，而现在需要运输的石油是1000万吨。同时，炼油厂、成品油管道和销售网络等基础设施的成本回收和收益，也将附加在油品零售价格中。在国内油价动荡牵动CPI走势，CPI起落牵动多方脆弱神经的今天，这一问题尤其不能忽视。

其次是对国内既有石油利益格局的冲击。中缅管道及其附属项目的投产，将使中石化在西南地区相对中国石油的优势发生逆转。尽管一家独大难以避免，但也应注意平衡，任何一家企业形成垄断，对本地都是不利的。

最后是应急机制的建构问题。中缅管道经过的中缅交界地区，位于横断山脉的地质灾害多发地段和动荡多发地区，因此必须有全面配套的应急联动机制，不仅要使企业、地方政府、救灾应急力量之间的沟通和联动顺畅，还要使两国相关的应急联动机制实现较好的对接。但一方面是要涉及外交事务，另一方面是这种机制需要多次实践方能配合良好。相关准备要未雨绸缪。

（六）可能出现的问题

第一，存在遭受袭击的可能。尽管缅甸境内的袭击事件，更多针对缅甸政府，但管道遭受袭击的可能也是存在的。随着中缅管道的贯通和运营，缅甸每年可增加的收入，将逐步达到10亿~30亿美元。民地武却因缅政府的封锁，国际社会对毒品的打击，中国对黄、赌产业的抵制，而处境更加艰难。这将改变缅甸国内的力量格局。在能够维持自身地位，与缅政府保持某种平衡之时，民地武会避免同时与中国和缅政府为敌的局面出现，而不可能对管道进行袭击。然而一旦民地武严重失势，地位不保，管道就会成为其手中的"人质"。克钦独立武装高级领导人Gun Maw的助手Brang Lai说："到目前为止，我们还不想破坏这一管道，我们在等待中国的回应。"① 其以此

---

① 《缅甸克钦独立武装称暂不会袭击中缅油气管道》，云南省商务厅网站，2011年6月20日，http://yunnan.mofcom.gov.cn/aarticle/sjshangwudt/201106/20110607607529.html。

与中方讨价还价的意思，已非常明显。同时，还存在缅方部分民众迁怒于管道的问题。2009 年，缅甸政府军对民地武的军事进攻，造成了大约 30000 人逃离家园，成为难民。有观点认为，缅军此举是为管道建设打造安全走廊。还有报道称，约 44 个营 13200 名士兵被部署到了管道沿线。在这一过程中，部分利益受损的缅方民众，可能因此而迁怒于管道。

第二，存在受政治斗争影响而被暂时叫停的可能。管道的运营可能因缅国内斗争，而受到影响。尽管全民盟已经在大选中胜出，并早在 2011 年 8 月 12 日就与政府达成了"避开矛盾的理念观点，本着互相帮助、相互合作的目标而努力"的共识[1]，但全民盟及其领导人缺乏施政经验、易冲动的一面，却暂时难以改变。同时，即便现政府、军人和前军人都坦然接受 2015 年大选结果，政权实现顺利交接，这也仅仅是完成了缅甸主体民族——缅族内部的权力安排。而占缅甸人口 40% 的 130 多个少数民族，如何参与到缅国家权力结构中的问题，解决起来仍然面临重重困难，任重而道远。

但可以肯定，无论缅甸的政治斗争形势如何发展，无论哪个政治派别占据优势地位，改善民生、提升发展层次，都是缅甸的主要目标。正如吴登盛总统在 2011 年 8 月所说："要赶上其他国家的发展水平，建设一个发达的现代化国家，必然要将国家经济发展放在首位，要从多角度看待发展的需要，要保持可持续发展的势头。"[2] 因此，中缅管道被终止的可能是不存在的，将密松水电站与中缅管道进行类比是欠妥的。应该从项目的利益设置是否实现了互利共赢这一角度来进行分析。要注意密松水电站的几个细节：50 年的 BOT 期间，90% 的电力输往中国；大坝高程 245 米；选址密松；位于克钦控制区；工程规划有改动；等等。

---

[1]　云南大学缅甸研究中心：《〈缅甸信息月报〉特刊 2011 年缅甸信息汇编（续）》，《缅甸新光报》2011 年 8 月 13 日。

[2]　云南大学缅甸研究中心：《〈缅甸信息月报〉特刊 2011 年缅甸信息汇编（续）》，《缅甸新光报》2011 年 8 月 20、21 日。2011 年 8 月 19～21 日，缅甸国家经济发展改革研讨会在内比都的国际会展中心举行，经济学家、各级政府部门代表、私营企业代表等各阶层人士出席研讨会，为国家的经济改革献计献策。吴登盛总统出席开幕式并发表讲话。昂山素季应邀出席了研讨会。

因此，需要对管道被暂时叫停的可能性做出相应的准备。一是要建立直达高层的协调机制；二是要在境内建立一定的储备；三是进一步加强双方合作，为管道提供更坚强的保障；四是要注意对缅甸境内针对管道的负面报道，做出恰当的应对。最后，在推进后继项目的过程中，要注意规避之前的弊端，应邀请当地民间组织参与相关援助项目的确定、建设和实施。同时，还要注意归类收集中国公司在缅甸帮助民生、环保事业的事实和数据，对不实污蔑做出有力的回击。

第三，最初协议中规定的权益有被重整的可能。首先，是过境费问题。当前，在公开渠道无法得知中缅管道过境费的确定和支付等相关问题的具体细节。但这一费用并非一经确定，就不再改变，而会因具体情况的变化而变动。如2011年，白俄罗斯与俄罗斯商定，将过境运输费提高了12.5%，达到每吨石油每百千米1.845美元。① 因此，要做出相应的准备和应对。其次，是环境问题。管道经过大量地质活动和自然灾害较为频繁的区域。如果滑坡、地震、洪水和泥石流等自然灾害或工业事故，引发原油或天然气泄漏，则必然造成一定的环境破坏，管道就有可能被迫暂时停止运营，缅方就可能因此要求修改协议。因此，中方还要考虑可能出现的争端及其解决办法。

四 中缅天然气管道面临的形势与问题

油气管道双线并行，油管面临的大部分问题，气管也要面对。但气管是一条跨境管道，与缅甸能源产业的发展息息相关。气管面临的利益纷争也更为复杂。

链接2：缅甸油气产业简介

缅甸是世界上最早从事石油生产的国家之一，早在1853年就开始出口石油。仰光石油公司是在缅甸从事钻探的第一个外国石油公司，成立于

---

① 孙萍：《白俄罗斯将提高俄石油过境费》，人民网，2011年1月12日，http：//energy.people.com.cn/GB/13708261.html。

1871年。1886～1963年，缅甸的石油产业被伯马石油公司（Burmah Oil Company）掌控。该公司1887年发现了仁安羌油田，1902年发现了稍埠油田。这两个油田持续生产至今。

1962年，军政府上台之后，对油气产业进行了国有化。之后，缅甸的石油政策经历了两个截然不同的时期。1962～1988年，缅甸的油气行业由缅甸石油天然气公司垄断。外国公司既没有参与的机会，也因为缅甸缺乏相应的法律框架，而不愿意参与。1988年之后，缅甸通过了相关外资法，开始利用国外的技术和资本来振兴自己的油气产业。自2004年开始，缅甸油气行业加大了开放力度。当前，缅甸主要通过产品分成协议与外国公司开展合作。

缅甸能源部负责管理油气产业，并监管3个国有石油公司：缅甸石油天然气公司（MOGE），创立于1963年，负责油气的勘探和生产，同时负责国内天然气输送网络；缅甸石油化工公司（MPE），负责营运3个小炼油厂、4个化肥厂和其他一些石油处理工厂；缅甸成品油公司（MPPE），负责成品油的批发零售业务。

（一）气源供给问题

保障气管的输量，不只是为了满足国内需求，而且是为了加强中缅经济联系，进而确保中缅管道安全运营。而就目前的数据和形势来看，瑞区项目出产的天然气，尽管已经能够满足一期42亿立方米/年的输气量，但并不能满足管道120亿立方米/年规划运力的需要。

1. 瑞区天然气储量和规划产量有限

瑞区天然气田，由位于若开近海的A-1、A-3区块组成。关于瑞区的探明储量，缅甸石油天然气公司的数据是1260亿立方米，缅甸能源部的数据是1340亿～2400亿立方米。美国亚洲研究局（National Bureau of Asian Research）的研究报告称：瑞区天然气田"估计可以生产1176亿～1624亿立方米"[1]。

---

[1]　Edward C. Chow, Leigh E. Hendrix, Mikkal E. Herberg, Shoichi Itoh, Bo Kong, Marie Lall, and Paul Stevens, "Pipeline Politics in Asia the Intersection of Demand, Energy Markets, and Supply Routes", *NBR Special Report*, 23, September 2010, p. 49.

营运方韩国大宇的数据是 840 亿 ~ 2800 亿立方米。[①] 也就是说，瑞区的天然气储量有限，仅能足额供应中缅天然气管道 14 ~ 25 年。

瑞区天然气项目的规划产量，是 52.5 亿立方米/年，其中的 42 亿立方米出售给中国石油，只及管道设计运力的 1/3。另外 10.5 亿立方米在缅甸境内分流，供应缅甸国内消费。

那么中方是否可以推动瑞区项目扩大产能，满足管道的运力需要呢？

2. 中方不享有直接影响瑞区天然气项目生产的权益

第一，中方并没有参与瑞区项目的开发，不享有对瑞区项目本身的权益。

瑞区天然气项目开发始于 2001 年，2004 年 1 月发现了商业储藏，由以韩国大宇为首的联合体负责开发。其中大宇占有 51% 的股份，印度国家石油公司的下属子公司——印度石油公司 ONGC Videsh Ltd.（OVL）[②] 占 17%，缅甸石油天然气公司占 15%，印度天然气有限公司（GAIL）[③] 占 9%，韩国天然气公司（KOGAS）占 8%。[④]

中方拥有的，只是与缅甸方面签订的瑞区天然气销售合同。中国石油网站如此表述："2008 年 12 月 24 日，公司与大宇联合体签署缅甸海上 A - 1、

---

① *Signing Ceremony for Block A - 3 Gas Field*, *Myanmar*, Daewoo Fy2005 3q News Letter, 2012 - 8 - 21, www. daewoo. com.

② 印度石油公司（OVL），1989 年 6 月 15 日由成立于 1965 年的印度碳氢化合物私人有限公司（Hydrocarbons India Private Limited）重组而来。当前，OVL 是印度石油和天然气有限责任公司（ONGC）的全资附属公司，是印度国家石油公司的旗舰，已成长为印度第二大油气勘探和生产公司，主要业务包括油气开发区块的获取、勘探、开发、生产、运输和出口。

③ GAIL (India) Ltd.，为印度石油和天然气部下属的中央公共部门（事业单位），于 1984 年 8 月组建。其最初的职责只是建设、运营和维护 Hazira - Vijaipur - Jagdishpur（HVJ）管道（始自古吉拉特邦，经过中央邦、拉贾斯坦邦、北方邦、哈里亚纳邦，最终到达德里）。该管道于 1986 年建成，最初全长 1800 千米，曾是世界上最大的天然气项目之一，奠定了印度天然气市场的基础，后历经发展，现总长已达 2800 千米。

④ 以上数据来自 Earth Rights International，*The Burma - China Pipelines*：*Human Rights Violations*，*Applicable Law*，*and Revenue Secrecy Situation*，Briefer No. 1，March 2011，p. 3. 其他资料存在不同的说法。其中，ONGC Videsh Limited 拥有 20% 的权益，GAIL 拥有 10%，KoGas 拥有 10%，大宇是 60%。（见 Marie Lall，"Indo - Myanmar Relations：Geopolitics and Energy in Light of the New Balance of Power in Asia"，*ISAS Working Paper*，No. 29，January 2，2008。）但此数据居然没有缅方的份额，显然不可靠。

A-3区块天然气购销协议，合同期30年。"[1] 商务部网站也道："缅甸还与中国签署了购买若开海域天然气的协议。"[2]

第二，中方面临项目权益方印度的竞争。

为了获取瑞区天然气，印度已进行了多年努力。早在2001年，印度两个国有石油公司就参与到瑞区项目的开发中，占据了26%的股份。2005年，缅甸、印度和孟加拉国，在仰光签署了一个备忘录，呼吁三方合作，把瑞区A-1区块的天然气，过境孟加拉国输送到印度。但是这一计划因为三方之间未能在一些具体的条件上达成共识而告吹。2006年，缅甸将销售对象转到中国。这对印度来说是一个极大的触动。当然，印度错失先机是有原因的。2005年左右，正是印度饱受能源问题困扰、捉襟见肘的时期。2006年，"随着（印度）国内油价的上涨，广大中下层民众的经济负担加重，引发了广泛的不满"[3]。但印度显然不会因为暂时的挫败，而"减少其在其他油气田上与中国的竞争"[4]。2010年2月18日，新华社孟买电称："（印度）政府还批准印度石油公司和印度天然气有限公司向缅甸海上A-1和A-3区块追加6.647亿美元和4.182亿美元的投资，用于这两个区块的勘探和开发。"追加投资之后，印度的官方公告说"印度石油公司和印度天然气有限公司占这两个区块权益的比例，将为20%和10%"，而"此前，这两家公司所占的份额分别为17%和8.5%"[5]。印度方面拥有了更大的发言权和决定权。

当前，印度对华竞争的最佳选择，是控制瑞区产量。毕竟中缅管道已投入运营，中国相对印度拥有优势，并且是印度暂时不可能改变的优势。因此，控制产量，延长储产比时间，静观其变，将是印度的最佳选择。首先，

① 《中国石油在缅甸》，中国石油天然气集团公司网站，2012年4月21日，http://www.cnpc.com.cn/cn/ywzx/gjyw/Myanmar/#。

② 《缅甸计划向印度出口天然气》，商务部网站，2010年9月29日，http://www.mofcom.gov.cn/aarticle/i/jyjl/j/201009/20100907166126.html。

③ 舒源：《国际关系中的石油问题》，云南人民出版社，2010，第169页。

④ Tuli Sinha, *China-Myanmar Energy Engagements Challenges and Opportunities for India*, IPCS Issue Brief No. 134, Research Officer, IPCS, New Delhi, December 2009, p. 3.

⑤ 《印度两公司获准入股中缅天然气管道》，《石油商报》2010年2月24日，第2版。

印度规划的缅印天然气管线，几经挫折和修改，何时开通仍遥遥无期；其次，印度拥有 26%（或 30%）的权益，有相当大的发言权；最后，其他权益方，出于扩大收益的考虑，也乐见中印博弈，采取旁观或支持印度的态度。此外，印度又积极参与了位于 A－1 正西、A－3 正东的 A－2 区块的开发，当前 A－2 的勘探权已经被印度的 ESSAR① 获得。2010 年 9 月 14 日，印度高级经济代表与缅甸能源部，在内比都，就开展两国能源领域的合作举行会晤，讨论了将缅甸若开海域及内陆天然气出口至印度东北地区省份的问题。中缅之间的竞争，并没有结束。

既然中方在瑞区项目上没有发言权，那么是否可以考虑其他项目，增加供给，满足管道的运力需要呢？

3. 在缅甸内部寻求新的气源较为困难

第一，缅甸的天然气储量有限。

当前，相关方公布的缅甸天然气储量数据，存在较大差异。一是西方权威机构与缅甸发布的数据之间存在差异；二是各个气田储量总和与缅甸总储量之间存在差异；三是缅甸不同机构之间发布的数据存在差异。造成如此结果的原因，可能包括三个。一是勘探尚不全面，有些机构采纳了数据的最低估值，而另外一些机构可能采纳了最高值；二是数据所指存在差异，如有的是地质储量，有的是探明储量；三是人为因素，毕竟各方具体的利益诉求、优势地位各不相同，对发布数据进行有利于自己的选择或修订，是在所难免的。

2011 年 6 月，缅甸能源部再次对外介绍了本国的油气状况。其使用的油气储量数据，却是首次公布于 2006 年 4 月 1 日的数据，与相关数据比较，居于中间位置，且与国际权威机构发布的数据接近，看起来较为

---

① ESSAR 是一个跨国的多范围经营集团，在钢铁、油气、代理、电信、海运、港口和规划等领域居于领先地位。经营地域包括 5 大洲的 25 个国家，雇员超过 75000 人，年收入 170 亿美元。1969 年，ESSAR 作为一个建筑公司成立，之后开始进入制造、服务和零售业。近 10 年以来，该公司通过并购和参股，或绿地、棕地开发项目，获取了新的市场和资源供给。棕地指由之前土地使用者带来了不良影响，被废弃或仍在使用的已经受到或将要受到污染的土地。

可信。尽管该数据较为陈旧，但在缅甸 2012 年新一轮油气区块招标完成，并得出新的勘探结果之前，情况不会出现质的变化。美国能源信息署（EIA）发布的缅甸天然气探明储量的数据是 0.2 万亿立方米。BP 发布的数据与其一致。

表 4 - 8　2006 年缅甸能源部发布的油气探明储量

	石油 （百万桶）	天然气 （万亿立方英尺）	石油 （百万吨）	天然气 （亿立方米）
陆　地	115.116	0.31	15.70	87.8
海　洋	100.892	15.85	13.73	4488.2
合　计	216.008	16.16	29.43	4576.0

数据来源：缅甸能源部，2006。

表 4 - 9　2009 年缅甸石油天然气公司发布的油气探明储量

	石油 （百万桶）	天然气 （万亿立方英尺）	石油 （百万吨）	天然气 （亿立方米）
陆　地	502	0.97	68.5	275
海　洋	81	10.63	11.0	3010
合　计	583	11.60	79.5	3285

数据来源：缅甸石油天然气公司，2009。

印度方面的数据较为突兀。"缅甸的石油储量为 6 亿桶，天然气储量为 88 万亿立方英尺（2.492 万亿立方米），仅比印尼少一点。在孟加拉湾包括 Mya、Shwe 和 Shwe Phyu 气田的瑞区项目区里，发现了估计为 5.7 万亿 ~ 10 万亿立方英尺（0.1614 万亿 ~ 0.2832 万亿立方米）的大规模储藏，已经在曼谷、北京和新德里之间引发了激烈的竞争，各方都在寻求排他权益。"[1]

具体看来，目前得到普遍关注的油气田有四个：耶德纳（Yadana）

---

① Tuli Sinha, *China - Myanmar Energy Engagements Challenges and Opportunities for India*, IPCS Issue Brief No. 134, Research Officer, IPCS, New Delhi, December 2009, p. 2.

天然气田，探明储量为 6.5 万亿立方英尺（1841 亿立方米）；耶德贡（Yetagun）天然气田，探明储量为 4.16 万亿立方英尺（1178 亿立方米）（美国学者的数据为：估计探明储量为 3.2 万亿立方英尺，约合 1.1417 万亿立方米[①]）；瑞区天然气田，缅甸石油天然气公司估计的探明储量为 4.5 万亿立方英尺（1274 亿立方米），缅甸能源部的数据为 4.79 万亿~8.632 万亿立方英尺（1356 亿~2444 亿立方米）；藻迪卡（Zawtika）天然气田，估计天然气储量为 1.44 万亿立方英尺（408 亿立方米）。这四大气田的探明储量总合为 16.6 万亿立方英尺（4701 亿立方米）。在不计入陆上储量之前，就已超过缅甸能源部公布的 16.155 万亿立方英尺（4575 亿立方米）的总量，也超过了缅甸石油天然气公司发布的 11.6 万亿立方英尺（3285 亿立方米）。因此，用保守的数据来看，缅甸的天然气探明储量，在不刨除缅甸自身消费和对其他国家的出口的情况下，仅够供应中缅管道 30 年。

缅甸的天然气储量并不丰富。一些报纸或网站在对缅甸的天然气储量进行介绍时，说缅甸的天然气储量位列世界第十，探明储量达 3 万亿立方米。实际上，即便真有 3 万亿立方米，也只能位列印度尼西亚之后，排名世界第十三位。而 3 万亿立方米数据的得出，估计是引用了非权威数据或弄错了单位换算导致的结果。

第二，其他投产或规划项目已经有了销售对象。

据缅甸石油天然气公司的预测，缅甸的天然气产量，将从 2009 年的 12.15 亿立方英尺/天（0.3441 亿立方米/天），增长到 2019 年的 26.05 亿立方英尺/天（0.7377 亿立方米/天）。但其中的增量，几乎完全来自瑞区和藻迪卡这两个新增项目（见图 4－17）。缅甸国内消费也要从 2009 年的 2.15 亿立方英尺/天（0.0609 亿立方米/天），增长到 2019 年的 7.05 亿立方英尺/天（0.1996 亿立方米/天）。但除了瑞区，其他增长都不是中国可以争取的对象。

耶德纳项目，是缅甸的第一个海上天然气田，位于仰光以南莫德玛近海

---

① Edward C. Chow, Leigh E. Hendrix, Mikkal E. Herberg, Shoichi Itoh, Bo Kong, Marie Lall, and Paul Stevens, *Pipeline Politics in Asia the Intersection of Demand*, *Energy Markets*, *and Supply Routes*, NBR Special Report #23, September 2010, p. 49.

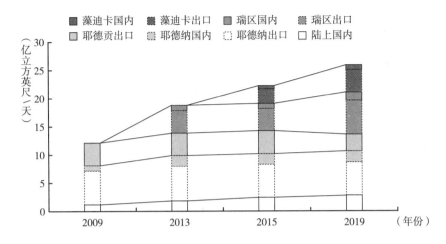

图 4 - 17　缅甸主要天然气项目产能和流向的现状与展望

数据来源：缅甸石油天然气公司，2009。

区域，1998 年投产。该项目由 M - 5 和 M - 6 区块构成，已经得到充分的开发，开发花费了 12 亿美元①。股份结构为：都德缅玛（法国）31. 24%，优尼科（现为雪佛龙）28. 26%，BDDAB（泰国）25. 5%，缅甸石油和天然气公司 15%。② 按 1992 年签订的协议，产出天然气的购买方为泰国的 PTT Plc，双方的供气销售协定长达 30 年。当前的产量中，出口泰国 5. 65 亿立方英尺/天（0. 1600 亿立方米/天），国内消费 1. 25 亿立方英尺/天（0. 035 亿立方米/天）。③ 耶德纳项目已经不可能再作为中缅管道的气源。

　　耶德贡项目，是缅甸的第二个海上天然气项目，位于德林达依省④南部外海，由 M - 12、M - 13、和 M - 14 区块构成。1992 年 11 月，耶德贡项目发现可供商业开采的天然气储藏，已投资 7 亿美元用于开发。股份构成为：

① Edward C. Chow, Leigh E. Hendrix, Mikkal E. Herberg, Shoichi Itoh, Bo Kong, Marie Lall, and Paul Stevens, *Pipeline Politics in Asia the Intersection of Demand*, *Energy Markets*, *and Supply Routes*, NBR Special Report #23, September 2010, p. 49.

② 中国驻曼德勒总领事馆经商室：《缅甸天然气售泰至 2028 年》，商务部网站，2011 年 3 月 28 日，http://www. mofcom. gov. cn/aarticle/i/jyjl/j/201103/20110307469589. html。

③ 缅甸能源部 2011 年数据。

④ 旧名"丹那沙林"（Tenasserim），位于缅甸的最南部，克拉地峡以西的狭长地带。

马来西亚的 Petronas 公司占有 40.75%、日本的 Nippon Oil 公司 19.40%、泰国国家石油天然气总局（PTTEP）19.40%、缅甸石油天然气公司 20.45%。缅甸已确定将该项目全部产量输往泰国。2000 年 4 月开始，耶德贡天然气田开始向泰国输送天然气，数量已由 2 亿立方英尺/天（0.057 亿立方米/天），提高至 2004 年的 4 亿立方英尺/天（0.113 亿立方米/天），当前也维持在这一数量。耶德贡项目也不可能为中缅管道供气。

2013 年投入生产的瑞区天然气项目，是第三个项目。

建设中的藻迪卡（Zawtika），是第四个天然气项目，由位于耶德纳和耶德贡气田之间的 M－9、M－11 区块组成，面积 7278 平方千米，位于伊洛瓦底江三角洲南面的莫达马海湾，于 2015 年投产，由泰国国家石油天然气总局和缅甸石油天然气公司共同开发。该项目估计天然气储量为 1.44 万亿立方英尺（0.0408 万亿立方米）［另有数据为 14 万亿立方英尺（0.396 万亿立方米）[1]］，规划产能 3.1 亿立方英尺/天（0.0878 亿立方米/天）。2011 年 11 月 23 日，泰国 PTTEP 公司分别与印度 Larsen & Turbo Ltd（L & T）公司和中国石油管道局签署了 2 亿美元和 1.8 亿美元的合同。这标志着该项目进入实施阶段。其规划产量中的 2.5 亿立方英尺/天（0.07 亿立方米/天）出口泰国，0.6 亿立方英尺/天（0.0170 亿立方米/天）供应缅甸国内消费。这一项目，也不是中国可以争取的对象。

缅甸陆上天然气田，也不可能再为中缅管道供应天然气。首先，陆上项目主要用于满足缅甸国内消费。其次，部分陆上项目的出产，可能还要用于完成对泰国的销售合同。缅甸《新闻周刊》2011 年 3 月 30 日的报道称："缅泰两国签署了关于缅甸耶德纳天然气田所产天然气销售给泰国的协议，每天售量 7 亿立方英尺（0.198 亿立方米），价格按国际天然气价。"缅甸石油天然气公司一位负责人透露："上述销售协议对 1995 年签订协议中的每天售量做了补充。协议规定如果缅方不能按协议供气将向对

---

① 云南大学缅甸研究中心：《2011 年 9 月缅甸大事记》，载《〈缅甸信息月报〉特刊 2011 年缅甸信息汇编（续）》《佐迪嘎天然气开发项目开始实施》，《缅甸时报》2011 年 12 月 23～29 日。

方赔偿，对方没有能力购买也要受罚。最高售量是 7 亿立方英尺（0.198 亿立方米）。"[1] 而 7 亿立方英尺/天（0.198 亿立方米/天）的出口量，已经超过耶德纳的 6.9 亿立方英尺/天（0.1954 亿立方米/天）的产量。缅甸方面可能还要拿出陆上天然气田的部分产量，来填补这一空缺，遑论从现有项目中分出一部分供应中缅管道。

既然现有和规划中的项目不可能再为中缅管道供气，那么是否可以考虑其他区块呢？

第三，中方参与区块的油气勘探收获有限。

中国公司已在缅甸获得 7 个区块 956 万公顷的勘探权[2]，但集体缺席了 2012 年新一轮的国际油气招标。

其中，中国石油在缅甸的油气项目包括两个生产技改、一个深水勘探和一个天然气合作项目。"2007 年 1 月 15 日，（中国石油）公司与缅甸石油天然气公司签订了 AD-1、AD-6 和 AD-8 三个深水区块石油天然气勘探开采合同。"[3]

中石化在缅甸的业务开展较为稳健，仅签订了缅甸北部实阶省（Pahtolon Oilfield）PSC-D 区块开发协议。2004 年 9 月 3 日，缅甸石油天然气公司与中石化缅甸石油公司（SIPC Myanmar Petroleum Co, Ltd.）签署产品分成合同后开始勘探。中石化在缅项目已经取得较为喜人的结果。2010 年底，中国驻缅甸曼德勒总领馆网站发布消息，称《缅甸新光报》报道："在内陆 D 区块钻 4 口探井。其中 1 号钻井日产轻质油 61 桶，天然气 519 万立方英尺，合 14.7 万立方米（另有数据为 210 万立方英尺，合 5.95 万立方米）[4]；2 号钻井日

---

① 中国驻曼德勒总领事馆经商室：《缅甸天然气售泰至 2028 年》，商务部网站，2011 年 3 月 28 日，http：//www.mofcom.gov.cn/aarticle/i/jyjl/j/201103/20110307469589.html。

② Tuli Sinha, *China-Myanmar Energy Engagements Challenges and Opportunities for India*, IPCS Issue Brief No. 134, Research Officer, IPCS, New Delhi, December 2009, p. 2.

③ 《中国石油在缅甸》，中国石油天然气集团公司网站，2012 年 4 月 21 日，http：//www.cnpc.com.cn/cn/ywzx/gjyw/Myanmar/#。

④ 云南大学缅甸研究中心：《〈缅甸信息月报〉特刊 2011 年缅甸信息汇编（续）》，缅甸《镜报》2011 年 2 月 14 日。

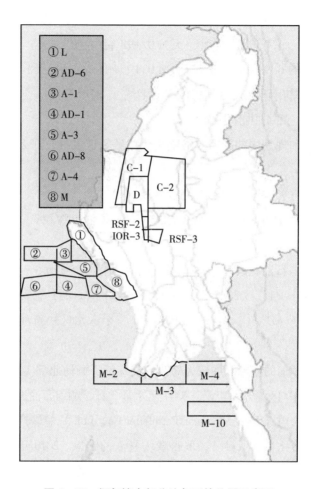

图 4 – 18　缅甸境内部分油气区块位置示意图

产轻质油 30 桶和天然气 355.5 万立方英尺（合 10.07 万立方米）[1]。勘探结
果显示，该区块原油储存量 7.16 亿桶（合近 1 亿吨），天然气储量 9090 亿
立方英尺（合 257 亿立方米）。"[2]　为此，2011 年 2 月 13 日，缅甸能源部吴伦

---

[1]　云南大学缅甸研究中心：《〈缅甸信息月报〉特刊 2011 年缅甸信息汇编（续）》，《缅甸新光
　　报》2011 年 1 月 6 日。

[2]　驻曼德勒总领事馆经商室：《缅甸内陆油气勘探取得进展》，中华人民共和国驻曼德勒总领馆网
　　站，2010 年 11 月 19 日，http：// mandalay. mofcom. gov. cn/ aarticle/ ztdy/201011/ 20101107255148.
　　html。

迪部长和副部长等一行前往实阶省望濑县布勒镇的 1 号钻井视察。

中海油在缅甸的业务拓展最为积极。2004 年，一个由中海油（香港）有限公司牵头的联合体，与缅甸签署了一份勘探若开邦 M 区块的协议。之后，中海油又取得 A－4、M－2 和 M－10 三个海上区块的勘探权。另外，中海油进一步拓展了陆地业务，取得实阶省两个区块（PSC－C1、PSC－C2）的开发权，总面积约 4 万平方千米，并与泰国石油天然气总局达成在缅甸进一步换股合作开发的战略协议。

中国没有参与的其他区块，也取得了相当的收获。如缅甸国家油气公司①与泰国 PTTEP 合作的 M－3 区块昂丁卡号钻井发现了大量的石油与天然气。据预测，昂丁卡号钻井每日可产轻质油 154 桶和天然气 258 万立方英尺（合 7.306 万立方米）。② 但缅甸的报道称，该区块将主要用于供应国内需求。其他项目也在积极推进，2011 年 5 月 31 日，由缅甸石油天然气公司与 Rimbunan Petrogas Ltd. 公司合作开发的 M－10 号区块正式开钻。

从以上分析可以看到，当前中方在缅油气开发中，可能获得的天然气资源仅为 D 区块 255 亿立方米的储量。如果得到这一气源，中缅管道的供应将有所增加。但要获取这一供给，先要解决以下问题：一是推动缅方尽快将 D 区块的商业开发提上日程；二是争取 D 区块的销售合同及尽量多的份额；三是修建管线连接中缅管道。

但是缅甸国内的形势，决定了中国在加速对缅甸天然气开发的问题上应该谨慎行事。

第四，天然气开发的拓展面临资源民族主义兴起的负面影响。

2012 年 5 月，笔者向吴登盛总统的首席政治顾问顾莱提出过问题："缅甸是否有进一步发展天然气项目，满足中缅管道 120 亿立方米/年运力的计划？"其给出的答案是："今后，缅甸新开发出的天然气，都将供应国内消费，不再增加出口。"这与缅甸迅速而大规模地对外开放油气产业，进

---

① 缅甸国家油气公司即缅甸石油天然气公司，是一家由缅甸能源部指定的公司。

② 云南大学缅甸研究中心：《〈缅甸信息月报〉特刊 2011 年缅甸信息汇编（续）》，《缅甸新光报》2011 年 5 月 12 日。

而激起国内资源民族主义，是有很大关系的。缅甸天然气产业的现状，是所有权基本被外资控制，出产大部分销往海外。

近5年里，缅甸的油气开发得到更多国外投资。根据缅甸国家计划与经济发展部统计，截至2012年3月，缅甸油气开发得到的投资达到138.154亿美元，比2007年增长了100多亿美元，占据缅甸得到总投资额的35%。同时，缅甸的天然气出口量，在亚太地区仅次于印度尼西亚，排名第二，并因此获得丰厚的收入。缅甸《新闻周刊》2012年2月9日的报道称："据缅甸中央统计局发布的数据，天然气已成缅甸最多的出口商品，也是出口创汇最多的商品，目前创汇额已达150亿美元。""据统计局的数据，2010年缅甸出口商品中天然气居首位，占出口商品的40%，2010年天然气出口量比1998年增加28%。"[1] 在获得大量外资的同时，缅甸也制订了包括绝大部分陆地、所有领海和专属经济区在内的油气开发规划。"目前缅甸与外国企业合作开发的区块分别为47个内陆石油天然气作业区，莫塔玛海域、德林达依海域、若开海域等26个海域作业区，以及18个深水作业区。"[2]

表4-10 参与缅甸海上油气开发的公司及拥有的区块

公司	区块	项目
韩国大宇	A-1/A-3	瑞区
	AD-7	深海
道达尔缅甸石油化工公司	M-5,M-6	耶德纳
马来西亚国家石油公司（Petronas Carigali）	M-12,M-13,M-14	耶德贡
泰国国家石油天然气总局（PTTEP）	M-3,M-4,M-9,M-11	藻迪卡
中海油	A-4,M-10	
ESSAR	A-2	
Ngwe Oil & Gas Ltd.	M-8	
MPRL E&P Ltd.	A-6	

---

① 中国驻曼德勒总领事馆经商室：《天然气成缅甸最多出口商品》，商务部网站，2011年2月9日，http://www.mofcom.gov.cn/aarticle/i/jyjl/j/201102/20110207391684.html。

② 《缅甸计划向印度出口天然气》，商务部网站，2010年9月29日，http://www.mofcom.gov.cn/aarticle/i/jyjl/j/201009/20100907166126.html。

续表

公司	区块	项目
Silver Wave Energy	A – 7	
中国石油	AD – 1, AD – 6, AD – 8	深海
Rimbunan/ UNOG	M – 1	
ONGC Videsh Ltd.	AD – 2, AD – 3, AD – 9	深海
Twinza Oil	YEB	
Petro Vietnam/ EDIN	M – 2	

数据来源：缅甸能源部。

从以上数据可以看到，缅甸的油气开发基本都被外资所控制，出产的天然气大部分被销售到国外。这已经引起缅甸国内的不满情绪。当前，随着缅甸国内天然气开发的增长，尤其是出口天然气的增加，民间要求重视国内能源消费的呼声已经日渐高涨。对此，2011 年 9 月 30 日，时任总统吴登盛给人民议会和民族议会主席写信，专门做了解释："缅甸海域虽然已发现天然气，但由于属于外国投资项目，我们不可能得到所需要的全部份额，只能得到其中的一部分。虽然我们也在外国投资项目中注入了资金，将来能够享有利益，但眼下尚处于分期偿还贷款利息之时。尽管陆地天然气勘探开发工作也在进行中，但尚不能够满足国内的需求。"[①]

缅甸的现状也决定了扩大天然气消费，是解决其能源问题的主要可选手段。当前缅甸正在努力朝着工业化的目标迈进，仅仰光省就规划了 18 个工业区，电力短缺的问题已日趋严重。据缅甸《七日新闻》2012 年 4 月 25 日报道，缅甸仰光工业区日供电仅 6 小时，且工业用电价格为每度 300 ~ 500缅元（合人民币 2. 34 ~ 3. 9 元）。[②]

从缅甸的现状来看，正如时任总统吴登盛所说："发展电力生产的方法之一是核电生产。从世界核电发展的情况看，存在巨大的安全隐患，且资金

---

① 云南大学缅甸研究中心：《〈缅甸信息月报〉特刊 2011 年缅甸信息汇编（续）》，缅甸《镜报》2011 年 10 月 1 日。

② 驻曼德勒总领事馆经商室：《缅甸仰光工业区日供电仅 6 小时》，外交部驻缅使馆网站，http：//www. mofcom. gov. cn/aarticle/i/jyjl/j/201204/20120408091411. html。

不足、政治上大部分都不接受等，对我国而言是根本做不到的事情。我国煤电发展又面临煤资源不足的现状。上述情况众所周知。"① 2011 年 11 月 21日，在内比都召开的一个工作会议上，缅甸第二电部副部长说，已向总统建议，准备在仰光建两座 50 万千瓦的天然气电站，向经济特区和民用供电。这些事例凸显了缅甸增加国内天然气消费的必要性。

管道气源地若开邦的发展层次还较为落后，90% 的居民还在依靠蜡烛和柴薪，本地出产天然气的大部分被出口到中国，缅甸政府给予运营方税收减免的优惠引发了不小的民怨，为挑起资源民族主义奠定了天然的基础。

密松电站被搁置后，缅甸国内对中缅管道项目的批评之声更加突出。2011年 10 月 5 日，若开的政党开始向政府施压，要求从项目中获取相应的利益。若开民盟负责人吴埃达昂说，在与联邦政府之间的利益分配问题得到解决之前，将继续抗争。其认为，中央政府应反思，皎漂项目不能只考虑中方的利益。时任缅甸能源部部长吴丹田回应道，已签的协定不能反对，但若开地区很可能会发现新的天然气资源，如再发现天然气田，必要时可考虑建天然气发电厂。但吴埃达昂进一步回应称，部长的说法是对若开人民的直接侮辱。② 这一交锋，一方面显现了若开地方希望获取油气开发利益的迫切愿望；另一方面也表现出中国若继续扩大从缅甸的天然气进口，存在激起更多民怨的可能。

总之，从缅甸国内局势来看，中缅天然气管道在可预见的未来，获得充足的供给、实现满负荷运行的可能性不大。而增加管道输量处于两难境地，增加得少或完全不增加，不利于建构中缅紧密关系，增加得多，又可能引发不利后果。因此，应该谨慎对待。

（二）中国国内负面因素的影响

可以对天然气管道产生影响的，不只外部因素，中国国内的一些问题也需重视。

① 云南大学缅甸研究中心：《〈缅甸信息月报〉特刊 2011 年缅甸信息汇编（续）》，缅甸《镜报》2011 年 10 月 1 日。
② 云南大学缅甸研究中心：《〈缅甸信息月报〉特刊 2011 年缅甸信息汇编（续）》，伊洛瓦底网站。

1. 费用问题

从2013年管道天然气的进口价格来看，进口自缅甸的最高（见表4-11），进而昆明的天然气销售价格相对较高：2014年7月确定为民用2.98元/立方米，非民用最高4.82元/立方米。这一价格，对于云南、贵州和广西这些西部欠发达省区来说，能否承受呢？如果西部省区因费用较高用不起，而"过境运输"到广东，则运费的增加，是否会使管输气价超过当前广东天然气价格改革之后的价格？如果价格尚余空间，则这些廉价的天然气又如何与广东相对价高的LNG接轨？其中的收益又该如何分配呢？

表4-11　2013年各管道进口天然气的基本情况

气　源	数量（公斤）	数量（亿立方米）	金额（美元）	占比	价格*元/立方米
土库曼斯坦	17709768384	246.86040	8791732776	46.49	2.206
乌兹别克斯坦	2097341114	29.23531	962717870	5.51	2.039
缅甸	154558639	2.15443	94957033	0.41	2.730
哈萨克斯坦	112594164	1.56948	19639896	0.30	0.775

注：* 以0.7174公斤/立方米的密度和2013年人民币对美元的平均汇率6.1932:1换算。
数据来源：中国海关总署。

2. 西南地区天然气的竞争

《天然气发展"十二五"规划》已明确表示，"十二五"期间，西南地区以四川盆地及其周边为重点，常规天然气"产量达到410亿立方米"[1]，其中新增产能为195亿立方米。此外，西南地区储量丰富的非常规天然气，也将对价格不菲的进口天然气形成有力的竞争。

中国国家能源局印发的《关于印发2014年能源工作指导意见的通知》提出，2014年中国页岩气产量预计为15亿立方米，"到2015年页岩气产能将达65亿立方米"[2]。这一产量将主要集中在云南、贵州、四川、重庆和湖

---

[1] 国家发改委：《天然气发展"十二五"规划》，2012年10月22日，第11页。

[2] 于祥明：《国土部：页岩气今年产能将激增7倍，明年再增4倍》，人民网，2014年2月12日，http://energy.people.com.cn/n/2014/0128/c71661-24251803.html。

南。当然，部分专家并不看好 65 亿立方米这一数字。但西南地区近万亿立方米的可开采储量、当前 10 亿立方米的市场供给量，已可以确定不疑，且目前重庆页岩气的气门站价在 2.7 元左右。[①]

按照中国现行法规和油气矿业权管理制度，只有中国石油、中石化、中海油和延长石油四家企业，才能从事常规油气勘探开发活动。另外，中国赋予了页岩气独立矿种的地位。这为准备进入这个领域的所有企业铺平了道路，意味着油气勘探开发领域长期的垄断格局将被打破。常规天然气和非常规天然气，在管理体制分属两个系统的情况下，必然难免竞争，而价格不占优势的进口天然气，将极有可能处于劣势。

3. 国内消费市场的欠缺

从工业天然气消费方面来看，截至 2013 年，滇黔桂的天然气化工或以天然气为能源的工业，仍然停留在规划层面。从民用消费来看，当前管道沿线只有云南省保山市存在小规模的天然气消费市场，其他城市只有石油液化气、煤气消费市场。因此，对于管道沿线天然气消费市场的培育，也是一个需要注意的问题。但加大培养力度，却要面对天然气可能供给不足的风险。这个两难，同样不易取舍。

总之，国内因素，可能导致价格不占竞争优势的缅甸天然气，处于需求不力的状态，进而削弱中缅之间的经济联系，导致管道的运营风险增加。

五　保障中缅管道安全的对策

中缅管道是西南线路的关键，只有管道的建设和营运安全有了保障，才需要进一步考虑发展内陆水运的问题。

（一）准确认识中缅管道面临的安全问题

准确认识中缅管道面临的安全问题，是恰当应对的前提。在这一问题

---

① 参见《页岩气：西南崛起》，中国非常规油气网，2014 年 4 月 7 日，http://www.cuog.cn/html/8777.html。

上，既不能过度紧张，导致反应过激，人为制造问题，也不应对风险视而不见。但在对这一问题的认识上，存在不小的偏差。最极端的例子，就是管道建设期间，经常从国内的一些渠道和层面，出现管道建设被叫停的传言。停工是事实，却并非"被叫停"。事实上，每年的 5 ~ 10 月，是缅甸的雨季，部分地区的降雨量高达数千毫米，一些位于险要路段、易发生泥石流等自然灾害的路段，因此停工或施工进度受阻。另外，缅北战乱也导致部分路段的施工受阻。

在充分认识问题的同时，也不能忽视以下有利于中缅管道的方面。

第一，缅甸的天然气消费暂不会出现供不应求的局面。天然气管道是关键，进而天然气供给是关键中的关键。尽管可能出现供给增加无望的局面，但不会出现无气可输出的情况。一是缅甸发展层次较低，消费能力有限；二是缅甸天然气消费增长，需要一整套的基础设施以及相关器具、技术和习惯的配合，需要长时间的积累。

第二，中缅天然气管道项目进展顺利，已于 2013 年 9 月开始输气。到 2015 年底，已经顺利运营两年。这一事实充分说明了，管道的顺利运营存在有利基础。

第三，中缅管道项目参与方的利益格局限制了极端问题的产生。首先，缅甸方面存在履约和获取天然气销售收益的需求。其次，从气源的运营方来看，牵扯到韩国、印度和缅甸三方的企业，已经形成相互制衡的态势。笔者认为，由投资联合体负责项目具体运营的做法，一方面是遵从国际惯例，为企业提供风险分担和利益共享的机会；另一方面是缅甸通过国家和各个企业间的相互制衡，保障自身最大化收益的选择。尽管企业会受到国家政策的影响，但履行合约规定的责任以及尽早收回投资并赢利，仍然是企业的首要目标。最后，中方是项目唯一的国外买方，并且已经通过管道将供给方和消费方连接在了一起。2011 年 9 月，缅甸能源部部长丹田在议会回答提问时说："通过管道输送油气中的合同规定，买方和卖方或管道公司与利用管道输送油气的日期均已在合同中明确规定，如不能够按期完成工程，违约方必须支付赔偿费。因此，对双方而言，都需要尽可能减少干扰、阻力和困难，努力按照工期完成工程任务。"① 此外，尽管缅甸国内反对中缅管道的声音不时传出，但缅方高层视察中缅管道项目工地，要求项目顺利推进的报道，也经常见诸报道。同时，管道经过的部分地方，也出现了力挺中方项目的民间行动。② "发展才是硬道理" 这一论断，对于绝大多数发展中国家的理智国民而言，是具有共通性的。

第四，中缅管道项目对缅甸极为重要。首先是收益问题。当前缅甸不仅需要资金解决国内的发展问题，外债也已经超过 110 亿美元。2012 年 1 月 31 日，缅甸财税部部长拉吞在联邦议会上表示："1988 年以前的外债总额为 84 亿美元，1988 年后为 26 亿美元。由于外债问题制约缅甸经济建设和新的贷款援助，现任政府正考虑清还到期债务。"③ 缅甸方面增加收入的迫切愿望，是不言而喻的。由中缅管道带来的 10 亿~30 亿美元/年的收益，是缅甸方面必然要认真确保的。同时，通过市场多元化，促成泰国和中国竞争的态势，才能提升缅甸议价的筹码，确保收益。其次，缅甸还可以从管道项目中，获取间接收益。其一，可以从中国得到更多的关注和支持。为了保障中缅管道的安全运营，中国必定要进一步加强中缅联系。④ 其二，可以凭借中国的重视，提升自身的国际地位。从西方对缅甸态度的转变上，就可以看到，没有中缅管道，没有中国对缅甸的倚重，西方不会对缅甸另眼相看。如站到西方一侧，封堵中国，则缅甸必然要面临中国的压力与反制，还要面临 "兔死狗烹" 和 "鸟尽弓藏" 的处境。乌克兰的例子，已经足够深刻。

① 云南大学缅甸研究中心：《2011 年 9 月缅甸大事记》，载《〈缅甸信息月报〉特刊 2011 年缅甸信息汇编（续）》，第一届议会第二次会议继续召开。

② 金石：《缅民众罕见直接向总统表达意愿，支持中国炼油项目》，《环球时报》2014 年 6 月 4 日，http://world. huanqiu. com/exclusive/2014 – 06/5011161. html。

③ 驻缅使馆经商参处：《缅甸外债逾 110 亿美元》，商务部网站，2012 年 2 月 7 日，http://mm. mofcom. gov. cn/aarticle/jmxw/201202/20120207954975. html。

④ 驻缅使馆经商参处：《缅甸外资总额逾 400 亿美元》，商务部网站，2012 年 4 月 9 日，http://www. mofcom. gov. cn/aarticle/i/jyjl/j/201204/20120408058938. html。据商务部网站报道："据缅甸官方统计，至 2011 年 12 月，外国对缅投资历年累计为 404. 24704 亿美元。其中，中国 202. 60041 亿美元（中国大陆 139. 47146 亿美元，香港 63. 08495 亿美元，澳门 0. 044 亿美元），占总额的 50. 12%。"

对这一问题和形势的预见，是任何一个理性的当政者都能够做到的。当然，包括缅甸当前和未来的当政者。

第五，在西方积极拉拢缅甸的同时，中缅关系也得到进一步的发展。2013 年 4 月 5 日，中缅在 2011 年《中缅关于建立全面战略合作伙伴关系的联合声明》的基础上，在三亚发表了《中缅联合新闻公报》。中缅提升外交公文等级及其公报传递的信息表明：中缅战略合作伙伴关系经受住了缅甸剧烈变革的考验，并将继续深化各方面的合作。公报还明确提出："妥善解决合作中遇到的问题，推动中缅重大合作项目顺利实施。"① 从莱比塘铜矿问题得到顺利解决这一事件上，也可以看到这种发展及缅方的务实。

（二）加速推进西南天然气消费项目

一方面，要加速提高天然气的民用普及率。对气管所经过大部分地区的居民来说，使用天然气是一种全新的尝试，还需要一段时间来适应。另一方面，要积极推进天然气工业项目。如昆明已经开始准备大规模使用天然气。"2009 年底，昆明的 4000 辆机动车完成天然气改装。"② 这不仅建构了工业消费，也有益于减排和环保。为了降低成本，还应考虑把相关工业消费项目，尽量放在中缅边境一线。

（三）加强与缅甸的合作和联系

中国一方面要注意监控国内企业在缅的趋利行为，督促其严格遵守缅方的相关法律和规定，同时对于缅方暂时的法制不完善，不要抱有侥幸心理；另一方面在加强双方全方位合作的同时，要注意在合作过程中，与缅方实现互利共赢，只有真正实现双赢，中缅关系才不会受到第三方的不利影响。

维护中缅管道的运营安全，不是企业可以独立完成的任务。应对西南地区频发的自然灾害及可能产生的影响，就超越了企业的权责范围。且国内还没有在地震带和热带雨林营运管道的经验。应组织建立由两国中央和地方政府相关部门、企业、研究单位和其他部门组成的委员会，定期研判可能威胁

---

① 《中缅联合新闻公报》，《云南日报》2013 年 4 月 6 日第 2 版。

② 昆明市商务局：《昆明的 4000 辆机动车完成天然气改装》，商务部网站，2011 年 1 月 3 日，http：//yunnan. mofcom. gov. cn/aarticle/sjdixiansw/201101/20110107346113. html。

管道安全的因素，预先做出积极的准备措施。管道的营运方要注意避免诸如环保等问题的发生，勿使派系斗争有机可乘。同时，对于缅方可能提出的提高过境费、修订履约保障等要求，要有所准备。最后，还要注意避免直接介入缅甸内部的派系争斗。

切实落实"亲诚惠容"的周边外交方针，通过桥头堡建设加强中缅全方位的合作关系，为管道运行安全创造更加有利的氛围。同时，应注意以下几个方面的问题。

第一，强调管道对缅甸经济社会发展的推动作用。应该在多层次、多方面的交流过程中，突出管道对缅甸经济社会发展的综合推动作用。一是可改善缅甸的收入状况和促进缅甸国际贸易收支平衡；二是可以为缅甸的发展奠定更加坚实的基础；三是可以对缅甸就业和管道经过地区的发展起到促进作用。

第二，加强与民间组织的交流和协作。当前的缅甸正处于政治发展的过渡时期，要注意与缅甸的全方位交流。首先，可以通过交流消除误解，为管道的运营创造一个良好的舆论氛围；其次，通过邀请民间组织参与到运营方组织的公益活动中，可以避免官僚和腐败问题；最后，还要善用第三方言论，多邀请其他组织和媒体做实地访问。

第三，加强对管道经过区域经济社会问题的帮扶。项目运营方要积极承担企业的社会责任，提供力所能及的支持与援助，推动当地社会事业发展。对于已经做出的承诺，要按时按质兑现。同时也要注意利用国内其他的资源，将一些有利于两国的项目引入缅甸，如传染性疾病的联动防疫等。

（四）注重缅甸国内的特殊情况

当前缅甸处于政治体制的转变之中，不可避免地会出现一些突发意外事件，如就有议员提出过要求停止中方在缅甸全部项目的议案。对此，中国方面应该静观其变，同时做出坚定而有理、有力和有利的驳斥或应对。应该看到，只要还有一个理智的政府，缅甸就不可能全面倒向一方，而是利用中美矛盾，提升影响力，谋求有利的结果。

解决民地武问题，是缅甸最大的政治问题之一。要注意地方政府在推进一带一路、孟中印缅经济走廊、桥头堡、辐射中心建设过程中，急于上项目或扩大经贸联系，而在事实上支持并帮助了民地武的行为。同时，协调中缅边境沿线州市、相关企业与缅甸的关系，避免出现恶性竞争，利用好"瑞丽会谈"机制，为缅政府和民地武提供和谈平台，并利用这一平台发挥积极作用。同时，要注重通过法律途径维护权益。缅甸已经在往法治的方向发展，相关的法律制度也在完善之中。如2012年3月30日，缅甸的《环境保护法》已经联邦议会通过，并由总统吴登盛签署正式公布。再者，随着受西方文化影响较明显的昂山素季的加入，以及在西方国家和组织纷纷进入缅甸的背景下，暗箱操作的机会将被逐渐压缩，通过法制解决问题，将成为最为有效和代价低廉的"维权"方式。

第五节　讨论中的线路

除了现有的陆路运输线路，还有中巴能源走廊、中俄天然气管道中线和西线这三条设想中的陆路运输线路。

一　中巴能源走廊

中巴能源走廊指过境巴基斯坦，连接中国新疆南部与巴基斯坦印度洋沿岸港口的公路、铁路以及油气运输管道（见图4－19）。当前，这一设想，更多还只存在于一些学者和媒体的关注中。但随着2014年《政府工作报告》明确了中巴经济走廊建设之后，中巴能源走廊就呼之欲出了。

（一）设想背景

巴方对建设中巴能源走廊一直持积极态度。早在穆沙拉夫执政期间，其就提出了变巴基斯坦为中国通往海湾、中东和非洲的能源走廊和贸易走廊的设想。该设想曾在阿齐兹内阁得到数次讨论。巴基斯坦政府还向中国政府提出过扩建喀喇昆仑公路，修建喀喇昆仑铁路、喀喇昆仑能源管线和喀喇昆仑光缆等一系列构想。2006年，阿齐兹总理强调：应尽快着手研究从巴基斯

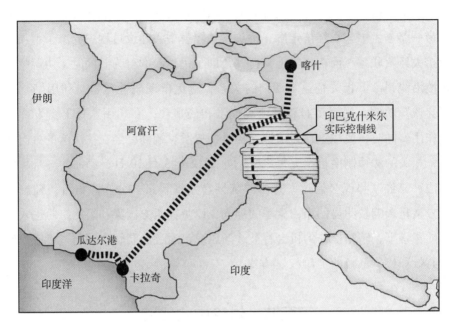

图 4 - 19 中巴能源走廊示意图

坦港口，经陆路至中国的"运输走廊"和交通网的可行性。① 2013 年 5 月，李克强总理在访问巴基斯坦期间，提出了"中巴经济走廊"设想。2014 年 2 月，巴基斯坦总统侯赛因访华，中巴双方同意加速推进中巴经济走廊建设，加强中巴之间在交通、能源、海洋等领域的交流与合作，加强两国互联互通，促进两国共同发展。在此背景下，"能源走廊"的可能性得到进一步的提升。

但从当前的现实看，完成油气运输却面临着不小的困难。中巴公路运输不堪大任。一方面距离遥远，存在诸多地质和恶劣气候的限制。如当前中巴公路中国一侧的红其拉甫口岸，只在 4 月 15 日 ~ 10 月 15 日开关，一年可通行的时间只有 6 个月，近年的货物通过量只有 5 万吨。

铁路运输具有运力大，以及受地理、气候影响小，综合效益突出的特

---

① 《巴基斯坦总理亲绘"中巴能源走廊"蓝图》，《国际先驱导报》2006 年 5 月 12 日。

点，因而中巴铁路是运输油气的可行途径。中巴铁路即以中国的喀什为起点，经红其拉甫口岸，纵贯巴基斯坦，抵达巴沿海港口城市瓜达尔。2015年4月，国家主席习近平出访巴基斯坦之后，双方的关系得到进一步的加强。中巴铁路建设，因此也将被提上日程。当然，这应该是最有可能得到实施的基础设施项目之一，毕竟铁路的综合效益更为突出，且基础较好，只需新建两段铁路线，一段将巴现有铁路网络延伸到瓜达尔港，另一段将这一网络扩展到中巴边境并与中国新疆铁路网相连接。这样就可实现中国与巴基斯坦印度洋沿岸港口的连接。

从发展天然气运输管道的角度看，据巴基斯坦的《商业纪事报》2010年10月报道，巴基斯坦政府已经决定修建瓜达尔港至中国新疆的天然气管道，巴总统扎尔达里（Asif Ali Zardari）已向有关政府部门下发了通知，要求尽快落实该项目。此外，2012年5月，巴石油与自然资源部，发布了建设巴基斯坦—伊朗天然气管道的招标邀请。① 该管道长785千米，输送能力为100亿立方米/年，要求中标者2年内完成该管道铺设。这为中巴天然气管道的建设奠定了有利基础。但从中方的角度看，建设天然气管道存在诸多不利因素。

第一，巴方资源有限，管道只能是过境管道。从EIA的数据来看，巴基斯坦天然气多年来处于自己生产、自己消费的状态。从储量来看，EIA的数据是2013年24万亿立方英尺（合6796亿立方米）。但从生产看，却不容乐观。2009年，巴基斯坦的天然气消费及生产量皆为2770万吨油当量，占一次能源消费量的45.4%，为一次能源结构中的最大组成部分。1998～2013年，受政府价格控制的影响，巴天然气消费量一直处于快速增长之中。但巴基斯坦的天然气产业已经处于后继乏力的状态。到2025年，巴天然气产量可能从2010年的40亿立方英尺/天（合1.13亿立方米/天），下降到10亿立方英尺/天（合0.28亿立方米/天）。② 而且，巴当前是一个能源净进

---

① 《巴基斯坦开始对巴—伊天然气管道项目进行招标》，商务部网站，2012年5月1日，http://www.mofcom.gov.cn/aarticle/i/jyjl/j/201205/20120508098425.html。

② Petroleum Institute of Pakistan, Pakistan Energy Outlook（2010/11 to 2025/26），http://www.pip.org.pk/images/Outlook_Executive_Summary.pdf。

口国。国际能源机构（IEA）数据显示，2011 年巴基斯坦的能源净进口量为 1982 万吨油当量。[①] 因此该规划中的中巴天然气管道，只会是一条过境管道，只能运输产自中东或非洲的天然气。

第二，中国的天然气进口运输问题已经得到较好的解决。从当前的形势来看，各条管道、海运 LNG 的形势都较好。2035 年以前，中国的天然气进口及运输问题相对不突出。仅从满足国内天然气需求的角度看，再建设新线路的迫切性并不突出。

第三，国内非常规天然气开发的影响。2012 年的《政府工作报告》，明确提出"加快页岩气勘查、开发攻关，提高新能源和可再生能源比重"。按当前计划，2020 年我国页岩气产量有望达到 1000 亿立方米。因此，从增加供给的角度看，也显得较为次要。

第四，工程建设的艰巨性。管道进入新疆之后，要与国内的西气东送管道连接，因此管道的长度是从瓜达尔港到乌鲁木齐的距离。两地的直线距离近 3000 千米，而且要经过的喀喇昆仑山和帕米尔高原人迹罕至，基础设施缺乏，工程的后勤补给极为困难。

第五，从这一线路进口天然气的代价较高。一是运输距离遥远，二是存在天然气重复装卸的问题。如果不修建伊朗和巴基斯坦之间的管道，则中巴天然气管道的气源必然要依靠 LNG，这将极大地提升费用。如果修建伊朗与巴基斯坦之间的天然气管道，首先要面对投资巨大的问题。尽管伊朗已经承诺向巴基斯坦提供 5 亿美元信贷修建伊朗—巴基斯坦天然气管道[②]，并有西方媒体报道称中国将出资修建一条联通巴基斯坦和伊朗的天然气管道，但这条管道是为中巴管道提供气源，还是仅为伊巴的服务，并没有明确的说法。其次，与伊朗合作还要面对西方的封锁和制裁。最后，存在有竞争力的替代线路。修建伊朗—土库曼斯坦或借助伊朗北部的管道网络，通过土库曼斯坦，借助中国—中亚天然气管道，将伊朗的天然气输送到中国将更加便捷。

---

① IEA, Key World Energy Statistics 2013, p. 54.

② 《巴基斯坦开始对巴—伊天然气管道项目进行招标》，商务部网站，2012 年 5 月 1 日，http://www.mofcom.gov.cn/aarticle/i/jyjl/j/201205/20120508098425.html。

第六，巴基斯坦境内规划的支线，对输送的天然气形成了分流。巴基斯坦在该管道的规划中，明确提出，要修建通往讷瓦布沙阿（Nawabshah 巴总统扎尔达里故乡）、桑克尔（Sanghar）、首都卡拉奇和海德拉巴德（Hyderabad）的支线，为这些城市供气。而近年来，巴基斯坦的天然气开发状态，决定了要增加消费，只能增加进口供给。当前巴基斯坦并未明确要分流多少，但从另外两条规划的天然气管道，可以推测出巴基斯坦需要的份额。TAPI 天然气管道（土库曼斯坦—阿富汗—巴基斯坦—印度）的规划是 336 亿立方米/年，其中 50 亿立方米在阿富汗分流，剩下的印巴平分，即巴基斯坦每年可再消费 140 亿立方米左右。IPI 天然气管道（伊朗—巴基斯坦—印度）的规划与前一条管道基本类似。也就是说，建设一条与中国—中亚天然气管道单线运力基本相同的管道，最终能够进入中国的天然气，可能不到 50 亿立方米/年。中国可能需要投资两条管道，才能换回一条管道的运力，运回一条管道就能输送的量。当然，新加坡大学东南亚研究所的一份研究认为，到 2020 年，巴基斯坦的天然气消费只是 7280 万吨油当量，即 20.384 亿立方米。[①]

因此，综合看来，单独修建中巴天然气管道对于中国来说意义不大。尽管《商业纪事报》援引消息人士的话说，巴基斯坦政府已经指令驻华使馆尽快展开与中国外交部的协商，但从公开的消息来看，似乎还没有明确的结果。

从发展石油运输管道的角度看，建设中巴输油管道，对中国具有重要的战略价值。毕竟"走廊"还能进一步绕开印度洋，从运输安全的角度看，"走廊"更有价值。但中巴输油管道也是一条过境管道，且建设成本和运营费用都太高。管道从零海拔的瓜达尔港，到 5000 多米的喀喇昆仑山口，需要功率巨大的泵站和稳定的电源供给。而后者显得极为困难，要从零开始。美国海军的一份研究认为，如果中国选择通过巴基斯坦运输石油，那么 1000 万吨/年的运输量，需要比海运多花费 10 亿美元。[②] 笔者认同这一数

---

① Marie Lall, "Introduction" in the Geopolitics of Energy in South Asia, ed. Marie Lall, Singapore：Institute of Southeast Asian Studies, 2009, pp. 1 – 14.

② Andrew S. Erickson and Gabriel B. Collins, "China's Oil Security Pipe Dream", *Naval War College Review*, Vol. 136, No. 2, February 2010, p. 101.

字。再计入新疆到内地主要消费地区的运费，则从中东通过中巴输油管道进口的石油，到消费者手中的运输成本，估计将接近1000元/吨。这远远超过海运的费用。

（二）设想前景

中巴能源走廊的建设，除了经济成本高昂之外，还有巴基斯坦地缘政治环境和内部形势不够稳定的问题。

首先，从地缘政治角度看，巴基斯坦长久以来的合作伙伴是中国和美国，对手是印度。从近年的中巴美三边关系看，出现了对中国有利的局面。民意调查显示，2000～2008年，巴基斯坦民众对美国持负面印象的比例，已经持续超过50%；2009年这一比例上升到68%，仅有16%的民众对美国持正面印象，而对中国持正面印象的比例是84%。[①] 巴舆论认为，美国把巴基斯坦当作了一个可随意支使的角色，当需要对付苏联或基地组织时，就接近巴基斯坦；当不再面临威胁时，就会轻易地抛弃巴基斯坦。2011年5月，美国不与巴基斯坦方面沟通，单方面深入巴基斯坦境内击毙本·拉登，导致伊斯兰堡和华盛顿的关系急转直下。同时，在美军撤离阿富汗，而将主要的精力放在"重返亚太"上之后，巴基斯坦就会进一步加强与中国的关系，建构对印度的战略平衡。这将出现有利于中国的局面。但美国在亚欧大陆的战略布局，决定了它不会轻易撤出中亚，毕竟中亚是控制和阻断亚欧大陆两端战略联系的重要战略区域，美巴关系也并非不可恢复。

从美国对缅甸态度的剧变上，也就可以看出，一旦出于封堵中国的需要，美国可以马上实现360度的转变。如此，在中美之间维持战略平衡，仍将是最有利于巴基斯坦的选择。而这一战略选择，对于中巴能源走廊的安全，存在不利影响。也就是说，在中国—巴基斯坦和美国—巴基斯坦这两对双边关系中，如果中国不能占据有利位置，或者通过中巴经济走廊、能源走廊的建设仍然不能取得更有利位置，则中国方面将难以做出最终的抉择。

其次，巴基斯坦内部局势不稳定。走廊经过的所有地区，都存在不利的

---

① *The PEW Global Attitudes Project*, August 13, 2009.

局面。瓜达尔港所在的俾路支省，存在寻求独立的倾向；卡拉奇所在的信德省与巴基斯坦中央政府存在诸多矛盾；西北的边境省受塔利班影响较大，处于半独立的状态；北部克什米尔地区与印度存在争议，时常出现军事摩擦。而巴基斯坦全境都存在不利于商业运营的恐怖主义问题。如 2011 年 9 月，多个大城市连续发生爆炸事件之后，一家中国矿业公司因为担忧安全问题，而撤销了在信德省投资 180 亿美元的计划。而如果该计划得到实施，将成为巴基斯坦最大规模的一桩外国投资。

因此，要使中巴能源走廊变成现实，第一步应是修建中巴铁路；第二步是通过铁路加强双方的经济联系，为能源走廊的开通奠定更加有利的基础；第三步才是考虑修建管道的问题。当然，笔者认为，将中巴能源走廊定位在成品油输送之上，才更有利于设想的实现。如此，可一举三得。其一，相关的建设成本可以大幅削减，将原油管道改为成品油管道之后，输送量可以减少一半。其二，天然气管道将转换为炼化项目的附属设施，将其定位于给炼化项目提供能源即可。走廊运输的天然气，既为中国服务，又不必实际进入中国，可以减少大量的投资和风险。其三，可以密切双边之间的相互依赖关系。巴基斯坦将其境内生产的成品油出口中国，一方面有利于两国之间产业链的建立；另一方面管道性质可由过境转变为跨境，有利于保障运输安全。

二　中俄天然气管道中线和西线

在中俄天然气管道东线已敲定的情况下，经历多年讨论的中线和西线仍然面临着不确定因素。

首先是项目造价较高和估价不断上升的问题。西线所经过地区的北部是沼泽，南部有阿尔泰山脉，存在工程施工困难的问题。最初，阿尔泰项目的造价估计为 45 亿～50 亿美元。但 2010 年，阿尔泰管道的建设订购方托木斯克天然气运输公司，称投资额为 3632 亿卢布（按当时汇率为 136 亿美元），俄天然气工业公司估计项目造价为 140 亿美元。但有研究表明，阿尔泰管道的造价只是 530 万美元/千米，尽管高于中国—中亚天然气管

道的350万美元/千米，但低于库页岛—伯力—海参崴天然气管道的600万
美元/千米、格利亚佐维茨—维堡管道（北溪天然气管道俄罗斯境内地上
段）的900万美元/千米、新的博瓦年科—乌赫塔管道系统的1400万美
元/千米。

其次，东线已经挤占了中线的气源。现在东线的气源，实际上是过去拟
议中的中线气源。之前拟议中的东线气源，是萨哈林项目。另外，目前俄罗
斯远东已经规划好了液化天然气项目，准备通过出口LNG摆脱管道的限制。

最后，西线的前景，从俄罗斯方面，要看欧洲对天然气的消费量（见
图4-20）是否会走向下降。如果欧洲天然气消费量下降，则俄罗斯必须
寻求新的市场，如此就有必要建设西线。反之，可能性不大。这又取决于
两个因素，一个是欧盟经济发展能否尽快摆脱颓势，二是节能减排的
成效。

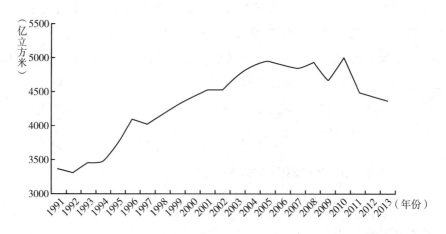

图4-20 欧盟的天然气消费量

数据来源：BP。

此外，要看欧盟对俄罗斯的经济制裁会走到何种态势。如果欧盟减少
或禁止俄罗斯的油气输入，西线就有得到建设的可能。但估计如此的情况
不会出现。如果欧盟不实施对俄制裁，那么俄罗斯为了防止第三方的乘机
介入，则不会轻易做出建设西线的决定。因为西线与对欧输气，共享西伯

利亚的气源。如果俄罗斯准备建设西线，则可认为它准备削减对欧洲输气量。在欧俄关系紧张的背景下，可将其解读为俄有意挑衅。欧洲必然要寻求新的气源，而美国必然是最主要的选择。在此背景下，美国的油气利益集团，就有充足的理由打破大规模出口油气的禁令，通过出口获取高于在国内销售的利益。如此，欧洲市场就可能被美国和其他国家占领，形成对俄不利的局面。

中国方面对西线的开通，也需在科学预测天然气供需前景的前提下，综合考虑。尽管在今后一个时期，中国天然气消费量会出现大幅增长，但在东线和D线开通的背景下，现有管道的输量已能基本满足进口需要。再加上非常规天然气的开发，进口需求可能出现下降。近期内，开通西线和中线的迫切性，已基本消失。

总的来说，如果以上形势不出现有利于管道建设的变化，就没有必要再开通中俄天然气管道中线、西线。

结　语

在此，将对中国进口油气运输安全的总体态势进行总结，并对进一步保障和加强中国进口油气运输安全提出总体的对策，最后指出了本研究尚存的不足之处，提出了应深入研究的问题和方向。

结论一　谨慎乐观

当前，中国的进口油气运输安全态势，总体上处于可以"谨慎乐观"的状态。

首先，中国进口油气运输，已经实现了初步的多元化。从线路来看，已经存在三条内陆运输线路：西北、东北和西南；三条海路：北向、西向和中俄南向运输线路。从运输方式上看，存在海运、陆路管道运输和铁路运输。从运输的标的物上看，存在管道气态天然气和海运液化天然气、原油和一定数量的成品油。从承运人来看，涵盖了国内外的企业和企业联合体。

其次，当前运输的通行安全已经有了基本的保障。除了中缅输油管道和中国—中亚天然气管道 D 线，其他都是跨境或兼具跨境性质的管道。从国家间关系来看，中国已经与陆路通道的过境国和资源供应国，签署了相关通行和供给协议。陆路运输由中国与当事国合资企业负责运营，初步建立了相互依赖的利益链。从海运线路来看，针对海盗这一重大非传统安全因素，国际社会已经建立了相对有效的应对机制；《海洋法》对相关航行的规范和保护，为航行安全提供了必要的保障；中国的海运运力建设，取得了初步的成效且前景乐观，当前已经具备依靠自身运力运输一半以上进口油气的能力；

到 2020 年，在规划得以顺利实施的情况下，将具备独立运输全部进口石油和进口 LNG 的能力。从地缘政治对通行安全的影响来看，中国与运输途经地区和国家，总体上关系良好，最不济也只是竞争关系，短期内不会出现专门针对中国的封锁和干扰。

最后，运输格局存在往有利方向转化的基础。加拿大油砂油、俄罗斯远东油气田和北极大陆架油气的开发，将为中国提供新的油气进口源，对应的运输线路通行安全保障较为坚实；哥伦比亚和加拿大太平洋石油出口设施的兴建，能够为绕开形势不利的印度洋和缩短运输距离提供帮助。

具体来说，到 2020 年，可新增的进口为：加拿大 5000 万吨、巴西 3000 万吨、中俄海运 1500 万吨、东非 500 万吨石油；缩短运输线路为：南美跨太平洋运输石油 2500 万吨；运量增长为：中俄输油管道 1500 万吨、中哈和中缅输油管道各 1000 万吨。以上不需经印度洋的运输量合计 14500 万吨，再加上亚太的 500 万吨，可占 2020 年中国需要进口石油 4 亿吨的 37.5%，经过印度洋运输量的占比，可以下降到 65%。同时，加拿大、巴西、东非和俄罗斯远东海运作为可争取的潜在油源，可新增近 1 亿吨的供给。这一方面可以对进口自中东的 2 亿吨石油，形成有效的替代，减轻中东动荡对供给和运输安全的影响；另一方面还可以为主动调节各条线路承运份额或应对老油源地资源衰减导致的供给变化，提供坚实基础。

从天然气来看，从美洲包括美国和特立尼达进口 LNG 的数量，可相当于 150 亿立方米的天然气；中俄海运 50 亿立方米；亚太 150 亿立方米；从管道来看，中国—中亚管道 850 亿立方米，中俄天然气管道 380 亿立方米，中缅管道 40 亿立方米。如此不需经过印度洋运输的进口天然气总量可达 1620 亿立方米，超过预计的 1430 亿立方米。经过印度洋运输的份额，可以成为自主选择和调节的对象。且南向海运、中俄天然气管道西线和中巴能源走廊还存在得到拓展的可能。总之，到 2020 年，中国进口油气运输的线路多元化、承运份额均衡化和可自主调节有望初步实现（见图 5 - 1）。

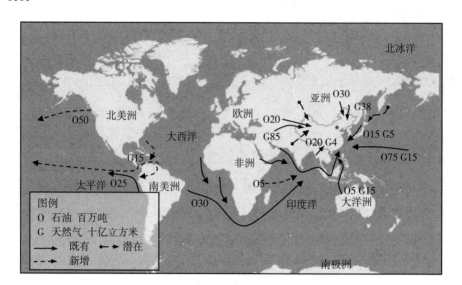

图 5 - 1 2020 年中国进口油气运输线路和运量示意图

结论二 挑战不小和远期"前景不明"

中国进口油气运输安全，还面临着以下难以克服的挑战。第一，与管道过境国的利益联系不够紧密。仅依靠油气合作本身，抑或贸易和投资合作，还不足以与当事国建立经济上紧密的相互依赖关系，为管道运营安全提供坚实的保障。第二，承运份额过度集中的现状难以改观。当前和今后一个时期，中国通过海运进口的石油都将占总进口量的 90％ 左右，都需要经过美国军力控制之下的两条岛链。其中的 2/3 以上，还要经过印度洋和南海。三条陆路输油管道的运量顶点，在 7000 万吨，只占 2020 年总进口量的 17.5％。第三，开辟新线路的选择极其有限。在这一方面，既受中国地理位置的限制，还受到中国周边人文地理和地缘政治环境的限制。第四，一些线路的顺利运营仍存疑问。在西方的制裁之下，俄罗斯远东新开发的气源，能否按计划完成生产？加拿大油气开发和太平洋出口终端的建设能否顺利完成？哥伦比亚太平洋出口终端及管道的建设也存在一定的问题。

美国的干扰因素有进一步增加的可能。中国作为事实上的"霸权地位挑战国"，与霸权国美国之间，是竞争为主、合作并存的关系。把中国的进口油气运输安全，作为与中国博弈的关键筹码，对美国来说是代价最低、收益最为明显的切入点。同时，美国也在事实上加强了在中国周边的存在。这对中国维护进口油气的运输安全提出不小的挑战。因此，中国进口油气运输安全，从远期看处于"前景不明"状态。

总的来说，中国进口油气运输安全，是利弊皆有、忧喜参半的态势。因此，采取有效措施，除弊兴利、转忧为喜，是当前维护和加强中国进口油气运输安全最为紧要和关键的方面。

对策一　建立进口油气运输安全监测应对机制

通过海关建立进口油气运输安全检查机制。要求国内的进口商，至少应在进口油气起运前 15 天，即向海关申报相关的具体情况，如起运地点、承运方、数量、具体货物和抵达国内的时间地点。如实际运抵的时间或数量出现变动，则进口商应申报相关的原因。同时海关将超期运输的全部运量以负数的形式，计入预警数据库；变动的数量也以正负数的方式计入；超期抵达的数据，在数据库中保留的时间，与超期的时间一致（如超期 5 天，则超期运抵的数量在数据库中保留 5 天，之后删除）；数量的出入则持续保留，但正负要相互抵消。如此记录之后，如出现连续 10 日的超 50 万吨短缺，进入三级预警状态；连续 10 日超过 100 万吨，或连续 20 天超过 50 万吨，进入二级预警状态；连续 10 天超过 150 万吨，连续 20 天超过 100 万吨或连续 30 天超过 50 万吨，进入一级预警状态。

三级预警出现，则由海关监管人员将相关情况汇总分析，记录在案。

二级预警出现，则海关监管向延期或短缺数量最大的 5 宗运输进口商和承运商进一步询查相关原因，同时向政府运输管理部门通报。如果造成短缺的原因不是运输安全范围内的问题，则由运输管理部门独立准备相关的应对措施，如启用备用运输线路、运输方式或承运方。如包含运输安全问题，则由外交部门介入，参与对情况的评估并准备相关的对外协调。

一级预警出现，则在采取二级预警相关措施的基础上，能源管理部门介入，与外交、运输管理部门共同会商，并根据会商结果实际启动应对方案。如包含运输安全问题，则外交部门开始协助或主导与相关国家、组织等涉事方的协调，并评估和建议是否需要进入或提升警戒级别。能源管理部门向国家经济管理部门通报相关情况，协商并准备启动能源应急预案。同时，讨论是否进入运输安全三级警戒状态。

如四方会商后认为运输安全三级警戒状态将持续 30 天以上或已经实际持续 20 天，则进入二级警戒状态。在实施三级警戒状态措施的基础上，启动能源应急预案，如加强调配、强制释放商业库存和准备动用战略储备等。外交部门应加强对外协调与谈判，并准备采取相关的应对措施，如发表声明、抗议、制裁或报复行动等。同时，向更高一级的政府部门通报相关情况，准备采取综合应对措施。

在二级警戒状态实际持续 20 天，或四方与更高一级政府部门会商之后，认为二级警戒状态将持续 30 天以上，则进入一级警戒状态。从国内的措施来看，应实施相关的综合应对措施，如释放战略储备、限制消费和调整经济运行模式等。对外，则启动相关的报复或其他需要的措施。

对策二　以夯实线路安全作为首要选择

中国进口油气运输安全，仍然需要加强和夯实。但在诸如地理、地缘和国际环境的限制下，维护中国进口油气运输安全的首要选择，应该是确保各条线路的安全。而线路多元化，因选择有限，继续推进的收益与代价之比前景不明，应成为次要的选择。只有当条件成熟或特殊机遇出现的条件下，才应上升到首要的位置。

确保线路安全的具体措施，海运方面包括发挥中国陆上强国优势，建构依陆制海态势，引入多个利益相关方，加强与相关国家和国际组织的合作；陆上运输方面包括与相关国家建立更加密切的经济社会联系，建构相互依赖关系。

对策三　加紧国内能源安全应急机制的建构

运输安全只是石油安全的一个组成部分，石油安全只是能源安全的一个组成部分。在关注和加强局部安全的同时，也需要从整体上，对中国的能源安全应急机制做出必要的安排。整体与局部之间，既是相互促进的关系，又是相互确保的关系。

因此，诸如能源战略储备机制、释放机制、应急能源调度机制、能源强制使用调节机制等，以及相关能源安全应急机制的建构，应成为国家决策者关注的问题。

这一系列问题，预则立，不预则废。

不足一　存在运输安全领域进口油气数量的确定问题

在中国总的进口油气中，多少是必须，多少只是多多益善？将这个问题搞清楚之后，才可以确定需要以超越正常市场经济代价确保的运量是多少。如此，才可以更好地将定性与定量分析结合起来，更好地实施承运份额的自主调节，科学地权衡代价与收益，避免过度敏感或反应不力带来的经济损失或对国家安全造成的危害。

不足二　对运输经营和经济问题的研究还需要深入

由于条件和专业所限，本研究没能深入涉及经营和经济问题，尤其是海运的海外承运人和相关的经济问题。研究这一问题，可以从以下角度进一步深入：一是海外承运人的具体情况；二是海外承运人对中国进口油气运输安全的正反面影响与作用；三是海外承运人具体的经营活动及其对运输安全的正反面影响。

参考文献

一 中文书目（含译著）

〔俄〕斯·日兹宁：《俄罗斯能源外交》，王海运、石泽译审，人民出版社，2006。

〔俄〕斯·日兹宁：《国际能源政治与外交》，强晓云、史亚军、成键译，华东师范大学出版社，2005。

〔法〕赛比耶·洛佩兹：《石油地缘政治》，潘革平译，社会科学文献出版社，2008。

〔美〕阿尔弗雷德·塞耶·马汉：《海权论》，范利鸿译，陕西师范大学出版社，2007。

〔美〕丹尼尔·耶金：《石油·金钱·权力》，钟菲译，新华出版社，1992。

〔美〕丹尼尔·耶金：《石油风云》，上海译文出版社，1997。

〔美〕兹比格纽·布热津斯基：《大棋局——美国的首要地位及其地缘战略》，上海人民出版社，1998。

〔美〕塞缪尔·亨廷顿：《第三波——20世纪后期民主化浪潮》，上海三联书店，1998。

〔英〕戴维·G.维克托等：《天然气地缘政治——从1970到2040》，王震等译，石油工业出版社，2010。

〔俄〕瓦·伊·萨雷金等：《环里海区域经济关系和石油开发合作》，岳文博等译，世界知识出版社，2009。

安惠侯：《丝路新韵：新中国和阿拉伯国家50年外交历程》，世界知识出版社，2006。

安维华、钱雪梅主编《海湾石油新论》，社会科学文献出版社，2000。

巴忠倓：《大国兴起中的国家安全》，北京大学出版社，2005。

查道炯：《中国石油安全的国际政治经济学分析》，当代世界出版社，2005。

楚树龙主编《国际关系基本理论》，清华大学出版社，2003。

董良庆：《战略地理学》，国防大学出版社，2000。

葛家理等：《现代石油战略学》，石油工业出版社，1998。

国务院新闻办公室：《中国的和平发展》白皮书，2011年9月6日。

浩君：《石油效应：全球石油危机的背后》，企业管理出版社，2005。

何春超、张季良主编《国际关系史资料选编：1945~1980》，法律出版社，1988。

胡鞍钢、吕永龙主编《能源与发展：全球化条件下的能源与环境政策》，中国计划出版社，2002。

江红：《为石油而战：美国石油霸权的历史透视》，东方出版社，2002。

解力夫：《临危受命：丘吉尔》，世界知识出版社，1994。

李明德：《拉丁美洲和中拉关系：现在与未来》，时事出版社，2001。

梁翕章、唐智园编著《世界著名管道工程》（修订版），石油工业出版社，2002。

刘波：《石油与20世纪的变迁》，河南大学出版社，2005。

门洪华：《霸权之翼：美国国际制度战略》，北京大学出版社，2005。

倪健民主编《国家能源安全报告》，人民出版社，2005。

石家铸：《海权与中国》，上海三联书店，2008。

舒源：《国际关系中的石油问题》，云南人民出版社，2010。

苏振兴主编《拉丁美洲和加勒比发展报告（2008~2009)》，社会科学文献出版社，2009。

唐昀：《大搏杀——世纪石油之争》，世界知识出版社，2004。

王京枢：《石油与国家安全》，地震出版社，2001。

王能全：《石油与当代国际经济政治》，时事出版社，1993。

王泰平、张光佑、马可铮：《新中国外交50年》，北京出版社，1999。

吴华、李希光：《妖魔化中国的背后》，中国社会科学出版社，1996。

吴稼祥：《果壳里的帝国：洲级国家时代的中国战略》，上海三联书店，2005。

吴磊：《能源安全与中美关系——竞争·冲突·合作》，中国社会科学出版社，2009。

吴磊：《中国石油安全》，中国社会科学出版社，2003。

肖宪：《中东国家通史·以色列卷》，商务印书馆，2001。

谢益显主编《中国当代外交史：1949—2001》，中国青年出版社，2002。

徐小杰：《新世纪的油气地缘政治：中国面临的机遇与挑战》，社会科学文献出版社，1998。

徐小杰：《石油啊，石油——全球油气竞赛和中国的选择》，中国社会科学出版社，2011。

阎家泰：《战略与资源》，解放军出版社，1988。

于青：《美军入侵格林纳达始末》，世界知识出版社，1997。

张抗：《中国石油天然气发展战略》，北京石油工业出版社，2002。

张秋明编《中国能源安全战略挑战与政策分析》，地质出版社，2007。

张文木：《世界地缘政治中的中国国家安全利益分析》，山东人民出版社，2004。

郑羽、庞昌伟：《俄罗斯能源外交与中俄油气合作》，世界知识出版社，2003。

中国石油管道公司编《世界管道概览（2009）》，石油工业出版社，2010。

中国现代国际关系研究院经济安全研究中心：《全球能源大棋局》，时事出版社，2005。

周大地、韩文科主编《中国能源问题研究》，中国环境科学出版社，2002。

周凤起、周大地主编《中国中长期能源战略》，中国计划出版社，1999。

周永生：《经济外交》，中国青年出版社，2004。

庄汉隆、杨敏：《西方"和平演变"战略史话》，长征出版社，1991。

左文华、肖宪：《当代中东国际关系》，世界知识出版社，1998。

梁芳：《海上战略通道论》，时事出版社，2011。

鞠海龙：《中国海权战略》，时事出版社，2010。

崔宏伟：《欧盟能源安全战略研究》，知识产权出版社，2010。

二　英文书目（含论文和研究报告）

BP, *BP Statistical Review of World Energy June 2007*, （2002～2012）.

CIA World Factbook and the U. S. Census Bureau-Foreign Trade Statistics.

Clark, John G., *The Political Economy of World Energy: A Twentieth-Century Perspective.*, Chapel Hill, N. C., 1990.

Clarkson, *Oil and Tanker Trade Outlook*, May 2012.

Clarkson, *Shipping Intelligence Weekly*, 2012. 06. 01.

Dag Harald Claes, "The United States and Iraq: Making Sense of the Oil Factors", *Middle East Policy*, Vol. XII, No. 4, Winter 2005.

Daniel P. Erikson, *The New Challenge: China and the Western Hemisphere*, Testimony before the House Committee on Foreign Affairs, Subcommittee on the Western Hemisphere, June 11, 2008.

Daniel Yergin, "Ensuring Energy Security", *Foreign Affairs*, No. 2, March – April 2006.

David Blair, "Why the Restless Chinese are Warming to Russia's Frozen East", *The Telegraph*, July 16, 2009.

David R. Mares, *Natural Gas Pipelines in the Southern Cone*, Working Paper # 29, Stanford University and the James A. Baker III Institute for Public Policy of Rice University, May 2004.

Dodgy Deal: *Shwe Gas and Pipelines Projects Myanmar*, Mar 13, 2012.

EarthRights International, *The Burma-China Pipelines: Human Rights*

Violations, *Applicable Law*, *and Revenue Secrecy Situation*, Briefer No. 1, March 2011.

Edward C. Chow, Leigh E. Hendrix, Mikkal E. Herberg, Shoichi Itoh, Bo Kong, Marie Lall, and Paul Stevens, *Pipeline Politics in Asia the Intersection of Demand*, *Energy Markets*, *and Supply Routes*, NBR Special Report #23, September 2010.

EIA, *Country Analysis Brief – Egypt*, Last Updated: Jul. 18, 2012.

EIA, *Country Analysis Brief – South Africa*, Last Updated: Oct. 5, 2011.

EIA, *Country Analysis Brief – Sakhalin*, Last Updated: June 2011.

EIA, *Country Analysis Brief – Saudi Arabia*, Last Updated: January 2011.

EIA, "Persian Gulf Region Energy Data", *Statistics and Analysis*: *Oil*, *Gas*, *Electricity*, *Coal*, June 2007.

EIA, "Sakhalin Island Energy Data", *Statistics and Analysis*: *Oil*, *Gas*, *Electricity*, *Coal*, May 2008.

EIA, *World Oil Transit Chokepoints*, Last Updated: Dec. 30, 2011.

EIA, *International Energy Outlook.* 2011.

EIA, *International Energy Outlook.* 2012.

Gal Luft, "In Search of Crude China Goes to the Americas", *Energy Security*, January 18, 2005, Institute for the Analysis of Global Security.

Gary Prevost and Carlos Oliva Campos ed. *The Bush Doctrine and Latin America*, Palgrave Macmillan, February, 2007.

Hearing Testimony of June Dreyer, US-China Economic and Security Commission, Western Hemisphere Subcommittee, House International Relations Committee, April 6, 2005.

Hearing Testimony of Peter Brookes, Heritage Foundation, Western Hemisphere Subcommittee of the House International Relations Committee, April 6, 2005.

IEA, *Word Energy Outlook 2003.*

IEA, *Word Energy Outlook 2004.*

IEA, *Word Energy Outlook 2005.*

IEA, *Word Energy Outlook 2006.*

IEA, *Word Energy Outlook 2007.*

IEA, *Word Energy Outlook 2008.*

IEA, *Word Energy Outlook 2009.*

IEA, *Word Energy Outlook 2010.*

IEA, *Word Energy Outlook 2011.*

IEA, *Word Energy Outlook 2012.*

IEA, *World Energy Outlook Special Report on Unconventional Gas Golden Rules for a Golden Age of Gas*, 2012.

Inter-American Dialogue, *2006 Inter-American Dialogue Report*, Washington, 2007.

Iskander Rehman, " China's String of Pearls and India's Enduring Tactical Advantage", IDSA Comment, June 8, 2010.

Jeffrey H. Cohen, *The Culture of Migration in Southern Mexico*, University of Texas Press, December 2004.

Jiang Wenran, *China and India Come to Latin America*, in *Energy Cooperation in the Western Hemisphere*, CSIS Press, 2007.

Joel Millman and Peter Wonacott, " For China, a Cautionary Tale: Insularity, Unfamiliar Ways, Strain Investment in South America", *Wall Street Journal*, Jan. 11, 2005.

John W. Garver, *Protracted Contest: Sino-Indian Rivalry in the Twentieth Century*, Univsertiy of Washington Press, 2001.

John Williamson, *Did the Washington Consensus Fail?*" Speech at the Center for Strategic and International Studies, Washington, DC, November 6, 2002.

Jorge Dominguez, *China's Relations with Latin America: Shared Gains,*

Asymmetric Hopes, Inter-Americn Dialogue Working Paper, Harvard University, June 2006.

Jorge G. Castaneda, "Latin America's Left Turn", *Foreign Affaris*, May/June 2006.

Joshua Cooper Ramo, "The Beijing Consensus", *The Foreign Policy Centre*, May 11, 2004.

Juan Forero, "China's Oil Diplomacy Lures Latin America", *The International Herald Tribune*, March 2, 2005.

Juan Forero, "Venezuela Cautions U. S. It May Curtail Oil Exports", *New York Times*, February 27, 2006.

Justin Wolfers, "Forecasting Oil Prices: It's Easy to Beat the Experts", *New York Times*, July 21, 2008.

Keith Bradsher, "Alert to Gains by China, India Is Making Energy Deals", *New York Times*, January 17, 2005.

Kenneth J. Bird, Ronald R. Charpentier, Donald L. Gautier, David W. Houseknecht, Timothy R. Klett, Janet K. Pitman, Thomas E. Moore, Christopher J. Schenk, Marilyn E. Tennyson, and Craig J. Wandrey. *Circum-Arctic Resource Appraisal: Estimates of Undiscovered Oil and Gas North of the Arctic Circle*, US Geological Survey (2008).

Marie Lall, "Introduction" in the Geopolitics of Energy in South Asia, ed. Marie Lall, Singapore: Institute of Southeast Asian Studies, 2009.

Marilee S. Grindle and Pílar Domingo eds., *Proclaiming Revolution: Bolivia in Comparative Perspective*, *Institute of Latin American Studies*, Harvard University Press, July 2008.

Mary Anatasia O'Grady, "The Middle Kingdom in Latin America", *Wall Street Journal*, September 3, 2004.

Mesquita Moreira: *Fear of China: Is There a Future for Manufacturing in Latin American?* INTAL – ITD, Occasional Paper 36, Buenos Aires, April 2006.

Michael Klare, *Bush – Cheney Energy Strategy: Procuring the Rest of the World's Oil*, FPIF – Petro Politics Special Report, January 2004.

Ministry of Energy of the Russian Federation, *Energy Strategy of Russia for the Period Up to 2030*, Moscow 2010.

Ministry of Energy of the Russian Federation, *Energy Strategy of Russia for the Period up to 2030*, Moscow, 2010.

Office of the Secretary of Defense, *Annual Report to Congress Military and Security Developments Involving the People's Republic of China 2012*, May 2012.

Oil in Koz'mino is Dispatched for Export as Per Schedule, 2012.

Paul Stevens, *Transit Troubles Pipelines as a Source of Conflict*, A Chatham House Report.

Peter Hakim, "Is Washington Losing Latin America?" *Foreign Affairs*, No. 1 (Jan. – Feb. 2006).

Platts Special Report, *Russian Crude Oil Exports to the Pacific Basin – an ESPO Update*, February 2011.

Reported by Staff Correspondent Translated by Soe Tint, "Myanmar – China Gas Pipeline Project Calls For Review", *Weekly Eleven News* (Myanmar), July 22, 2012.

Robert E. Ebel, "U. S. Foreign Policy, Petroleum and the Middle East", *MEES*, October 31, 2005.

Ronald O'Rourke, *China Naval Modernization: Implications for U. S. Navy Capabilities: Background and Issues for Congress*, CRS Report for Congress, March 23, 2012.

Ronald O'Rourke, *China Naval Modernization: Implications for U. S. Navy Capabilities: Background and Issues for Congress*, CRS Report for Congress, November 23, 2009.

Saleem H. Ali, The Role of Pipelines in Regional Cooperation, Brookings Doha Center Analysis Paper, Number 2, July 2010.

Saul Landau, "Chinese Influence on the Rise in Latin America", *Foreign Policy in Focus*, June 2005.

Scott G. Borgerson, "Arctic Meltdown the Economic and Security Implications of Global Warming", *Foreign Affairs*, March/April 2008.

See End of Year 2007 Estimates in the Human Cost of Energy: Chevron's Continuing Role in Financing Oppression and Profiting from Human Rights Abuses in Military Rule Burma (Myanmar), EarthRights International (Apr. 2008)

Sidney Weintraub ed. , *Energy Cooperation in the Western Hemisphere: Benefits and Impediments*, Center for Strategic and International Studies, March 30, 2007.

The Arakan Rivers Network, *Shwe Gas Project.*

The PEW Global Attitudes Project, August 13, 2009.

Tom Z. Collina, *Oil Dependence and U. S. Foreign Policy: Real Dangers, Realistic Solutions*, Testimony before the Senate Foreign Relations Submission on Near Eastern and South Asian Affairs, October 19, 2005.

Total, *Total in Myanmar a Sustained Commitment*, 2010.

Tuli Sinha, *China-Myanmar Energy Engagements Challenges and Opportunities for India*, IPCS Issue Brief No. 134, Research Officer, IPCS, New Delhi, December 2009.

Wu Lei, "China's Oil Challenges and Its Counter-measures", *Geopolitics of Energy*, Issue 26, 2004.

Ye Lwin, "Oil and Gas Ranks Second Largest FDI at MYM 3. 24 Billion", *the Myamar Times*, July 21 – 27, Volume 22, No. 428 , 2008.

Yergin, Daniel. *The Prize: The Epic Quest for Oil, Money, and Power*, New York, 1991.

三　主要论文

祖立超:《国内俄罗斯能源外交研究综述》,《国际资料信息》2008 年第 7 期。

祖藜：《北极理事会发出警告，石油开采引发北极生态风险》，《中国环境报》2008 年 1 月 25 日。

史宝华：《中国将建大型进口原油船队》，《船舶物资与市场》2003 年第 6 期。

张健荣：《中国和平崛起与俄罗斯民族复兴的互动关系》，《世界经济研究》2004 年第 5 期。

张家栋：《世界海盗活动状况与国际反海盗机制建设》，《现代国际关系》2009 年第 1 期。

袁云昌：《船舶过苏伊士运河的风险评估与对策》，《航海技术》2009 年第 4 期。

杨志敏：《中国与拉美国家能源合作问题分析》，《海外投资与出口信贷》2005 年第 6 期。

魏红霞：《拉美能源资源的利用和能源工业的发展》，《拉丁美洲研究》1998 年第 4 期。

王海运：《"能源超级大国"俄罗斯的能源外交》，《国际石油经济》2006 年第 10 期。

唐卫斌：《中国石油安全与能源外交》，《外交学院学报》2004 年第 2 期。

孙永祥：《俄罗斯〈2030 年前能源战略〉初探与启示》，《当代石油石化》2009 年第 9 期。

孙英、凌胜银：《北极：资源争夺与军事角逐的新战场》，《红旗文稿》2012 年第 16 期。

孙晓蕾、王永锋：《浅析我国石油进口运输布局与运输安全》，《中国能源》2007 年第 5 期。

宋魁：《俄罗斯能源战略的新态势》，《俄罗斯中亚东欧市场》2005 年第 6 期。

宋德星：《南亚地缘政治构造与印度的安全战略》，《南亚研究》2004 年第 1 期。

秦晓：《中国能源运输业的发展与未来战略》，《中国能源》2008年第4期。

齐峰田：《优势互补，合作共赢——委内瑞拉扩大与中国能源合作的启示》，《拉丁美洲研究》2005年第5期。

庞中鹏：《日本能源外交研究》，博士学位论文，中国社会科学院研究生院，2008。

潘光：《中国的能源外交》，《外交评论》2008年第1期。

刘军：《索马里海盗问题探析》，《现代国际关系》2009年第1期。

刘军：《美军建立非洲司令部的目的与影响》，《现代国际关系》2007年第9期。

刘军：《美国缘何设立非洲司令部》，《西亚非洲》2008年第2期。

刘军、张金平：《东南亚海盗问题探究》，《南洋问题研究》2007年第3期。

刘江永：《中日战略互惠与亚洲"海陆和合"》，《国际问题论坛》2008年秋季号。

李兴：《论俄罗斯的能源外交与中俄关系中的油气因素》，《俄罗斯中亚东欧市场》2005年第2期。

李新民：《中缅能源管道建设提速》，《经济参考报》2012年5月21日。

李文政：《加拿大强化宣示北极主权》，《人民日报》2007年8月13日，第3版。

靳会新：《浅析俄罗斯的能源外交战略》，《俄罗斯研究》2005年第2期。

江泽民：《对中国能源问题的思考》，《上海交通大学学报》2008年第2期。

胡加齐、李德旺：《拉美能源一体化意味着什么?》，《瞭望》2006年第40期。

贺双荣：《中国与拉美的能源合作》，《世界知识》2006年第8期。

顾德欣：《南海争端中的海洋法适用》，《战略与管理》1995年第6期。

古丽阿扎提·吐尔逊、阿地力江·阿布来提：《中国与哈萨克斯坦能源合作透视》，《俄罗斯中亚东欧市场》2004年第4期。

冯连勇、郑宇：《中俄油管线与能源合作问题的博弈分析》，《俄罗斯中亚东欧研究》2004年第4期。

《巴基斯坦总理亲绘"中巴能源走廊"蓝图》，《国际先驱导报》2006年5月12日。

四 报刊和网站

《参考消息》	《石油商报》	Asia Times Online
《第一财经日报》	《学习时报》	Financial Times
《国际石油经济》	《亚非纵横》	New York Times
《环球时报》	《中国交通报》	Oil & Gas Journal
《解放日报》	《中国经济报》	俄罗斯工业与能源部网站
《金融时报》	《中国石油报》	俄新网
《京华时报》	《中国石油石化》	国际能源网
《经济参考报》网站	《中国新闻周刊》	国际石油网
《缅甸邮报》	《中外能源》	海关统计查询
《人民日报》（海外版）	石油经济网	海关信息网
商务部驻哈使馆经商参处网站	新疆商务厅网站	缅甸能源部网站
商务部驻缅甸经商参处网站	缅甸信息月报	商务部网站
新华网	中国共产党新闻网	中国石油网
人民网	世界能源网	中国网
中国经济网	乌鲁木齐海关网站	中国新闻网
中国石油天然气集团公司网站	中国驻蒙使馆经商参处网站	

后　记

笔者的名字和"石油"一词的拼音首字母，都是 SY，而 YS 则是"运输"一词的拼音首字母。这也许是一种巧合，预示了笔者与石油和运输问题的不解之缘。

写作本书的动因有二：一是完成国家社科基金项目"中国进口油气运输安全研究"的需要；二是对国际关系与石油问题的互动，这一笔者在《国际关系中的石油问题》（云南人民出版社，2010）的最后两章"地缘政治斗争视角下的跨国石油运输"和"中国石油安全：挑战与应对"中所提出的问题，进行系统的回答。

而具体的动因，是国内外对中缅油气管道的质疑激发了笔者的思考。尤其是 2009 年 3 月，中国与缅甸达成了建设中缅油气管道的协议，筹划多年的进口石油运输战略通道即将变为现实，国内外对中缅油气管道的质疑之声随即加大，这触发了笔者对运输安全的进一步思考，觉得应该对中国进口油气运输安全，进行包括理论框架建构、基本形势评判和实践对策在内的系统研究。2010 年初，笔者将这些初步的思考，写进了国家社会科学基金项目的申请书，并有幸通过了评审，得以立项。

项目的最终成果文稿完成于 2012 年 10 月，并于当年 12 月送审。2013 年 6 月通过了评审，得到了"良好"的结项成绩。之后，笔者并未急于将其出版，而是在 2014 年 8 月，对书稿进行了系统的修订，包括结构的调整、将全部数据更新至 2013 年，增加对中俄油气运输态势新变化及其影响的分析。2015 年底，在将书稿交付出版社之前，笔者再次进行了修订。2016 年 8～9 月，应责编的要求，对部分文字和数据进行了调整。

尽管这一书稿经历了 4 年的"窖藏"，两次较为系统的修订及多次调整，但笔者仍然觉得还有诸多不足。一方面是由于自己的学识有限，心有余而力不足，细心的读者会发现有很多话，笔者没有说全说透，原因就是学识有限，不敢妄下断言。另一方面，是由于油气运输安全问题本身的复杂性。油气运输安全，事关国际国内政治、经济形势，国际政治斗争和非传统安全态势，地理、工程技术和社会环境等诸多因素，对笔者的学识和积累提出了极大的挑战。笔者尤其担心，在对现实和数据的分析中，发生了遗漏或误解，犯下常识性的错误，以致贻笑大方。同时，也正如笔者在本书中提到的，石油安全态势的变化非常迅速，很多研究成果，在面世两年之后，就需要进行系统的修订。而本书的文稿，总体上是4年之前完成的。相关因素，较4年前已经发生了巨大的变化。尤其2016年以来，中国"一带一路"倡议的推进、中国周边战略的实施、中美博弈态势的变化、中美天然气贸易的实际开展、巴拿马运河的改造完工、南海态势的风云开阖、欧俄博弈的扑朔迷离、中东和南美局势的持续动荡等，为中国进口油气运输安全注入了新的因素。而本书的分析，显然未能全部涵盖这些新变化，留下了诸多的遗漏和遗憾。当然，笔者会将这些遗漏和遗憾，作为鞭策自己继续前行的动力。

2015年5月，笔者申报的第二个国家社科基金项目"推进'一带一路'油气合作研究"得以立项。笔者将在这一项目中，结合形势的变化进行深入的研究，争取弥补本书留下的遗漏和遗憾。

在本书即将出版之际，笔者感谢云南大学国际关系研究院吴磊教授多年来给予的悉心指导和帮助。吴磊教授的悉心指导，是笔者的两个国家社科基金项目能够立项和顺利进行的基本前提。感谢中央党校战略研究院马小军教授给予的诸多深切指导和帮助。感谢云南大学肖宪教授给予的帮助和指导。感谢老领导李卫宁教授一直以来的支持与鼓励。感谢项目组成员杨丽辉、刘学军、刘军、王涛、祁苑玲、杨勇和艾林峰的协助与贡献。感谢云南能源安全研究创新团队的支持与帮助。感谢社会科学文献出版社韩莹莹、马续辉在本书出版过程中的付出。

感谢父母的养育！感谢妻子、女儿的支持与陪伴！

舒源

2016年10月23日于昆明

图书在版编目（CIP）数据

中国进口油气运输安全研究/舒源著. -- 北京：
社会科学文献出版社，2016.10
（能源安全研究系列丛书）
ISBN 978 - 7 - 5097 - 9435 - 7

Ⅰ.①中⋯　Ⅱ.①舒⋯　Ⅲ.①油气运输 - 安全运输 -
研究 - 中国　Ⅳ.①TE83

中国版本图书馆 CIP 数据核字（2016）第 163231 号

能源安全研究系列丛书
中国进口油气运输安全研究

著　　者／舒　源

出 版 人／谢寿光
项目统筹／宋月华　韩莹莹
责任编辑／马续辉

出　　版／社会科学文献出版社·人文分社（010）59367215
　　　　　地址：北京市北三环中路甲 29 号院华龙大厦　邮编：100029
　　　　　网址：www. ssap. com. cn
发　　行／市场营销中心（010）59367081　59367018
印　　装／三河市东方印刷有限公司

规　　格／开 本：787mm×1092mm　1/16
　　　　　印 张：22.5　字 数：343 千字
版　　次／2016 年 10 月第 1 版　2016 年 10 月第 1 次印刷
书　　号／ISBN 978 - 7 - 5097 - 9435 - 7
定　　价／98.00 元

本书如有印装质量问题，请与读者服务中心（010 - 59367028）联系